Winfried Hartmeier

Immobilisierte Biokatalysatoren

Eine Einführung

Mit 109 Abbildungen

Springer-Verlag Berlin Heidelberg GmbH

Professor Dr. WINFRIED HARTMEIER
Institut für Mikrobiologie der
Rheinisch-Westfäl. Technischen Hochschule Aachen
Worringer Weg
5100 Aachen

Die Umschlagseite zeigt in schematischer Darstellung eine Kugel mit matrixeingehüllten und durch zusätzliche Membran eingeschlossenen Biokatalysatoren sowie einen Propeller-Schlaufenreaktor mit diesen immobilisierten Biokatalysatoren.

ISBN 978-3-540-16335-0   ISBN 978-3-662-07862-4 (eBook)
DOI 10.1007/978-3-662-07862-4

CIP-Kurztitelaufnahme der Deutschen Bibliothek
Hartmeier, Winfried: Immobilisierte Biokatalysatoren : e. Einf. / Winfried Hartmeier.
– Berlin ; Heidelberg ; New York ; Tokyo : Springer, 1986.
  ISBN 978-3-540-16335-0

2131/3130-543210

Vorwort

Obwohl oder gerade weil eine kaum mehr überschaubare Zahl von Publikationen auf dem Gebiet der Immobilisierung von Biokatalysatoren existiert, ist es für den Anfänger, der einen Einstieg sucht, auf diesem Gebiet oft schwer, geeignete Informationen aus der Flut von Originalarbeiten herauszufinden. Einige gute, fast immer aber englischsprachige Monographien sind entweder außerordentlich umfangreich und teuer, oder sie behandeln nur ausgewählte Teilaspekte der Immobilisierung. Dem will die vorliegende Einführung abhelfen. Sie soll dem Leser zu einem raschen Überblick verhelfen und ihm den inzwischen abgesicherten Kenntnisstand nach Art eines kurzen Lehrbuches vermitteln.

Das Buch ist aus Erfahrungen in Vorlesungen, Praktika und Kursen entstanden. Es soll sich maßgeblich an Lernende wenden, auch wenn "Immobilisierte Biokatalysatoren" bisher noch nicht zum Standardrepertoire der Lehre an deutschen Universitäten und Fachhochschulen gehören. Es ist jedoch die Überzeugung des Autors, daß sich dies in den kommenden Jahren mit der wachsenden Bedeutung dieses Gebietes und mit der allgemeinen Etablierung der Biotechnologie an den Hochschulen ändern wird. Über den Kreis der Studenten und Dozenten hinaus wendet sich die Einführung aber auch an die vielen Naturwissenschaftler und Techniker der industriellen Praxis, die sich mit immobilisierten Biokatalysatoren befassen und sich dazu ein entsprechendes Grundwissen aneignen wollen.

Die Aufnahme einiger einfacher Praktikumsversuche erschien mir wichtig, weil gerade erste eigene Experimente für das schnelle Vertrautwerden mit neuen Techniken unverzichtbar sind. Gerade auf diesem Sektor sucht man selbst im englischen Sprachraum bisher vergebens nach einer geeigneten Zusammenstellung. Die Versuche sind dem für Biologiestudenten an der RWTH Aachen angebotenen Praktikum "Immobilisierte Biokatalysatoren" entnommen. Zur weiteren Veranschaulichung sind auch bei diesem Praktikum angefallene Ergebnisse wiedergegeben und diskutiert. Es ist klar, daß die ausgewählten Versuche und Ergebnisse nur exemplarischen Charakter und keineswegs allgemeine Gültigkeit haben können. Schon die Verschiedenheit der den einzelnen Laboratorien verfügbaren Ausgangsmaterialien, insbesondere der Enzyme und der Organismen, machen eine größere Übereinstimmung unmöglich. Dennoch sollte es möglich sein, die Versuche ohne Schwierigkeit den Bedingungen des eigenen Laboratoriums anzupassen und aus den gezeigten Beispielen auch Lehren für die eigene Praxis zu ziehen.

Die im Anhang gegebene Literaturauswahl soll es dem interessierten Leser ermöglichen, sich tiefer in die Materie einzuarbeiten. Auf direkte Literaturzitate im Text wurde fast völlig verzichtet. Es sollte vermieden werden, daß es zu einer Aneinanderreihung von

Originalergebnissen kommt, die der einführenden Funktion des Buches
nicht entsprochen hätte. Es war beabsichtigt, vor allem gesicherte
und mehrfach gefundene Grundtatsachen zu vermitteln und auf feinste
Verästelungen und Einzelbefunde, auch wenn sie zum Teil hochinteres-
sant erschienen, zu verzichten. Dabei mußten natürlich Gewichtungen
auch auf die Gefahr hin vorgenommen werden, daß sie nicht von allen
Kollegen geteilt werden. Gerne nehme ich abweichende Standpunkte,
Korrekturen und Anregungen zur Kenntnis, um sie gegebenenfalls in
einer Folgeauflage zu berücksichtigen.

Um zu einer auch für den Studierenden erschwinglichen Ausgabe zu
gelangen, war es notwendig, in der Ausstattung und im Druck auf
aufwendige Techniken zu verzichten. Ich war bemüht, durch Anferti-
gung vieler einfacher Grafiken und durch Nutzung der Möglichkeiten
moderner Textverarbeitung dennoch ein Buch mit ansprechender Gestaltung zu schaffen. Dem Springer-Verlag danke ich für seine wertvolle
Unterstützung in diesem Bemühen. Meiner Familie danke ich für das
Verständnis und die Geduld, mit der die häufige Nichtansprechbarkeit
des zeichnenden oder schreibenden Ehemannes und Vaters getragen
wurde.

Aachen, im Januar 1986   *W. Hartmeier*

Inhaltsverzeichnis

THEORETISCHER TEIL .... Seite 1

1. Allgemeine Grundlagen 3

    1.1 Grundzüge der Biokatalyse 3
    1.2 Aufbau von Enzymen 5
    1.3 Enzymnomenklatur und -einteilung 10
    1.4 Definition und Einteilung immobilisierter Biokatalysatoren .. 14
    1.5 Immobilisierungsgründe und Chancen 17
    1.6 Geschichte der Immobilisierung 18
    1.7 Wirtschaftliche Bedeutung 20

2. Immobilisierungsmethoden 23

    2.1 Adsorptive Bindung 23
    2.2 Ionische Bindung 25
    2.3 Kovalente Bindung 27
    2.4 Quervernetzung 34
    2.5 Matrixeinhüllung 37
    2.6 Membranabtrennung 41
    2.7 Kombinierte Methoden 46
    2.8 Immobilisierung von Coenzymen 49

3. Charakteristika immobilisierter Biokatalysatoren 52

    3.1 Aktivität als Funktion der Temperatur 52
    3.2 Stabilität als Funktion der Temperatur 55
    3.3 Temperaturoptimum im Langzeiteinsatz 59
    3.4 Einfluß des pH-Wertes 61
    3.5 Einfluß der Substratkonzentration 64
    3.6 Diffusion als Einflußfaktor 67
    3.7 Sonstige physikalische Eigenschaften 70

4. Reaktoren für immobilisierte Biokatalysatoren 74

    4.1 Rührreaktoren 75
    4.2 Schlaufenreaktoren 77
    4.3 Bettreaktoren 79
    4.4 Membranreaktoren 81
    4.5 Reaktor-Sonderformen 83

5. Industrielle Anwendung 85

   5.1 Klassische Anwendungsgebiete 86
   5.2 L-Aminosäuren mit L-Aminoacylase 89
   5.3 L-Aminosäuren in Membranreaktoren 91
   5.4 Herstellung fructosehaltiger Sirupe 94
   5.5 Penicillin-Derivatisierung 97
   5.6 Asparaginsäure-Herstellung 99
   5.7 Umsetzungen mit Lactase 100
   5.8 Sonstige industrielle Einsatzmöglichkeiten 102

6. Anwendung in der Analytik 107

   6.1 Affinitätschromatographie 107
   6.2 Analysenautomaten 109
   6.3 Biochemische Elektroden 110
   6.4 Enzymthermistoren 112
   6.5 Immunomethoden 114

7. Anwendung in der Medizin 117

   7.1 Intrakorporale Enzymtherapie 117
   7.2 Extrakorporale Enzymtherapie 119
   7.3 Künstliche Organe 120

8. Anwendung in der Grundlagenforschung 122

   8.1 Strukturstudien 122
   8.2 Eigenschaften von Enzym-Untereinheiten 123
   8.3 Denaturierung und Regenerierung 125
   8.4 Simulation natürlicher Systeme 127

9. Spezielle Entwicklungen und Tendenzen 129

   9.1 Immobilisierte Pflanzenzellen 129
   9.2 Immobilisierte Säugetierzellen 131
   9.3 Immobilisierte Organellen 133
   9.4 Coimmobilisierung von Enzymen und ganzen Zellen 134
   9.5 Andere coimmobilisierte Systeme 138
   9.6 Kombination der Immobilisierung mit anderen Techniken . 140

PRAKTISCHER TEIL 143

Aufgabe 1. Adsorptive Bindung von Invertase an Aktivkohle 145

    A 1.1 Einführung 145
    A 1.2 Versuchsbeschreibung 146
    A 1.3 Ergebnisse und Auswertung 148

Aufgabe 2. Ionische Bindung von Katalase an CM-Cellulose 151

    A 2.1 Einführung 151
    A 2.2 Versuchsbeschreibung 152
    A 2.3 Ergebnisse und Auswertung 153

Aufgabe 3. Kovalente Bindung von Glucoamylase an einen
Träger mit Oxirangruppen 156

    A 3.1 Einführung 156
    A 3.2 Versuchsbeschreibung 157
    A 3.3 Ergebnisse und Auswertung 158

Aufgabe 4. Immobilisierung von ß-Galactosidase durch Quervernetzung 160

    A 4.1 Einführung 160
    A 4.2 Versuchsbeschreibung 161
    A 4.3 Ergebnisse und Auswertung 163

Aufgabe 5. Alginateinhüllung von Hefezellen und Co-Einhüllung
mit immobilisierter ß-Galactosidase 164

    A 5.1 Einführung 164
    A 5.2 Versuchsbeschreibung 165
    A 5.3 Ergebnisse und Auswertung 167

Aufgabe 6. Herstellung und Anwendung einer biochemischen
Elektrode zur Glucosebestimmung 171

    A 6.1 Einführung 171
    A 6.2 Versuchsbeschreibung 172
    A 6.3 Ergebnisse und Auswertung 173

Aufgabe 7. Einspinnen von Hefe-ß-Galactosidase in Celluloseacetatfäden 175

    A 7.1 Einführung 175
    A 7.2 Versuchsbeschreibung 176
    A 7.3 Ergebnisse und Auswertung 178

Aufgabe 8. Einschluß von L-Asparaginase in Mikrokapseln aus
Nylon 179

    A 8.1 Einführung 179
    A 8.2 Versuchsbeschreibung 180
    A 8.3 Ergebnisse und Auswertung 182

ANHANG 185

Abkürzungen und Formelzeichen 187

Literatur 190

Sachverzeichnis 201

THEORETISCHER TEIL

1. Allgemeine Grundlagen

1.1 Grundzüge der Biokatalyse

Enzyme sind die biokatalytisch wirksamen Grundeinheiten, die den
Stoffwechsel aller Lebewesen ermöglichen. Sie beschleunigen (bio)-
chemische Reaktionsabläufe durch Herabsetzung der Aktivierungsenergie dieser Reaktionen, ohne jedoch selbst in das Reaktionsprodukt einzugehen. Die Enzyme wirken insofern gleich wie die anorganischen Katalysatoren, als kein Verbrauch der Katalysatoren selbst und
eine Reaktionsbeschleunigung durch Erniedrigung der Aktivierungsenergie erfolgt.

Zum Bestand organischer Verbindungen und damit zum Leben auf der
Erde ist es unerläßlich, daß die Notwendigkeit zur Aktivierung
einen ständigen Zerfall verhindert. Unter gemäßigten Temperaturen
sind viele Stoffe metastabil, das heißt sie zerfallen nicht, obwohl
ihr Energieinhalt wesentlich höher ist als der ihrer Abbauprodukte.
Erst wenn durch Zuführung von Energie eine genügende Anregung oder
durch Katalysatorwirkung eine hinreichende Erniedrigung der Aktivierungsenergie erfolgt, wandeln sich die Stoffe mit größerer Reaktionsgeschwindigkeit um. Abb. 1 und Tabelle 1 verdeutlichen den
Einfluß der Enzyme und der anorganischen Katalysatoren auf Aktivierungsenergie und Reaktionsgeschwindigkeit am Beispiel der Spaltung
von Wasserstoffperoxid zu Wasser und Sauerstoff.

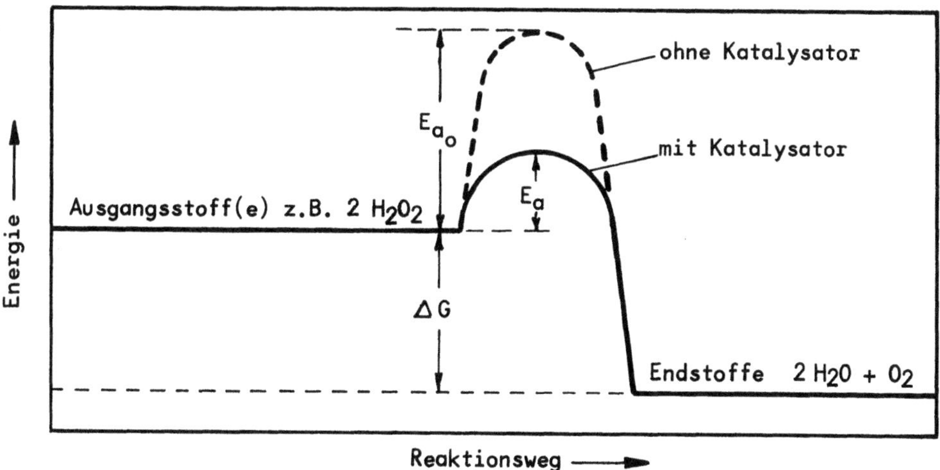

Abb. 1. Energiediagramm einer Reaktion mit und ohne Katalysator

Tabelle 1. Spaltung von Wasserstoffperoxid mit und ohne Katalysator

Katalysator	Aktivierungsenergie (kJ/Mol)	Relative Reaktionsgeschwindigkeit
ohne Katalysator	75,4	1
Platin (anorganisch)	50,2	$2 \cdot 10^4$
Katalase (Enzym)	8,4	$3 \cdot 10^{11}$

Die katalytische Wirkung sowohl der Enzyme als auch der anorganischen Katalysatoren beruht darauf, daß sie durch Ladungsverschiebungen an den umzusetzenden Verbindungen einen reaktionsbereiteren Zustand und so die Erniedrigung der Aktivierungsenergie E_a herbeiführen (vgl. Abb. 1). Enzyme wirken dabei meist besser, d.h. sie bewirken eine sehr viel stärkere Herabsetzung der Aktivierungsenergie als anorganische Katalysatoren (vgl. Tab. 1). Enzymkatalysierte Reaktionen laufen deshalb in der Regel bei milden Reaktionsbedingungen ab, d.h. bei niederen Temperaturen, bei atmosphärischem Druck und bei physiologischen pH-Werten. Außerdem wirken sie im Gegensatz zu den anorganischen Katalysatoren sehr spezifisch, d.h. ein bestimmtes Enzym katalysiert meist nur eine ganz bestimmte Reaktion. Nebenreaktionen können somit bei enzymatischen Umsetzungen weitgehend vermieden werden.

Grundsätzlich wird die thermodynamisch bedingte Gleichgewichtslage von Reaktionen durch den Einsatz von Katalysatoren - egal, ob es sich um technische oder Biokatalysatoren handelt - nicht verschoben. Die Gleichgewichtseinstellung erfolgt nur schneller. Dennoch ist es der Natur leicht möglich, z.B. in der lebenden Zelle, auch Reaktionen ablaufen zu lassen, deren Reaktionsprodukte eine wesentlich höhere freie Energie (G) aufweisen als die Ausgangsstoffe (Substrate). Dies gelingt, indem eine solche energieverbrauchende (endergonische) Reaktion, die einen positiven Wert für ΔG aufweist, mit einer energieliefernden (exergonischen) Reaktion energetisch gekoppelt wird. Die zweite Reaktion muß dabei so stark exergonisch sein (ΔG negativ), daß die Summe der Änderungen der freien Energie beider Reaktionen ΔG gleich Null oder negativ ist.

Aus den bisherigen Ausführungen sollte klar geworden sein, daß Enzyme spezifische Biokatalysatoren sind. Unter Biokatalysatoren versteht man aber nicht nur einzelne Enzyme sondern auch zu größeren Einheiten zusammengefaßte Enzymketten. Selbst eine ganze Zelle mit ihrer unüberschaubar großen Zahl von Einzelenzymen kann als ein komplexer Biokatalysator angesprochen werden, der z.B. die Umwandlung von Zucker in Ethanol und Wasser bewirkt oder gar komplizierte Biosyntheseleistungen vollbringt.

1.2 Aufbau von Enzymen

Enzyme sind grundsätzlich Eiweißstoffe (Proteine), umgekehrt sind aber keineswegs alle Proteine auch enzymatisch aktiv. Es gibt zum Beispiel katalytisch unwirksame Proteine, die als Antikörper eine Schutzfunktion haben, oder solche, die als Strukturproteine eine Stützfunktion übernehmen.

In manchen Fällen sind zur Entfaltung der katalytischen Aktivität der Enzymproteine noch niedermolekulare, nichtproteinische Stoffe oder Gruppen erforderlich. Man nennt einen solchen Nichtproteinteil dann Coenzym oder Cofaktor, im Falle relativ fester Bindung des Cofaktors an das Enzymprotein spricht man auch von einer prosthetischen Gruppe. Der Proteinteil wird dann als Apoenzym und die Gesamtheit von Enzymprotein und nicht proteinischer Wirkgruppe als Holoenzym bezeichnet.

Nicht immer haben Nichtproteinteile von Enzymen eine direkte Funktion für die Biokatalyse. Viele, gerade technisch wichtige Enzyme sind Glykoproteine, das bedeutet sie haben einen Kohlenhydratanteil, der aber in der Regel für die katalytische Wirksamkeit ohne Bedeutung ist. Hefeinvertase ist ein solches Enzym, das etwa zur Hälfte seines Molekulargewichtes aus dem Polysaccharid Mannan besteht.

Proteinanteil

Der Proteinanteil der Enzyme besteht immer aus Aminosäuren, die mit Ausnahme von Prolin und Hydroxyprolin (vgl. Tab. 2) die allgemeine Formel

$$H_2N-\underset{R}{CH}-COOH$$

aufweisen. Durch Abspaltung von Wasser zwischen der α-Carboxylgruppe einer Aminosäure und der α-Aminogruppe einer zweiten Aminosäure entsteht ein Dipeptid.

$$H_2N-\underset{R_1}{CH}-COOH \;+\; H_2N-\underset{R_2}{CH}-COOH \longrightarrow H_2N-\underset{R_1}{CH}-CO-NH-\underset{R_2}{CH}-COOH \;+\; H_2O$$

Die Bindung zwischen den Aminosäuren bezeichnet man als amidartig oder auch als Peptidbindung. Durch weitere Kondensation, d.h. Verkettung unter Wasseraustritt, können lange Ketten von Aminosäuren und damit Polypeptide entstehen. Um enzymatische Wirksamkeit zu erlangen, muß nach bisherigem Kenntnisstand zumindest eine Kettenlänge von etwa 50 Aminosäureeinheiten gegeben sein. Fast immer bestehen die Enzymproteine aber aus sehr viel mehr, nämlich bis zu einigen tausend Aminosäure-Einheiten, so daß sich ein Molekulargewicht meist zwischen 5.000 und einigen Millionen Dalton ergibt. Tabelle 2 zeigt die für den Enzymaufbau in Frage kommenden 20 Aminosäuren.

Tabelle 2. Die wichtigsten Aminosäuren

$COOH$ H_2N-C-H H Glycin oder Glykokoll (Gly)	$COOH$ H_2N-C-H CH_3 L-Alanin (Ala)	$COOH$ H_2N-C-H CH $H_3C\ CH_3$ L-Valin (Val)	$COOH$ H_2N-C-H CH_2 CH $H_3C\ CH_3$ L-Leucin (Leu)	$COOH$ H_2N-C-H CH $H_2C\ CH_3$ H_3C L-Isoleucin (Ile)
$COOH$ H_2N-C-H CH_2 ⬡ L-Phenylalanin (Phe)	H_2C-CH_2 $H_2C\quad CH-COOH$ NH L-Prolin (Pro)	$COOH$ H_2N-C-H CH_2 OH L-Serin (Ser)	$COOH$ H_2N-C-H $H-C-OH$ CH_3 L-Threonin (Thr)	$COOH$ H_2N-C-H CH_2 SH L-Cystein (Cys)
$COOH$ H_2N-C-H CH_2 CH_2 S CH_3 L-Methionin (Met)	$COOH$ H_2N-C-H CH_2 C CH NH L-Tryptophan (Trp)	$COOH$ H_2N-C-H CH_2 ⬡ OH L-Tyrosin (Tyr)	$COOH$ H_2N-C-H CH_2 $COOH$ L-Aspara- ginsäure (Asp)	$COOH$ H_2N-C-H CH_2 CH_2 $COOH$ L-Gluta- minsäure (Glu)
$COOH$ H_2N-C-H CH_2 $CONH_2$ L-Asparagin (Asn)	$COOH$ H_2N-C-H CH_2 CH_2 $CONH_2$ L-Glutamin (Gln)	$COOH$ H_2N-C-H CH_2 CH_2 CH_2 CH_2NH_2 L-Lysin (Lys)	$COOH$ H_2N-C-H CH_2 $CH_2\ NH_2$ $H_2C\quad C=NH$ NH L-Arginin (Arg)	$COOH$ H_2N-C-H CH_2 $C-N$ $HC\quad CH$ NH L-Histidin (His)

Die Reihenfolge (Sequenz), in der die Aminosäuren eines Enzymproteins miteinander verknüpft sind, bezeichnet man auch als **Primärstruktur** des Enzyms. Bei ihrer Angabe beginnt man die Aufzählung der Aminosäuren stets mit der N-terminalen, also derjenigen Aminosäure, deren α-Aminogruppe nicht weiter gebunden ist. Für die einzelnen Aminosäuren verwendet man dabei in der Regel Abkürzungen, wie sie in Tabelle 2 in Klammern unter den ausgeschriebenen Namen angegeben sind. Bei vielen industriell und grundlagenwissenschaftlich wichtigen Enzymen ist die Aminosäuresequenz inzwischen bekannt. Abb. 2 zeigt als Beispiel die Aminosäuresequenz von Papain, einer pflanzlichen

Protease mit Bedeutung für die Bierstabilisierung ("chillproofing")
und in Zartmachern für Fleisch.

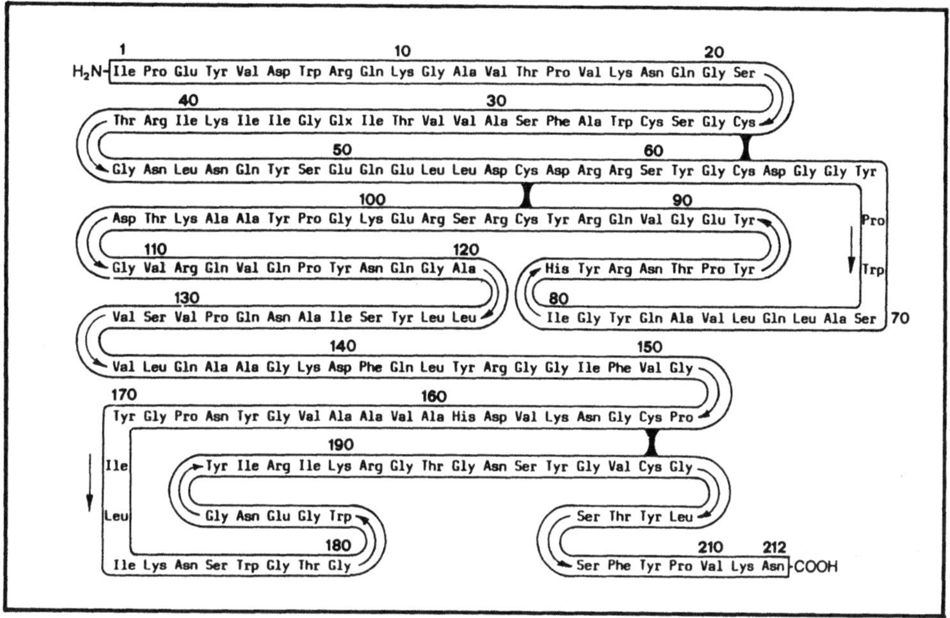

Abb. 2. Aminosäuresequenz von Papain

Konformation und aktives Zentrum

Die flexible Polypeptidkette neigt aufgrund der sterischen Charakteristika ihrer Aminosäuren dazu, spezielle räumliche Strukturen anzu-
nehmen, die auf der Ausbildung von Wasserstoffbrückenbindungen zwischen dem Carbonylsauerstoff und den Amidstickstoffatomen beruht.
Eine bevorzugte, sich derart ausbildende Anordnung ist die sogenannte α-Helix, eine spiralige Struktur mit jeweils 18 Aminosäuren pro 5
Windungen. Eine weitere, bei Enzymen aber weniger bedeutsame Anordnung ist die sogenannte Faltblattstruktur (ß-Struktur). Man bezeichnet die speziellen Formen der α-Helix und der Faltblattstruktur auch
als **Sekundärstruktur** eines Proteins.

In einem Enzymmolekül kommen neben helikalen und Faltblattberei-
chen immer auch (scheinbar) ungeordnete Gerüstkonformationen der
Polypeptidkette vor. Um spezifisch enzymatisch wirksam zu sein, muß
die Polypeptidkette zumindest in Teilbereichen eine ganz bestimmte
räumliche Anordnung annehmen, die jedem Enzym eine ihm eigene cha-
rakteristische Form und Wirksamkeit verleiht. Diese durch Wechselwirkungen der verschiedenen Aminosäure-Seitenketten zustande kommen-
de Anordnung des Enzymmoleküls im Raum nennt man **Tertiärstruktur.**

Sie wird teilweise fixiert durch Disulfidbrücken, die sich zwischen
Cysteinresten benachbart liegender Kettenabschnitte ausbilden. (vgl.
Abb. 2). Weiterhin tragen Ionenbindungen, hydrophobe Wechselwirkun-
gen, Wasserstoffbrückenbindungen und van-der-Waals-Kräfte ganz we-
sentlich zur Ausbildung und Stabilisierung der Konformation eines
Enzymproteins bei.

Manche Enzyme bestehen aus mehreren räumlich geordneten Untereinheiten (Polypeptidketten). Der Aufbau dieser Enzyme aus einer definierten Anzahl (meist 2 oder 4) gleicher oder auch unterschiedlicher
Untereinheiten bezeichnet man als **Quartärstruktur**. Sie wird meist
durch nichtkovalente Bindungen - insbesondere durch Ionenbindung,
Wasserstoffbrückenbindung oder hydrophobe Bindung - zusammengehal-
ten. Große Bedeutung hat die Quartärstruktur für regulatorische
Enzyme (allosterische Enzyme) des Stoffwechsels. Industriell genutzte Enzyme besitzen demgegenüber nur sehr selten (z.B. Katalase) eine
Quartärstruktur.

In einer bestimmten Region jedes Enzymproteins befindet sich eine
definierte sequenzielle und räumliche Anordnung von Aminosäuren, die
für die katalytische Funktion verantwortlich ist. Diese Stelle wird
aktives Zentrum (oder katalytisches Zentrum) genannt. Hier erfolgt
die Anlagerung des Substrates und die Umsetzung zum Produkt. Nur
ganz wenige Aminosäurereste sind direkt an dieser katalytischen
Wirkung beteiligt. Die übrigen Aminosäure-Seitenketten sind aber
großenteils ebenfalls wichtig und durch ihre indirekte Wirkung für
die Biokatalyse oft sogar unverzichtbar. Zum Teil dienen sie der
Erkennung und Anlagerung des Substratmoleküls an das aktive Zentrum
oder führen zur Ausbildung und Stabilisierung der dreidimensionalen
Konformation des Enzymmoleküls. Abb. 3 gibt in schematischer Darstellung einen Ausschnitt einer Aminosäurekette mit aktivem Zentrum
und den Aminosäure-Seitenketten unterschiedlicher Funktion.

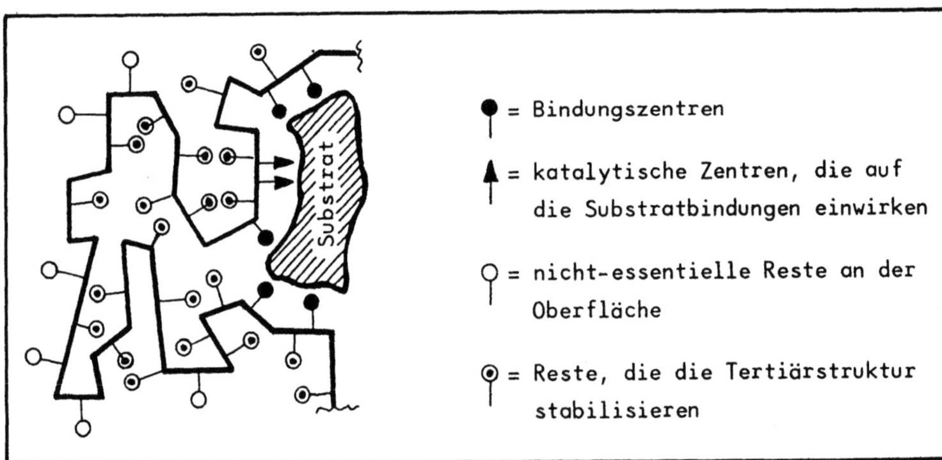

Abb. 3. Schema eines Enzymproteins mit aktivem Zentrum

Coenzyme

Coenzyme oder Cofaktoren sind niedermolekulare, nichtproteinartige
Moleküle, deren Anwesenheit bei einer Reihe von Enzymen zum Reak-
tionsablauf erforderlich ist. Man unterscheidet zwischen solchen
Coenzymen, die von ihrem Apoenzym nach Ablauf der Reaktion frei
abdissoziieren und solchen, die stets mit dem Apoenzym assoziiert
bleiben. Im Falle der relativ festen Bindung des Cofaktors an sein
Apoenzym spricht man auch von einer prosthetischen Gruppe. Diese
Unterscheidung ist nicht immer klar, da durchaus Übergänge zwischen
fester Bindung und freiem Abdissoziieren vorkommen. Im Hinblick auf
eine Immobilisierung ist aber gerade die Dauerhaftigkeit der Bindung
zwischen Apo- und Coenzym sehr wichtig, weil sie über die Notwendigkeit gesonderter Maßnahmen zur Coenzym-Immobilisierung entscheidet
(vgl. Kap. 2.8). Tabelle 3 gibt im oberen Teil einige Beispiele für
frei abdissoziierende und unterhalb der gestrichelten Linie für
fester gebundene Cofaktoren.

Tabelle 3. Beispiele für Coenzyme

Cofaktor	Abkürzung	Funktion	Zugehörige Apoenzyme
Nicotinamid-adenin-dinucleotid	NAD	Wasserstoff-transfer	Dehydrogenasen
Nicotinamid-adenin-dinucleotid-phosphat	NADP	Wasserstoff-transfer	Dehydrogenasen
Adenosin-triphosphat	ATP	Transphospho-rylierung	Kinasen, Syntheta-sen, Transferasen
Coenzym A	CoA	Acylgruppen-transfer	Acyltransferasen, Thioligasen
Flavin-adenin-dinucleotid	FAD	Wasserstoff-transfer	Oxidasen
Pyridoxalphosphat	PAL	Aminogruppen-transfer	Transaminasen
Hämine	---	Elektronen-transfer	Monooxygenasen, Per-oxidasen, Mutasen
Thiaminpyro-phosphat	TPP	CO_2-Abspal-tung	Decarboxylasen
Biotin	---	CO_2-Transfer	Carboxylasen

1.3 Enzymnomenklatur und -einteilung

In der Frühphase der Enzymforschung unterlag die Namensgebung von
Enzymen weitgehend dem Zufall bzw. der Willkür ihrer Entdecker. Das
Ergebnis war eine verwirrende Vielzahl von Namen für zum Teil iden-
tische Enzyme. 1956 wurde von der "International Union of Biochemistry" (IUB) eine "Enzyme Commission" (EC), später dann eine "Nomenclature Commission" (NC) ins Leben gerufen, deren Empfehlungen zur
Nomenklatur und Einteilung von Enzymen weltweit Beachtung und Anwendung finden. Nachfolgend sind nur einige der Hauptkriterien der
Nomenklatur und Klassifizierung skizziert. Nähere Einzelheiten sind
der jeweils neuesten Ausgabe der "Enzyme Nomenclature" (s. Anhang,
Kap. 2) zu entnehmen.

Systematische Namensgebung

Grundsätzlich soll der systematische Name eines Enzyms das umge-
setzte Substrat, den katalysierten Reaktionstyp und die angehängte
Nachsilbe "ase" enthalten. Ein Enzym, das eine einfache Einsubstrat-
Reaktion katalysiert, wird also nach folgendem Schema benannt:

Substrat - katalysierter Reaktionstyp - ase

Agiert das Enzym mit zwei Substraten, so werden beide Substrate
nacheinander und durch einen Doppelpunkt getrennt angegeben. Es
folgt dann als allgemeine Form des Namens:

Substrat A : Substrat B - katalysierter Reaktionstyp - ase

In der Biochemie übliche Abkürzungen, wie NAD oder ADP, werden auch
in der systematischen Namensgebung verwendet. Für Substrate, die
meist in ionischer Form vorliegen, benutzt man die Namen der entsprechenden Salze (z.B. Pyruvat oder Succinat). Innerhalb der einzelnen Enzymklassen sind die Regeln zur Aufstellung eines systematischen Namens unter Berücksichtigung des speziellen Reaktionstyps
genauer definiert. Bei Redoxreaktionen (1. Hauptklasse) zum Beispiel
treten als Enzymsubstrate der Elektronendonator und der Elektronenakzeptor auf. Es ergibt sich dann also der folgende systematische
Name:

Elektronendonator : Elektronenakzeptor - Oxidoreduktase

Am konkreten Beispiel der Alkoholdehydrogenase läßt sich dies weiter
verdeutlichen. Das Enzym katalysiert die Oxidation von Alkohol zu

Aldehyd, wobei Wasserstoff auf NAD übertragen wird. Alkohol ist also Elektronendonator, NAD Elektronenakzeptor, und der systematische Name der Alkoholdehydrogenase muß demnach Alkohol:NAD$^+$-Oxidoreduktase lauten.

Bei der Namensgebung von Transferasen treten logischerweise Gruppendonator und Gruppenakzeptor an die Stelle von Elektronendonator und -akzeptor. Weiterhin wird der katalysierte Reaktionstyp durch Angabe der übertragenen Gruppe näher definiert. Der Name einer Transferase lautet dann:

Donator : Akzeptor - übertragene Gruppe - Transferase

Bei Hydrolasen ist die Namensgebung einfach: gemäß dem eingangs erwähnten Grundprinzip muß ein Enzym dieser Klasse "Substrat-Hydrolase" heißen. Etwas schwierig ist jedoch manchmal die Angabe des exakten Substratnamens. Weiterhin ist zu beachten, daß bei mehreren hydrolytisch spaltbaren Gruppen die abgespaltene Gruppe mit anzugeben ist, so daß die Namensgebung folgendem Prinzip folgt:

Substrat - abgespaltene Gruppe - Hydrolase

Nach dieser Richtlinie gelingt es auch, ähnlich wirkende Hydrolasen namentlich eindeutig zu unterscheiden. Vergleichen wir zum Beispiel die bekannte ß-Amylase und die Glucoamylase (oder Amyloglucosidase). Beide Enzyme spalten α-1,4-D-Glucane, also α-1,4-glucosidisch zu Polymeren verknüpfte D-Glucose. ß-Amylase spaltet Maltoseeinheiten, Glucoamylase jedoch Glucoseeinheiten von dem Glucan ab. Die systematischen Namen α-1,4-D-Glucan-Maltohydrolase (für ß-Amylase) und α-1,4-D-Glucan-Glucohydrolase (für Glucoamylase) bringen dies klar zum Ausdruck. Weitere Nomenklaturbeispiele sind der Tabelle 4 (S. 12) zu entnehmen.

Trivialnamen

Da die systematischen Namen zwar wissenschaftlich exakt und eindeutig, aber leider oft unhandlich lang sind, benutzt man nach wie vor Trivialnamen. In der Ausgabe von 1984 der "Enzyme Nomenclature" (s. Anhang, Kap. 2) hat die Nomenklaturkommission der IUB auch hierzu Empfehlungen aufgenommen. Der empfohlene Name ist dabei sogar direkt hinter die EC-Nummer und damit an eine sehr exponierte Stelle noch vor den systematischen Namen gerückt worden. In vielen Fällen deckt sich der empfohlene Name mit dem auch in der Literatur gebräuchlichsten. In den wenigen anderen Fällen, z.B. Glucan-1,4-α-glucosidase für Glucoamylase, bleibt zu hoffen, daß sich die Autoren auch nach der Empfehlung richten. Tabelle 4 (S. 12) gibt die möglichen Namen für einige wichtige Enzyme an.

Tabelle 4. Beispiele für die Nomenklatur von Enzymen

EC-Nr	Empfohlener Name	Systematischer Name	Sonstige Bezeichnungen
1.1.1.1	Alkoholdehydrogenase	Alkohol:NAD$^+$-Oxidoreductase	Aldehydreductase
1.1.3.4	Glucoseoxidase	ß-D-Glucose:O_2-Oxidoreductase	Glucoseoxyhydrase, Notatin
1.11.1.6	Katalase	H_2O_2:H_2O_2-Oxidoreductase	
2.4.1.5	Dextransucrase	Sucrose:1,6-α-D-Glucan-6-α-D-Glucosyltransferase	Sucrose-6-Glucosyltransferase
2.4.1.10	Levansucrase	Sucrose:2,6-ß-D-Fructan-6-ß-D-fructosyltransferase	Sucrose-6-Fructosyltransferase
3.1.1.3	Triacylglycerinlipase	Triacylglycerin-Acylhydrolase	Lipase, Tributyrase, Triglyceridlipase
3.1.1.11	Pectinesterase	Pectin-Pectylhydrolase	Pectinmethylesterase, Pectin-(de)methoxylase
3.2.1.1	α-Amylase	1,4-α-D-Glucan-Glucanohydrolase	Glycogenase, Dextrinogenamylase
3.2.1.2	ß-Amylase	1,4-α-D-Glucan-Maltohydrolase	Saccharogenamylase, Glycogenase
3.2.1.3	Glucan-1,4-α-Glucosidase	1,4-α-D-Glucan-Glucohydrolase	Glucoamylase, Amyloglucosidase, γ-Amylase, α-Glucosidase, Exo-1,4- -Glucosidase
3.2.1.4	Cellulase	1,4-(1,3;1,4)-ß-D-Glucan-4-Glucanohydrolase	Endo-1,4-ß-Glucanase
3.2.1.7	Inulinase	2,1-ß-D-Fructan-Fructanohydrolase	Inulase
3.2.1.10	Oligo-1,6-Glucosidase	Dextrin-6-α-D-Glucanohydrolase	Grenzdextrinase, Isomaltase, Sucrase-Isomaltase
3.2.1.11	Dextranase	1,6-α-D-Glucan-6-Glucanohydrolase	
3.2.1.15	Polygalacturonase	Poly(1,4-α-D-Galacturonide-Glycanohydrolase	Pectindepolymerase, Pectinase
3.2.1.23	ß-Galactosidase	ß-D-Galactosid-Galactohydrolase	Lactase
3.2.1.26	ß-Fructofuranosidase	ß-D-Fructofuranosid-Fructohydrolase	Invertase, Saccharase
5.3.1.5	Xyloseisomerase	D-Xylose-Ketolisomerase	Glucoseisomerase
5.3.1.9	Glucose-6-Phosphat-Isomerase	D-Glucose-6-Phosphat-Ketolisomerase	Phosphohexoseisomerase, Glucoseisomerase

Klassifizierung und Numerierung

Die Enzyme werden nach der von ihnen katalysierten Reaktion in sechs
Klassen unterteilt. Innerhalb der Klassen erfolgt eine Untergliede-
rung in Unterklassen, wie es für einige Beispiele in Tabelle 5
gezeigt wird. Je nach Enzymklasse müssen die Kriterien der Unterklas-
sifizierung natürlich unterschiedlich sein. Bei den Oxidoreductasen
wird z.B. nach der Gruppierung, auf die das Enzym wirkt, unterschieden, bei den Transferasen nach der übertragenen Gruppe. Die Unterklassen sind wiederum in Unter-Unterklassen aufgegliedert, und innerhalb dieser Unter-Unterklassen sind die Enzyme fortlaufend nume-
riert.

Tabelle 5. Klassen und einige Unterklassen der Enzyme

Klasse, Unterklassen, Spezifität	Enzymbeispiel mit EC-Nummer
1. Oxidoreductasen (Redox-Reaktionen)	
1.1 wirken auf =CH-OH	Glucoseoxidase (EC 1.1.3.4)
1.2 wirken auf =C=O	Formiatdehydrogenase (EC 1.2.1.2)
1.3 wirken auf =C=CH-	Fumaratreductase (EC 1.3.1.6)
1.4 wirken auf =CH-NH$_2$	Glutamatdehydrogenase (EC 1.4.1.3)
2. Transferasen (Gruppen-Übertragungen)	
2.1 C$_1$-Gruppen	Thiolmethyltransferase (EC 2.1.1.9)
2.2 Aldehyd- oder Ketogruppen	Transaldolase (EC 2.2.1.2)
2.3 Acylgruppen	Fettsäuresynthase (EC 2.3.1.86)
2.4 Glycosylgruppen	Dextransucrase (EC 2.4.1.5)
3. Hydrolasen (hydrolytische Reaktionen)	
3.1 Esterbindungen hydrolysierend	Pectinesterase (EC 3.1.1.11)
3.2 Glycoside hydrolysierend	ß-Amylase (EC 3.2.1.2)
3.3 Etherbindungen hydrolysierend	Ribosylhomocysteinase (EC 3.3.1.3)
3.4 Peptidbindungen hydrolysierend	Papain (EC 3.4.22.2)
4. Lyasen (Additionen an Doppelbindungen)	
4.1 wirken auf =C=C=	Pyruvatdecarboxylase (EC 4.1.1.1)
4.2 wirken auf =C=O	Pectatlyase (EC 4.2.2.2)
4.3 wirken auf =C=N-	Argininsuccinatlyase (EC 4.3.2.1)
5. Isomerasen (Intramolekulare Umlagerungen)	
5.1 Racemasen und Epimerasen	Glutamatracemase (EC 5.1.1.3)
5.2 cis-trans-Isomerasen	Maleatisomerase (EC 5.2.1.1)
5.3 Intramolekulare Oxidoreductasen	Xyloseisomerase (EC 5.3.1.5)
5.4 Intramolekulare Transferasen	Phosphoglyceratmutase (EC 5.4.2.1)
6. Ligasen (Verknüpfungsreaktionen)	
6.1 C-O-Bindungen knüpfend	Lysin-tRNA-Ligase (EC 6.1.1.4)
6.2 C-S-Bindungen knüpfend	Biotin-CoA-Ligase (EC 6.2.1.11)
6.3 C-N-Bindungen knüpfend	Glutathionsynthase (EC 6.3.2.3)
6.4 C-C-Bindungen knüpfend	Pyruvatcarboxylase (EC 6.4.1.1)

Jedes Enzym, das als ein solches von der Nomenklaturkommission der
IUB anerkannt wird, erhält eine vierteilige Codenummer (EC-Nummer),
deren vier Teile durch Punkte voneinander getrennt sind. L-Lactatdehydrogenase hat z.B. die Codenummer 1.1.1.27. Darin haben die einzelnen Komponenten folgende Bedeutung:

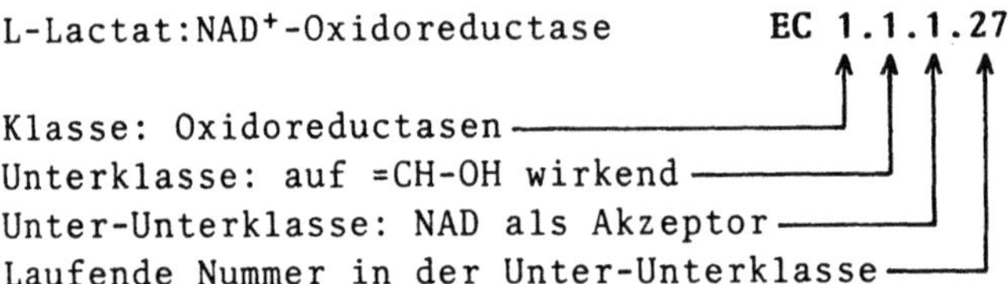

Jede Enzym-Codenummer wird nur einmal vergeben, so daß mit dieser
Nummer eindeutig definiert ist, um welches Enzym es sich handelt. In
Publikationen werden Verwechslungen vermieden, indem bei erstmaliger
Nennung des Enzyms die EC-Nummer in Klammern hinter dem Enzymnamen -
z.B. ß-Amylase (EC 3.2.1.2) - angegeben wird.

1.4 Definition und Einteilung immobilisierter Biokatalysatoren

Als "immobilisiert" bezeichnet man Biokatalysatoren, die durch chemische oder physikalische Methoden in ihrer Beweglichkeit einge-
schränkt worden sind. Dabei kann die (künstliche) Einschränkung der
Beweglichkeit (=Immobilisierung) durch sehr unterschiedliche Methoden, wie Bindung der Biokatalysatoren untereinander oder an Trägerstoffe, durch Festhalten im Netzwerk einer polymeren Matrix oder
durch Membranabtrennung erfolgen. Wichtig ist, daß ein Eingriff des
Menschen vorliegen muß, um ein System als "immobilisiert" zu klassi-
fizieren. Natürlich vorkommende, z.B. an Zell- oder Membranstruktu-
ren gebundene Enzyme werden demgegenüber, ungeachtet der gegebenen
Bindung, als "nativ" angesprochen.
   Die Definition der Immobilisierung als eine durch menschliche
Aktion erfolgte Einschränkung der Beweglichkeit ist leider nicht
frei von Abgrenzungsschwierigkeiten. Ein Beispiel soll dies verdeutlichen. Es gibt natürlich vorkommende Mikroorganismen, etwa bestimmte Bierhefestämme, die Flockungseigenschaft haben; das heißt,
die einzelnen Hefezellen verklumpen durch entsprechende Zellwandbe-
schaffenheit zu Flocken. Zweifellos handelt es sich dabei um native
Zellen, bzw. native Biokatalysatoren, sofern man die Zellen als
komplexe Biokatalysatoren betrachtet. Die Flockungseigenschaft kann
nichtflockenden Hefezellen aber auch durch Mutagenese "anerzogen"
werden. Die mutierten Zellen bilden dann auch in ihren Folgegenera-
tionen ohne weiteres menschliches Zutun Flocken, die als komplexe

Biokatalysatoren Eingang in technische Prozesse finden können. Im Rahmen dieses Buches werden wir auch solche Fälle zu den immobilisierten Systemen rechnen.

Eine Einteilung der immobilisierten Enzyme wurde von einem internationalen Gremium erstmals 1971 auf der 1. Enzyme Engineering Conference in Henniker (USA) vorgeschlagen. Dabei wurden die immobilisierten Enzyme zunächst in die beiden großen Gruppen der gebundenen und der eingehüllten Enzyme unterteilt. Die gebundenen Enzyme wurden weiter in adsorptiv und kovalent gebundene und die eingehüllten in Matrix-umhüllte und mikroverkapselte untergliedert. Diese, ursprünglich nur für immobilisierte Enzyme erarbeitete Gliederung kann auch auf komplexere Biokatalysatoren, wie z.B. Organellen oder ganze Zellen, angewandt werden. In Abb. 4 wird, auf diesem Vorschlag aufbauend, eine beträchtlich erweiterte Klassifizierung der immobilisierten Biokatalysatoren gegeben.

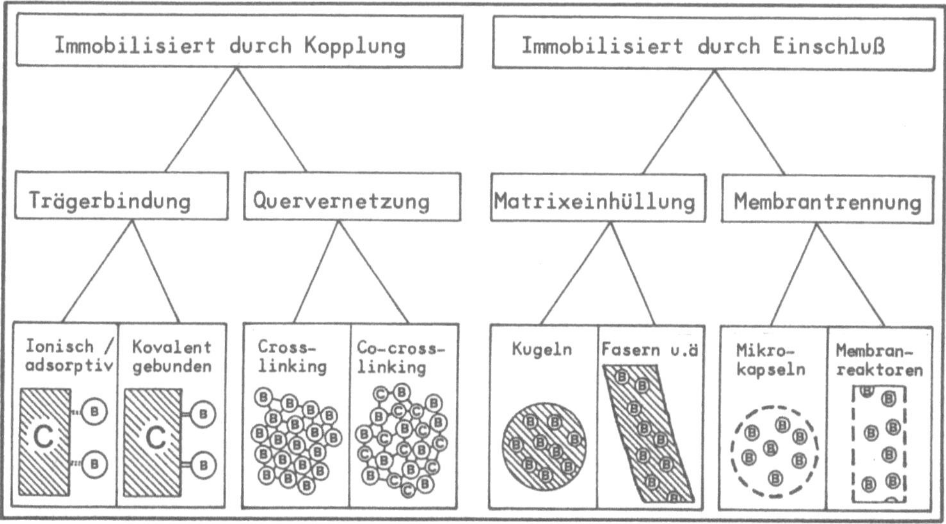

Abb. 4. Einteilung immobilisierter Biokatalysatoren nach der Immobilisierungsmethode. B = Biokatalysator-Einheit C = Trägerstoff("carrier")-Einheit

Das Gliederungsprinzip nach der Immobilisierungsmethode (s. Abb. 4) ist keineswegs das allein mögliche und allein übliche. Es erfaßt die wesentlichen, aber bei weitem nicht alle bekannten Formen immobilisierter Biokatalysatoren. Gerade die neueren Entwicklungen laufen vielfach auf kombinierte und in das einfache, in Abb. 4 gezeigte Schema nicht mehr einzuordnende Typen hinaus. Sehr oft findet man deshalb auch andere Unterteilungen, von denen aber nur zwei nachfolgend kurz skizziert werden sollen.

Eine gängige Unterscheidung ist die zwischen immobilisierten Enzymen und immobilisierten ganzen Zellen. In einer weiteren Auffächerung kann dann unterschieden werden, ob es sich z.B. um Mikroorganismen, tierische oder pflanzliche, lebende oder tote Zellen handelt. Probleme der Abgrenzung gibt es allenthalben. Wo will man z.B. tote Zellen einordnen, die nur ein einziges erwünschtes Enzym (etwa Glucoseisomerase) enthalten? Die Zelle ist nach den Immobilisierungsmaßnahmen zwar quasi als Träger des Enzyms und zur Einsparung der Enzymisolierung noch vorhanden, die für den avisierten Prozeß wichtige biokatalytische Funktion übernimmt aber allein ein Einzelenzym. Es ist eine Ermessensfrage, ob man dies als immobilisierte Zelle oder als immobilisiertes Enzym auffaßt.

Eine weitere Möglichkeit der Klassifizierung bietet das unterschiedliche Cofaktorbedürfnis der immobilisierten Enzyme. Enzyme ohne Cofaktorerfordernis sind hinsichtlich ihrer Immobilisierbarkeit besonders unproblematisch. Ähnlich verhält es sich mit Enzymen, die fest an das Apoenzym gebundene Cofaktoren (prosthetische Gruppen) tragen. Enzyme mit Coenzymen, die an einem anderen Enzym regeneriert werden müssen, und erst recht Multienzymsysteme mit dem Bedürfnis abdissoziierender Cofaktoren komplizieren eine Immobilisierung. Man kann demnach die in Tabelle 6 aufgeführten Gruppen unterscheiden.

Tabelle 6. Einteilung immobilisierter Enzyme nach ihrer Komplexität

Gruppe	Beschreibung
1.	Enzyme ohne Cofaktorbedürfnis
2.	Enzyme mit prosthetischer Gruppe
3.	Enzyme mit abdissoziierenden Coenzymen
4.	Multienzym-Systeme mit abdissoziierenden Coenzymen

Die beiden erstgenannten Systeme der Tabelle 6 werden oft als immobilisierte Enzyme der ersten Generation, die Gruppen 3 und 4 als solche der zweiten Generation bezeichnet. Auch auf Organellen und ganze Zellen läßt sich diese Klassifizierung anwenden, weil Enzyme in jedem Falle die biokatalytisch aktiven (Unter)einheiten sind. Lebende Zellen oder intakte Organellen mit mehreren aktiven Enzymen sind dann der Gruppe vier zuzuordnen. Das oben angeführte Beispiel der toten Zellen mit nur einem wichtigen Enzym gehört, je nachdem welches Cofaktorbedürfnis vorliegt, zur Gruppe 1, 2 oder 3. Daß auch die Einteilung nach Tabelle 6 nicht allen Erfordernissen gerecht wird, ergibt sich u.a. aus der nicht immer möglichen Abgrenzung zwischen fest an das Apoenzym gebundenen und abdissoziierenden Cofaktoren.

1.5 Immobilisierungsgründe und -chancen

Grundsätzlich kann die Immobilisierung von Biokatalysatoren aus grundlagenwissenschaftlichen oder wirtschaftlich-technischen Interessen heraus erfolgen. In der folgenden kurzen Erörterung der Gründe und Chancen für die Immobilisierung stehen industrielle Aspekte im Vordergrund.

Durch die Immobilisierung werden die Biokatalysatoren, wie schon in Kap. 1.4 ausgeführt, unter Erhaltung ihrer katalytischen Wirksamkeit in definierten Räumen zurückgehalten, oder sie werden an feste Träger oder untereinander gebunden. Anstelle der homogenen Katalyse, bei der Substrat und Biokatalysator homogen gelöst vorliegen, wird nach Immobilisierung eine heterogene Katalyse möglich. Das kann erhebliche Vorteile haben. Mit gängigen technischen Mitteln ist es nämlich in der Regel nicht möglich, die gelösten oder fein suspendierten nativen Biokatalysatoren aus dem umgesetzten Substrat (= Produkt) wirtschaftlich wieder abzutrennen. Durch die Immobilisierung ändert sich dies, die Prozesse werden damit kontinuierlich und wiederholt durchführbar.

Ein bei industriellen Prozessen sehr wichtiges Kriterium ist eine hohe Raum-Zeitausbeute, die man auch als volumetrische Produktivität in kg Produkt pro Kubikmeter Reaktorvolumen und Stunde ausdrückt. Durch Immobilisierung gelingt die Schaffung und Aufrechterhaltung einer hohen Biokatalysatordichte auf engem Raum. Das ermöglicht nicht nur eine hohe volumetrische Produktivität, sondern auch eine weitgehende Produktschonung, weil die Verweilzeit des Produktes unter den erforderlichen Reaktionsbedingungen sehr kurz gehalten werden kann.

Immobilisierte Biokatalysatoren stehen grundsätzlich in Konkurrenz zu den nativen Biokatalysatoren. Ob die eine oder die andere Form zur Anwendung gelangt, muß nach Sachlage des speziellen Anwendungsfalles entschieden werden. Im Falle etwa sehr billiger löslicher Enzyme hoher Wirksamkeit lohnt häufig der Immobilisierungsaufwand nicht. Nicht zuletzt aus diesem Grunde haben immobilisierte Hydrolasen z.B. auf dem klassischen Enzymanwendungsgebiet der Stärkehydrolyse bisher keine Verbreitung gefunden.

Erheblichen Einfluß auf die Entscheidung, ob immobilisierte oder native Biokatalysatoren zur Anwendung gelangen, hat auch das Substrat. Etwa die Lederbehandlung oder Fleischzartmacher sind mit immobilisierten Enzymen schwer vorstellbar. Nur im Falle trübungsfrei gelöster und niedermolekularer Substrate ist die Arbeit mit immobilisierten Biokatalysatoren unproblematisch. Trubstoffe erschweren eine Trennung der immobilisierten Biokatalysatoren von den Substratpartikeln. Große Substratmoleküle werden wegen ihrer relativen Unbeweglichkeit von nativen (beweglichen) Enzymen besser umgesetzt als von immobilisierten (unbeweglichen) Enzymen.

In hohem Maße hängen die Chancen für immobilisierte Biokatalysatoren davon ab, ob sich die Eigenschaften gegenüber der nativen

Ausgangsform durch die Immobilisierung im Hinblick auf den Anwendungszweck positiv oder negativ verändern. Es ist bekannt, daß sich z.B. Stabilität, Km-Wert, pH- und Temperaturabhängigkeit von Biokatalysatoren durch Immobilisierung beträchtlich ändern können. Bislang ist aber leider allenfalls in Ansätzen vorhersehbar, wie und in welchem Ausmaß diese Änderungen erfolgen. Mit der weiteren Erforschung der etwa den Stabilisierungsmechanismen zugrundeliegenden Gesetzmäßigkeiten würden auch die wirtschaftlichen Chancen für dann "nach Maß" immobilisierte Biokatalysatoren beträchtlich steigen.

1.6 Geschichte der Immobilisierung

Mit immobilisierten Biokatalysatoren wurden erste, sogar großtechnische Verfahren bereits praktiziert, bevor die Immobilisierungstechniken als solche bekannt waren (s. Tabelle 7). Der Mensch hatte rein empirisch schon um 1815 gelernt, daß man effektiv Essig herstellen kann, indem man alkoholhaltige Lösungen über Holzspäne rieseln läßt. Daß durch diese Verfahrensweise ein Anhaften von Essigsäurebakterien auf den Holzspänen und damit eine Immobilisierung eingeleitet wurde, geschah unbewußt. Eine derartige Entwicklung aus der reinen Empirie heraus ist in der Biotechnologie keineswegs ungewöhnlich. Auch viele mikrobielle Verfahren, z.B. die Herstellung von alkoholischen Getränken, Sauerbrot und Käse, wurden lange vor Kenntnis der Mikroorganismen selbst betrieben.

In Tabelle 7 wurde versucht, die Entwicklungen auf dem Immobilisierungssektor in Stufen zu gliedern. Bei der Einteilung wurde die erstmalige Anwendung im Großen und nicht die labormäßige Entwicklung als Kriterium zugrunde gelegt. Die dort in der Entwicklungsstufe II eingeordneten Biokatalysatoren werden allgemein auch als 1. Generation, die der Stufe III als 2. Generation bezeichnet.

Tabelle 7. Entwicklungsstufen der Immobilisierungstechnik

Stufe	Beginn	Beschreibung	Typische Verfahren
I	1815	Empirische Anwendung ohne Kenntnis der Immobilisierungstechniken	Essig-Fesselgärverfahren Abwasser-Tropfkörperverfahren
II	1969	Einfache Einenzym-Reaktionen ohne Cofaktorregenerierung	L-Aminosäure-Herstellung Glucoseisomerisierung
III	1985	Mehrenzym-Reaktionen mit Cofaktorregenerierung	L-Aminosäure-Herstellung in Membranreaktoren

Schon 1916 wurde von Nelson und Griffin berichtet, daß Aktivkohle nach Kontaktieren mit Hefeinvertase und anschließender Waschung ihre Saccharose-spaltende Wirkung behielt. Dies ist die erste aus der Literatur bekannte Enzymimmobilisierung. Ihr wurde unter dem Aspekt der Immobilisierung keine weitere Beachtung geschenkt, und es dauerte bis nach dem zweiten Weltkrieg, ehe weitere Arbeiten über die Bindung von Enzymen erschienen. 1948 berichtete Sumner über die Immobilisierung von Urease durch die Behandlung mit Ethanol und Kochsalz. Einige wenige Veröffentlichungen folgten dann in den 50er Jahren. In dieser Zeit konnten Grubhofer und Schleith, sowie Manecke und andere zeigen, daß spezifisch wirkende, synthetische Polymere für die Bindung physiologisch aktiver Proteine genutzt werden können.

Weltweite Beachtung, die sich im sprunghaften Anstieg der Publikationen niederschlug, fand und findet die Immobilisierung ab den 60er Jahren. Als fast logische Folge dieser verstärkten wissenschaftlichen Bemühungen kam es 1969 zur ersten industriellen Anwendung. Basierend auf den Arbeiten von I. Chibata wurde von der japanischen Firma Tanabe Seiyaku die Herstellung von L-Aminosäuren aus racemischen Gemischen mittels ionisch gebundener L-Aminoacylase eingeführt. Weitere großtechnische Prozesse, in denen einfache Einenzym-Reaktionen ohne Cofaktorregenerierung genutzt werden, folgten in den 70er Jahren vor allem in den USA und Japan.

1971 wurde in den USA die erste "Enzyme Engineering Conference" abgehalten. Sie stand, wie alle im zweijährigen Turnus folgenden Konferenzen dieser Art, ganz im Zeichen der immobilisierten Enzyme. Auf ihr empfahl man unter anderem die Bezeichnung "immobilisierte Enzyme". Vorher wurde statt "immobilisiert" eine ganze Reihe unterschiedlicher Namen, wie "fixiert", "insolubilisiert", "matrix-gebunden" etc., verwendet. Auf das weitere Verdienst der Konferenz bei der Schaffung einer Klassifizierung für immobilisierte Enzyme wurde bereits in Kapitel 1.4 hingewiesen.

Waren es bis zu den 70er Jahren nur immobilisierte Einzelenzyme, die in Forschung und Entwicklung Beachtung fanden, so traten um 1970 auch komplexere Systeme wie lebende ganze Zellen und - etwa ab Mitte der 70er Jahre - auch Organellen hinzu. Schon um 1970 konnten Mosbach und andere Laborlösungen für die Bindung und Regenerierung von Coenzymen präsentieren. Ende der 70er Jahre wurden dann neben Mikroorganismen erstmals auch Zellen aus pflanzlichen und tierischen Gewebekulturen immobilisiert.

Als ein vorerst letzter Markstein soll die derzeit, also Mitte der 80er Jahre, eingeführte technische Produktion von L-Aminosäuren aus Ketosäuren erwähnt werden. Dieses Mehrenzym-Verfahren mit Cofaktorregenerierung in Membranreaktoren (vgl. Kap. 5) wurde von den Arbeitsgruppen Wandrey und Kula entwickelt und wird von der Firma Degussa industriell genutzt. Damit scheint der Durchbruch, auch bei der technischen Verwendung immobilisierter Biokatalysatoren der zweiten Generation gelungen zu sein.

1.7 Wirtschaftliche Bedeutung

Es ist schwer, an verläßliche Marktdaten über Enzyme heranzukommen.
Darüber vorliegende Publikationen legen zum Teil sehr unterschiedliche Schätz- und Bewertungskriterien zugrunde und führen demzufolge
zu stark divergierenden Aussagen. Dennoch wurde versucht, in Tabelle
8 aufgrund veröffentlichter Daten sowie basierend auf eigenen
Kenntnissen und Gesprächen mit Kollegen grobe Richtwerte für den
wirtschaftlichen Wert der Enzyme anzugeben. Es sind nur diejenigen
Enzyme genannt, die mit einem Marktwert von über 1 Mio. DM/Jahr als
industriell wichtig angesprochen werden können. Dabei wurde nicht
der Verkaufspreis von Enzymspezialitäten und Präparaten für bioche-
misch-analytische Zwecke, sondern grundsätzlich der wesentlich niedrigere Marktwert für Bulkware angesetzt.

Tabelle 8. Geschätztes Weltmarktvolumen der wichtigsten Enzyme

Enzymgruppe	Enzyme dieser Gruppe	Marktwert pro Jahr
Proteolytische Enzyme	Bakterienprotease	160 Mio DM
	Kälberlab	100 Mio DM
	Mikrobielles Lab	30 Mio DM
	Papain	25 Mio DM
	Pancreasprotease	14 Mio DM
	Pilzprotease	8 Mio DM
	Pepsin	1 Mio DM
Polysaccharidspaltende Enzyme	Glucoamylase	110 Mio DM
	Bakterien-α-Amylase	40 Mio DM
	Pectinase	25 Mio DM
	Pilz-α-Amylase	10 Mio DM
	ß-Glucanase	3 Mio DM
Sonstige Enzyme	Glucoseisomerase	40 Mio DM
	Invertase	6 Mio DM
	Glucoseoxidase/Katalase	4 Mio DM
	Lipase	2 Mio DM
	Lactase	2 Mio DM
Summe		580 Mio DM

Unter den in Tabelle 8 genannten, industriell wichtigen Enzymen wird
die Glucoseisomerase fast ausschließlich und Lactase zu einem erheblichen Teil in immobilisierter Form eingesetzt. Weitere immobili-

sierte Enzyme, wie Penicillinacylase, L-Aminoacylase u.ä. treten auf dem Enzym-Weltmarkt kaum in Erscheinung. Sie werden oft von ihren Anwendern selbst hergestellt, und sie werden dank ihrer Stabilität in sehr untergeordneter Menge und geringen Kosten, gemessen am Wert des produzierten Produktes, eingesetzt. Komplexere immobilisierte Biokatalysatoren als Einzelenzyme oder in toten Zellen gebundene Einzelenzyme haben zur Zeit noch keinen nennenswerten Markt.

Die Zahl der mit Enzymen handelnden Firmen geht an die tausend heran; die Zahl der Enzyme herstellenden Unternehmen ist demgegenüber wesentlich kleiner. In den USA und Westeuropa zusammen gibt es nur knapp 30 enzymproduzierende Firmen. Die meisten Enzymproduzenten sind Unternehmen der chemisch-pharmazeutischen Industrie, in denen der Enzymumsatz eine eher untergeordnete Rolle für den Gesamtumsatz dieser Firmen spielt. In Japan gibt es allein etwa 20 Enzymhersteller, die allerdings zum Teil nur für eigene Anwendungsbedürfnisse produzieren. Etwa neunzig Prozent der Weltproduktion an Enzymen werden von den zehn größten Enzymproduzenten hergestellt.

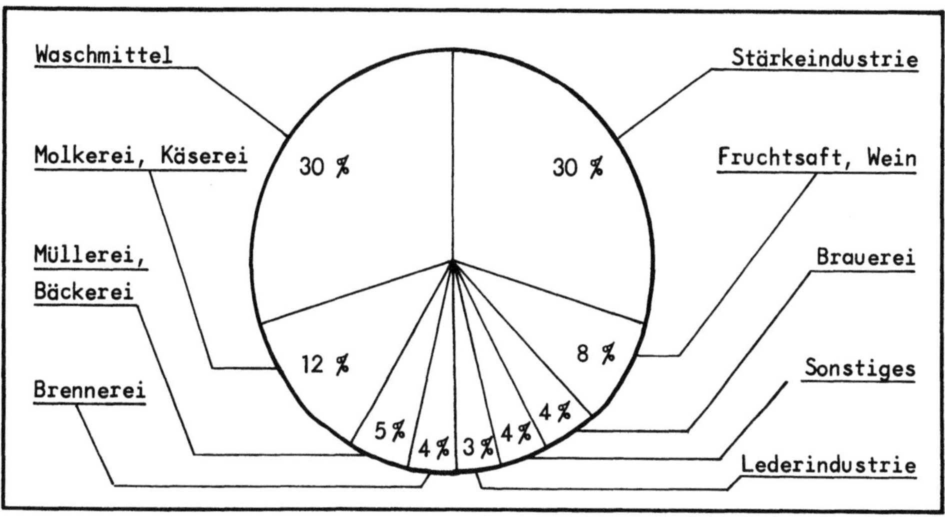

Abb. 5. Verteilung des Enzym-Weltmarktes auf Anwendungsgebiete

Unter den Industriezweigen, in denen Enzyme eingesetzt werden, sind die Waschmittel- und die Stärkeindustrie die mit Abstand bedeutendsten. Sie verbrauchen zusammen fast zwei Drittel der hergestellten Enzyme. Abb. 5 zeigt die weitere Verteilung und läßt erkennen, daß die Lebensmittelindustrie, zu der die Stärkeindustrie ja ebenfalls gehört, den weit überwiegenden Teil der in der Welt produzierten Enzyme verbraucht.

Stellt man in Rechnung, daß zur Zeit etwa 2500 Enzyme bekannt und zumindest teilweise charakterisiert sind, so erscheint die Zahl von rund 300 käuflichen und weniger als 20 im industriellen Maßstab hergestellten Enzymen klein. Auch das Gesamt-Marktvolumen von etwas mehr als einer halben Milliarde DM pro Jahr scheint bescheiden, wenn man es mit den Umsatzzahlen von Großunternehmen etwa der chemisch-pharmazeutischen Industrie vergleicht. Es ist jedoch zu bedenken, daß die Enzyme als spezifische Biokatalysatoren eine Reihe von Prozessen überhaupt erst ermöglichen und der Marktwert der derart hergestellten Produkte den Enzymwert um viele Zehnerpotenzen übersteigt.

Allgemein wird die Bedeutung vor allem der immobilisierten Enzyme für schonende und umweltfreundliche Reaktionsführungen in der Lebensmittel- und der chemisch-pharmazeutischen Industrie als weiter stark wachsend eingeschätzt. Diese wachsende Bedeutung wird sich aber nicht unbedingt in einem wesentlich ansteigenden Marktwert der Enzyme selbst, sondern eher im erhöhten Wert der mit Enzymen hergestellten Produkte niederschlagen. Gerade die intensive Forschung und Entwicklung auf dem Gebiet der Immobilisierung und Stabilisierung bezweckt ja, eine immer größere Produktmenge mit immer kleinerer Enzymmenge zu produzieren.

2. Immobilisierungsmethoden

2.1 Adsorptive Bindung

Die Adsorption ist die einfachste und älteste Methode zur Bindung von
Enzymen an wasserunlösliche Trägerstoffe. Wie bereits oben (S. 19) erwähnt, beobachteten Nelson und Griffin schon im Jahre 1919, daß an Aktivkohle adsorbierte Invertase ihre Fähigkeit zur Saccharosespaltung behielt.
Die Adsorption ist inzwischen für eine Vielzahl von Enzymen und ganzen
Zellen angewandt worden. Das Anhaften ganzer Zellen an geeignete Festkörper ist sogar noch länger bekannt als die Adsorption einzelner Enzyme.
Schon im vergangenen Jahrhundert fanden an Holzspänen haftende Bakterien,
wie in Kapitel 1.6 bereits angesprochen, Anwendung zur Essigfabrikation.

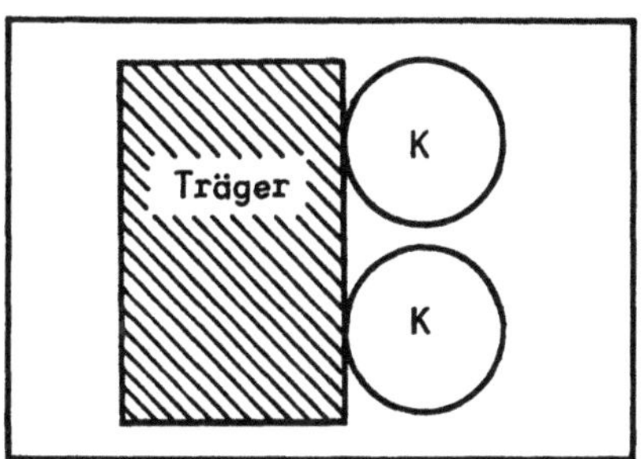

Abb. 6.
Durch Adsorption an einen Träger
gebundene Biokatalysatoren (K)

Es sind physikalische Kräfte (Van-der-Waals-Kräfte), die die Biokatalysatoren bei der Adsorption auf der Oberfläche des Trägerstoffs
("carriers") festhalten. Allerdings kommen zu dieser physikalischen
Wechselwirkung zwischen Adsorbens (Träger) und adsorbiertem Biokatalysator häufig noch andere Bindungskräfte hinzu; dies sind insbesondere hydrophobe Wechselwirkungen, Wasserstoffbrückenbindungen und
heteropolare (ionische) Bindungen. Oft ist es wegen der Komplexität
bei der Anlagerung von Enzymen, noch mehr aber von ganzen Zellen an
Trägerstoffe nicht möglich, den Anhaftungsmechanismus eindeutig zu
definieren. Man spricht in diesen Fällen meist vereinfachend von Adsorption, wohl wissend, daß es sich dabei keineswegs allein um eine
physikalische Adsorption handelt.

Als Adsorbentien kommen sehr viele anorganische und organische
Stoffe sowie synthetische Polymere in Betracht. Tabelle 9 nennt nur
einige, insbesondere aus der neueren Literatur ausgewählte Beispiele
adsorptiv gebundener Biokatalysatoren und der dabei verwendeten
Adsorbentien.

Tabelle 9. Literaturbeispiele adsorptiv gebundener Biokatalysatoren

Biokatalysator	Trägermaterial	Literatur
Invertase	Aktivkohle	Nelson und Griffin (1916)
Glucoamylase	Aluminiumoxid	Krakowiak et al. (1984)
Glucoamylase	Titanaktiviertes Glas	Cabral et al. (1984)
Glucoseoxidase	Aktivkohle	Miyawaki und Wingard (1984)
Glucanotransferase	Synthetisches Harz	Kato und Horikoshi (1984)
Enniatinsynthetase	Propylagarose	Madry et al. (1984)
Alkal. Phosphatase	Aluminium	Koga et al. (1984)
Hefezellen	Glas	Van Haecht et al. (1985)
Hefezellen	Edelstahl, Polyester	Black et al. (1984)
Clostridien	Cellulose, Hemicellulose	Wiegel und Dykstra (1984)
Clostridien	Holzspäne	Förberg und Häggström (1984)
Pseudomonaden	Aktivkohle	Ehrhardt und Rehm (1985)

Vorteile der Adsorption sind ihre einfache Ausführbarkeit und ihr geringer Einfluß auf die Konformation der adsorbierten Biokatalysatoren. Zur Herbeiführung einer adsorptiven Bindung genügt es, ein geeignetes Adsorbens einige Zeit mit den wäßrig gelösten oder suspendierten Biokatalysatoren in Kontakt zu bringen. Unphysiologische Kopplungsbedingungen sowie Enzym- und zellschädigende Chemikalien, wie sie bei anderen Immobilisierungsmethoden oft eingesetzt werden müssen, entfallen bei der Adsorption. Aktivitätsverluste treten deshalb bei dieser schonenden Bindungsmethode kaum ein.

Nachteilig ist die relative Schwachheit der adsorptiven Bindungskräfte. Adsorbierte Biokatalysatoren können schon durch Temperaturschwankungen, erst recht aber durch Änderungen in der Substrat- und Ionenkonzentration leicht wieder desorbiert werden. Bei Anwendung adsorptiv gebundener Biokatalysatoren ist deshalb in besonderem Maße auf konstante Reaktionsbedingungen zu achten.

Beträchtliche Verbesserungen der Bindungsausbeute und -festigkeit können u.U. durch Bestrahlung oder Beschichtung der zur Adsorption vorgesehenen Oberflächen mit Übergangsmetallen oder durch anderweitige Behandlung erzielt werden. Auch die Veränderung der zu bindenden Biokatalysatoren selbst zum Zweck der festeren Bindung wurde bereits erfolgreich versucht, indem z.B. Hefezellen mit Aluminiumionen behandelt und dann an Glas gebunden wurden. Diese Methoden der Veränderung von Adsorbentien und Biokatalysatoren führen großenteils neben der physikalischen Adsorption auch zu einer Bindung durch elektrostatische Kräfte, wie sie im folgenden Kapitel näher besprochen wird.

2.2 Ionische Bindung

Die ionische oder heteropolare Bindung basiert, wie in Abb. 7 schematisiert dargestellt, auf der elektrostatischen Anziehung zwischen entgegengesetzt geladenen Gruppen des Trägermaterials und des zu bindenden Biokatalysators. Als Träger kommen vor allem handelsübliche Ionenaustauscher auf der Basis von Polysacchariden oder von synthetischen Harzen in Frage. Anionenaustauscher sind in ihrem Grundgerüst positiv geladen; sie tragen Anionen (z.B. OH^--Gruppen), die gegen andere Anionen (z.B. negativ geladene Enzymgruppen) ausgetauscht werden können. Umgekehrt verhält es sich bei Kationenaustauschern (vgl. Abb. 7); mit ihnen können positiv geladene Gruppen der Biokatalysatoren gebunden werden.

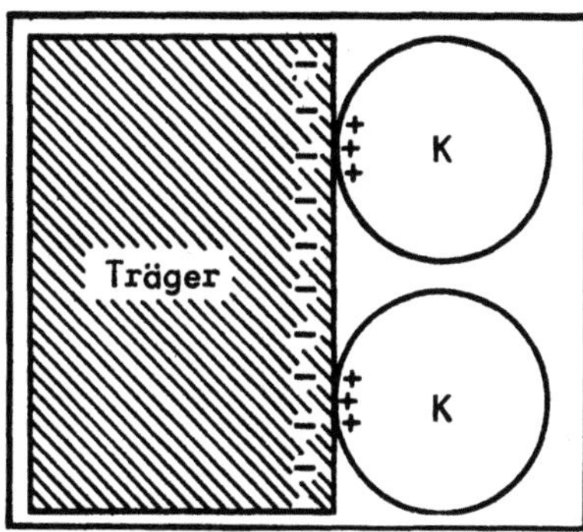

Abb. 7.
Heteropolar an einen polyanionischen Träger (Kationenaustauscher) gebundene Biokatalysatoren (K)

Die Biokatalysatorproteine sind Ampholyte mit sauren und alkalischen Gruppen, die je nach pH-Wert des umgebenden Mediums in ungeladener, durch Dissoziation negativ oder durch Protonierung positiv geladener Form vorliegen. Insbesondere die Carboxyl- und Aminogruppen sind für die elektrische Ladung der Proteine bestimmend. Am isoelektrischen Punkt ist die Ladung eines Proteins nach außen hin neutral, d.h. es liegen neben ungeladenen Carboxyl- und Aminogruppen in der Summe gleichviele NH_3^+- und COO^--Gruppen im Proteinmolekül vor. Bei pH-Werten oberhalb des isoelektrischen Punktes (IEP) überwiegt die negative Ladung mit der Carboxylgruppe in der COO^--Form, weil die NH_2-Gruppe verstärkt ungeladen vorliegt. Unterhalb des IEP, also bei niedrigeren pH-Werten, sind die Carboxylgruppen überwiegend undissoziiert (COOH-Form), während die Aminogruppen protoniert als NH_3^+ vorliegen. Das Protein ist dann insgesamt positiv geladen. Für die heteropolare Bindung eines Proteins an einen geladenen Träger ist wegen der Größe der Biokatalysatorproteine jedoch weniger die Ladung des Gesamtmoleküls sondern vielmehr die einzelner, an der Oberfläche des Moleküls besonders exponiert liegender Gruppen entscheidend. So ist es verständlich, daß manche Enzyme bei gleichem pH-Wert sowohl an Kationen- als auch an Anionenaustauscher gebunden werden können.

Tabelle 10. Literaturbeispiele ionisch gebundener Biokatalysatoren

Biokatalysator	Trägermaterial	Literatur
Katalase	DEAE-Cellulose	Mitz (1956)
Aminoacylase	DEAE-Cellulose	Tosa et al. (1967)
Aminoacylase	DEAE-Sephadex	Tosa et al. (1969)
Aldehydoxidase	Octylamino-Sepharose 4B	Angelino et al. (1985)
Lactatdehydrogenase	Octylamino-Sephadex	Hofstee (1973)
Invertase	DEAE-Cellulose	Suzuki et al. (1966)
Invertase	Amberlite IRA	Boudrant und Ceheftel (1975)
Glucoseoxidase	DEAE-Sephadex, DEAE-Cellulose	Kühn et al. (1980)
Dextransucrase	DEAE-Sephadex	Ogino (1970)
Azotobacter spec.	Cellex E (Cellulose)	DiLuccio und Kirwan (1984)
Tierische Zellen	DEAE-Sephadex	Giard et al. (1979)

Die Immobilisierung von Biokatalysatoren durch ionische Bindung an geeignete Träger ist ähnlich einfach vorzunehmen wie die physikalische Adsorption. Schon 1956 wurde von Mitz eine an DEAE-Cellulose gebundene Katalase beschrieben.

Zur Herstellung ionisch gebundener Präparate genügt es in der Regel, die Trägerpartikel einige Zeit in der Biokatalysatorlösung bzw. -suspension zu rühren oder die Trägerpartikel von den wäßrig gelösten Biokatalysatoren (z.B. in einer Säulenanschwemmung) überströmen zu lassen. Vor allem Anionenaustauscher, wie z.B. DEAE-Cellulose und DEAE-Sephadex, werden gerne als Trägermaterialien verwendet (vgl. Tabelle 10). Nach Erschöpfung der Immobilisate, die im Anwendungsverlauf durch Ablösung und Inaktivierung der gebundenen Enzyme oder Zellen eintritt, können die Ionenaustauscher grundsätzlich regeneriert werden. Dazu werden sie von verbliebenen Biokatalysatorresten befreit und erneut mit aktiven Biokatalysatoren beladen.

Nicht zuletzt wegen der sehr einfachen und enzymschonenden Kopplungsprozedur sowie der vielmaligen Verwendbarkeit der Trägerstoffe haben ionisch gebundene Enzyme als erste in immobilisierter Form großtechnische Anwendung gefunden. Sie werden seit Ende der 60er Jahre zur Herstellung reiner L-Aminosäuren aus synthetisch hergestellten racemischen Gemischen von DL-Aminosäuren eingesetzt (s. Kap. 5.2).

Die heteropolare Biokatalysatorbindung an Ionenaustauscher ist zwar fester als die rein physikalische Adsorption, verglichen mit der kovalenten Bindung (s. Kap. 2.3) ist sie aber nur schwach und insbesondere durch andere Ionen störanfällig. Zur Vermeidung der Ablösung ionisch gebundener Biokatalysatoren muß bei ihrer Anwendung besonders auf die Einhaltung bestimmter Ionenstärken und pH-Bedingungen geachtet werden.

2.3 Kovalente Bindung

Bei der kovalenten (homöopolaren) Bindung (Atombindung) kommt es zur
Ausbildung gemeinsamer Elektronenpaare der sich verbindenden Atome.
Dies kann zu relativ festen Verknüpfungen zwischen Biokatalysatoren
untereinander oder zwischen Biokatalysatoren und Trägerstoffen genutzt werden. Dennoch reicht eine einzelne Bindung zur Ankopplung
großer Biokatalysatoreinheiten, z.B. ganzer Zellen oder Organellen,
nicht aus. Derart komplexe Biokatalysatoren müssen an mehreren
Stellen gebunden werden. Meist wird die kovalente Bindung für die
Ankopplung von Enzymen und nicht von ganzen Zellen eingesetzt.

Ein oft festzustellender Nachteil der Immobilisierung durch kovalente Bindung ist die mit dieser Methode verbundene starke Belastung
der Biokatalysatoren. Die erforderlichen rauhen Immobilisierungspro-
zeduren führen fast immer zu starken Konformationsänderungen und
damit zu Aktivitätsverlusten derart gebundener Enzyme.

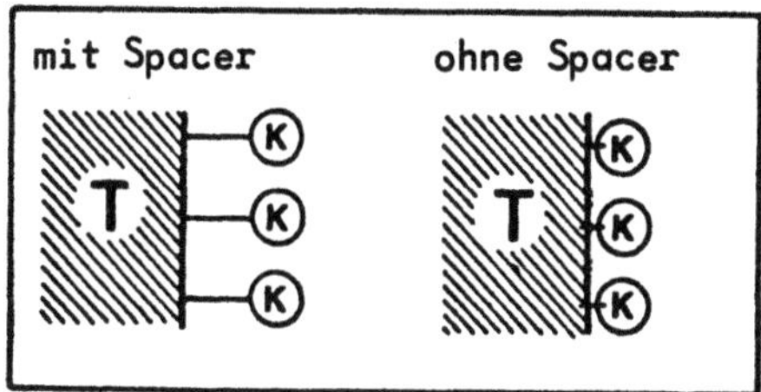

Abb. 8.
Kovalent mit und ohne Spacer an
einen Träger (T) gebundene Biokatalysatoren (K)

Als funktionelle Gruppen für die kovalente Bindung können die in
Biokatalysatorproteinen vorkommenden α- und ε-Aminogruppen, Car-
boxyl-, Sulfhydryl-, Hydroxyl-, Imidazol- und phenolische Gruppen
genutzt werden. Manche dieser Gruppen, wie z.B. SH- und ε-Aminogrup-
pen, können direkt mit geeigneten Gruppen des Trägers zur Reaktion
gebracht werden. Andere Gruppen, wie z.B. OH-Gruppen, müssen in der
Regel vorher aktiviert werden, bevor sie eine Bindung mit Gruppen
des Trägers eingehen.

Oft erfolgt eine Aktivierung der zur Bindung vorgesehenen Gruppen
nicht an den Enzymproteinen sondern am Trägerstoff, weil dabei die
katalytische Wirksamkeit geschont werden kann. Beispiele für oft
angewandte Gruppenaktivierungen sind u.a., wie nachfolgend noch
näher erläutert, die Bromcyanaktivierung von OH-Gruppen sowie die
Chloridaktivierung von COOH-Gruppen, bei der reaktive COCl-Grup-
pierungen entstehen.

Die Verbindung von Trägerstoff und Biokatalysator kann entweder
durch direkte Verbindung zwischen diesen beiden Komponenten oder
über ein mehr oder weniger langes Zwischenstück - einen sogenannten
Spacer - erfolgen. Das zwischengeschaltete Spacermolekül bewirkt
eine größere Beweglichkeit des angekoppelten Biokatalysators, so daß
die Aktivität u.U. höher ist als bei dichter an den Träger gebunde-

nen Biokatalysatoren. Abb. 8 zeigt in schematischer Darstellung einen direkt und einen über ein Spacermolekül gebundenen Biokatalysator.

Aus der sehr großen Zahl von Trägermaterialien und Methoden zur kovalenten Bindung sind nachfolgend einige Beispiele aufgezeigt.

Anorganische Träger

Poröses Glas ist das am häufigsten verwendete anorganische Trägermaterial. Es zeichnet sich durch eine große Zahl von OH-Gruppen an seiner Oberfläche aus. Durch Behandlung mit Silanen, insbesondere Aminoalkylethoxysilan oder Aminoalkylchlorosilan, kann die Glasoberfläche aktiviert, d.h. für weitere Umsetzungen reaktionsfähiger gemacht werden. Die Aktivierung mit Aminoalkylethoxysilan folgt der Reaktionsgleichung

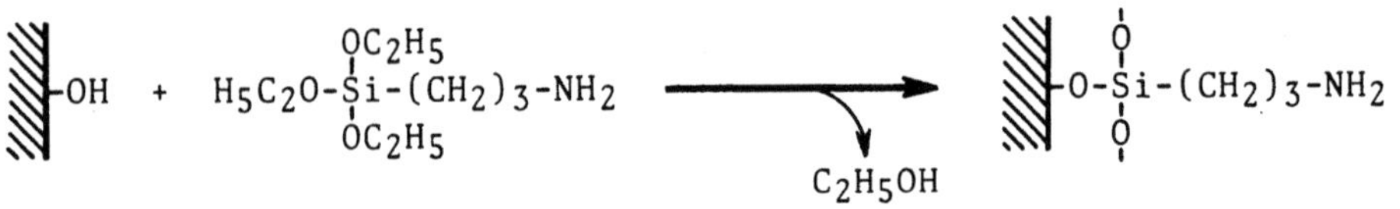

$$\text{[Glas]}-OH \ + \ H_5C_2O-\underset{OC_2H_5}{\overset{OC_2H_5}{\underset{|}{\overset{|}{Si}}}}-(CH_2)_3-NH_2 \longrightarrow \text{[Glas]}-O-\underset{O}{\overset{O}{\underset{|}{\overset{|}{Si}}}}-(CH_2)_3-NH_2$$

$$C_2H_5OH$$

Das entstandene, mit Aminoalkylgruppen versehene Glas kann nun mittels bifunktioneller Reagenzien, wie Dialdehyden oder Diisocyanaten, mit Enzymen gekoppelt werden. Abb. 9 zeigt als Beispiel die Anbindung eines Enzyms mit dem bei Enzymimmobilisierungen am meisten verwendeten bifunktionellen Reagenz, dem Glutardialdehyd.

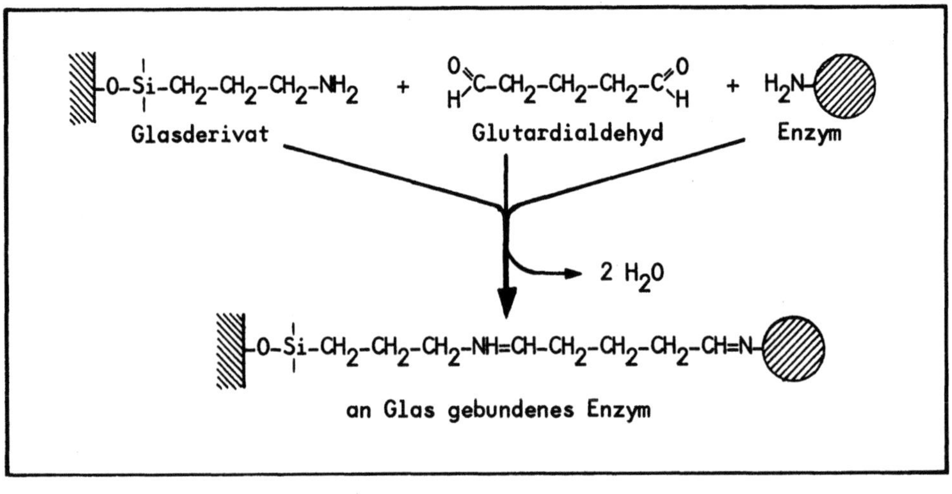

Abb. 9. Enzymkopplung mit Glutardialdehyd an derivatisiertes Glas

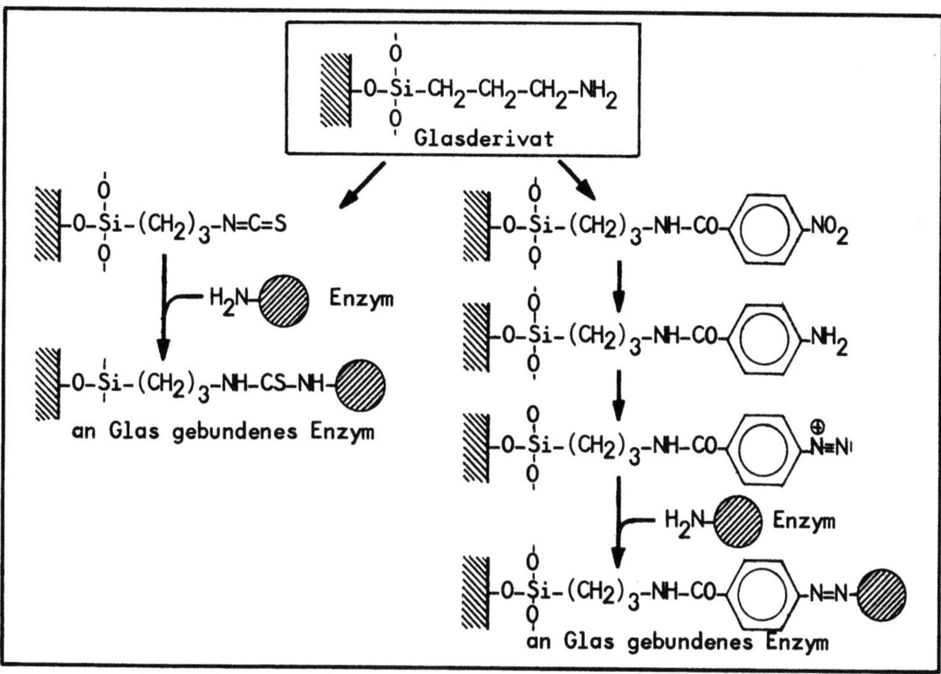

Abb. 10. Weitere Derivatisierung und kovalente Enzymkopplung an aminoalkylierte Glasoberflächen

Üblich ist auch die in Abb. 10 auf der linken Seite dargestellte weitere Derivatisierung des aminoalkylierten Glases mit Thiophosgen, die zu der sehr reaktionsfähigen Isothiocyanatgruppierung (-S-C≡N) führt, die sich dann zur Verbindung mit freien Aminogruppen von Enzymen nutzen läßt. Wie auf der rechten Seite von Abb. 10 weiterhin gezeigt wird, kann das aminoalkylierte Glas auch mit p-Nitrobenzoylchlorid zum p-Aminobenzoylderivat umgesetzt werden. Durch Diazotisierung zum Dizoniumderivat wird dann eine mit Aminogruppen von Enzymen leicht zu koppelnde Trägerform geschaffen.

Tabelle 11. Beispiele für kovalent an anorganische Träger gebundene Biokatalysatoren

Biokatalysator	Trägermaterial	Literatur
Papain	Poröses Glas	Weetall und Mason (1973)
Invertase	Poröse Kieselerde	Monsan et al. (1984)
Enterobakterien	Borosilikatglas	Messing und Oppermann (1979)
Methanbakterien	Silochrome	Romanovskaya et al. (1981)
Hefezellen	Poröse Kieselerde	Navarro und Durand (1977)
Hefezellen	Zirkonerde	Messing und Oppermann (1979)

Neben Glas kommen noch zahlreiche andere anorganische Trägerstoffe
für die kovalente Ankopplung einzelner Enzyme und ganzer Zellen in
Betracht. Tabelle 11 gibt dazu einige Literaturbeispiele.

Eine weitere Methode zur kovalenten Bindung von Biokatalysatoren
an anorganische Träger sieht im ersten Schritt die Bindung natürlicher oder synthetischer Polymere an den anorganischen Träger vor.
Es entsteht dann eine Polymerschicht um den anorganischen Trägerstoff herum, an die in einer Folgereaktion Biokatalysatoren gekoppelt werden können. Nähere Einzelheiten über die kovalente Bindung
von Biokatalysatoren an organische Polymerstoffe werden in den folgenden Abschnitten mitgeteilt.

Natürliche Polymere als Träger

Träger auf der Basis natürlicher Polymere, wie Cellulose, Dextran,
Stärke oder Agarose, erfreuen sich großer Beliebtheit bei der
Immobilisierung von Biokatalysatoren. Es handelt sich um Polysaccha-
ride bzw. Polyuronide, die im Falle von Agarose und Dextran meist
noch einer Quervernetzung mit Epichlorhydrin unterworfen werden, um
sie stabiler zu machen. Die vernetzten Produkte finden als Sephadex
und Sepharose aufgrund ihrer gut definierten Porenweite auch breite
Anwendung zur Gelchromatographie. Gemeinsam ist den natürlichen
Polymeren, daß sie eine Vielzahl von OH-Gruppen tragen. Allerdings
ist die Reaktionsfähigkeit der Hydroxylgruppen nicht zur direkten
Umsetzung mit Enzymproteinen ausreichend.

Eine Aktivierung der OH-Gruppen kann mit Bromcyan vorgenommen
werden. Bei dieser Bromcyanmethode entstehen neben anderen Verbindungen außerordentlich reaktionsfähige Imidocarbonate gemäß folgender Reaktionsgleichung:

$$\text{Träger}-OH + BrCN \xrightarrow{pH\ 9\text{-}11} \text{Träger} \begin{array}{c} O \\ O \end{array} C=NH + BrH$$

In einer nachfolgenden Kupplungsreaktion kann der in gezeigter Weise
bromcyanaktivierte Träger dann mit freien Aminogruppen von Enzymen
oder anderen Proteinen wie folgt umgesetzt werden:

$$\text{Träger} \begin{array}{c} O \\ O \end{array} C=NH + H_2N-\text{Enzym} \xrightarrow{pH\ 7\text{-}9} \text{Träger} \begin{array}{c} O \\ O \end{array} C=N-\text{Enzym} + NH_3$$

Träger (akt.)   Enzym   Gebundenes Enzym   Ammoniak

Zuweilen werden die Imidocarbonate auch weiter zu Isoharnstoffen
oder Carbamaten umgesetzt, um gegebenenfalls danach mit reaktiven

Gruppierungen versehen und mit Enzymen gekoppelt zu werden.

Bromcyanaktivierte Derivate natürlicher Polymere gehören zu den meistverwendeten Trägerstoffen für Enzymimmobilisierungen. Sie sind auch kommerziell erhältlich. Neben der Bromcyanaktivierung existiert jedoch noch eine ganze Reihe anderer Aktivierungsmöglichkeiten. Abb. 11 zeigt zum Beispiel die zu Dialdehydstärke derivatisierte Stärke, die durch ihre Aldehydgruppen leicht zu weiteren Reaktionen und damit zur Anbindung von Enzymen genutzt werden kann. Eine bei Cellulose gerne angewandte Modifikation erfolgt durch die Reaktion mit Chloressigsäure, die zu Carboxymethylcellulose führt. Diese kann zum entsprechenden Azid und damit zu einer mit Enzymproteinen leicht reagierenden Form umgesetzt werden.

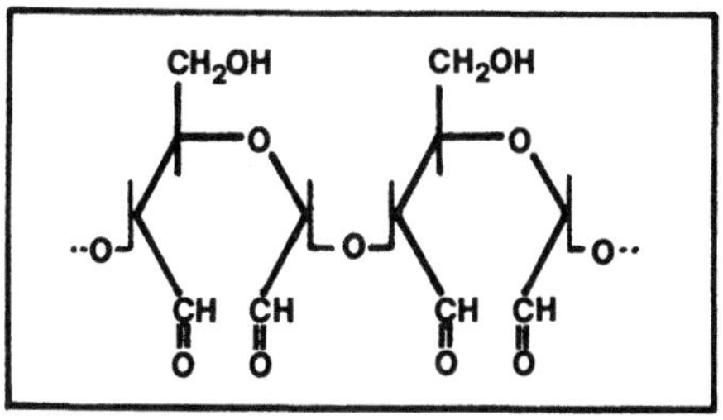

Abb. 11.
Dialdehydstärke (Kettenausschnitt)

Für die Immobilisierung ganzer Zellen findet die kovalente Kopplung an natürliche und auch andere Polymere nur sehr selten Anwendung, weil die Reaktionsbedingungen es meist nicht zulassen, daß die Zellen am Leben erhalten werden. Auch bei dem in Tabelle 12 gegebenen Beispiel mit gebundenen Zellen von Bacillus subtilis konnte die Lebensfähigkeit dieser Zellen nicht erhalten werden. Es handelt sich in diesem Falle also nicht wirklich um gebundene ganze Zellen, sondern um intrazelluläre, im Zellgefüge belassene Enzyme.

Tabelle 12. Beispiele für kovalent an natürliche Polymere gebundene Biokatalysatoren

Biokatalysator	Trägermaterial	Literatur
Lactatoxidase	Cellulose	Cannon et al. (1984)
Chymotrypsin	Sepharose	Clark und Bailey (1984)
Invertase	Getreideschrot	Monsan und Combes (1984)
Dihydrofolatreductase	Sepharose	Ahmed und Dunlap (1984)
Epoxidhydrolase	Dextran	Ibrahim et al. (1985)
Bacillus subtilis	Agarose	Chipley (1974)
Azotobacter species	Cellulose	Gainer et al. (1980)
Micrococcus luteus	Carboxymethylcellulose	Jack und Zajic (1977)

Synthetische Polymere als Träger

Schon in den fünfziger Jahren wurden besonders von den Arbeitsgruppen um Isliker, Grubhofer und Manecke synthetische Polymere zur Ankopplung von biologisch aktiven Materialien eingesetzt. Die zunächst zur Bindung von Antigenen verwendeten Syntheseprodukte wurden sehr bald auch zur Enzymimmobilisierung eingesetzt. Im Verlaufe der folgenden Jahrzehnte wurden dann zahlreiche vollsynthetische Träger mehr oder weniger gezielt für die Immobilisierung von Biokatalysatoren entwickelt.

Bei der Entwicklung synthetischer Trägerstoffe haben sich zwei Lösungswege herausgebildet. Der erste Weg basiert auf vorgegebenen, ursprünglich für andere Anwendungsgebiete als die Enzymimmobilisierung entwickelten Polymerstoffen. Diese Polymere werden - ähnlich wie die polymeren Naturstoffe (s.S. 30-31) - mit reaktiven Gruppen für die Enzymankopplung ausgestattet. Der zweite Lösungsweg zielt auf speziell für die Immobilisierung hergestellte Copolymerisate aus entsprechenden Monomeren und Comonomeren.

Vor allem auf Basis von Acryl- und Methacrylsäurederivaten gelang es, zahlreiche reaktive Copolymerisate herzustellen. Diese Polymere tragen zum Teil reaktionsfähige Dinitrofluorphenyl- oder Isothiocyanatgruppen. Weiterhin sind Acrylat- und Methacrylatträger mit reaktiven Oxiran- bzw. Säureanhydridgruppen üblich und sehr gut zum direkten Umsatz mit Enzymen geeignet. Abb. 12 zeigt die Kopplung eines Enzyms an einen mit Oxirangruppen versehenen Träger. Derartige Trägerstoffe werden von der Röhm GmbH (Darmstadt) auf der Basis von Polyacrylamid hergestellt und unter dem Handelsnamen Eupergit vertrieben.

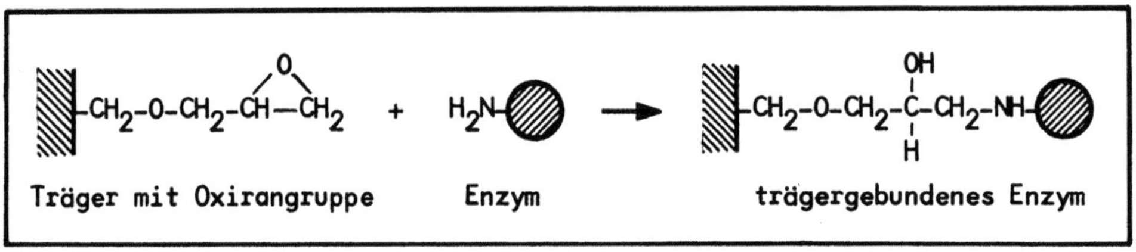

Abb. 12. Enzymkopplung an einen Träger mit Oxirangruppen

Als weitere Aktivierungsmethode aus der großen Vielfalt von Möglichkeiten ist in Abb. 13 die Chloridaktivierung aufgezeigt. Carboxylgruppen-tragende Harze, die z.B. unter den Handelsnamen Amberlite XE-64 und Amberlite IRC-50 kommerziell erhältlich sind, können nach dieser Methode mit Thionylchlorid aktiviert werden. Es entstehen Carboxychloridharze mit den äußerst reaktionsfähigen Säurechloridgruppen, die mit den freien Aminogruppen von Enzymen reagieren und dabei, wie in Abb. 13 gezeigt, Peptidbindungen (-CO-NH-) ausbilden.

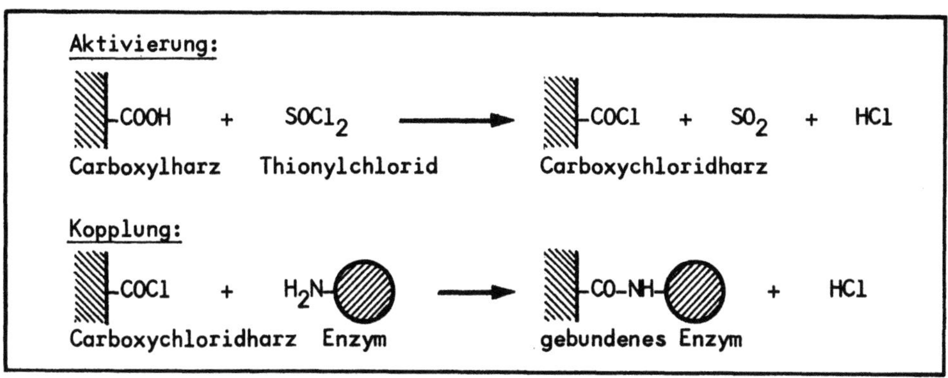

Abb. 13. Chloridaktivierung und Enzymkopplung an Träger mit freien Carboxylgruppen

Wie alle kovalenten Bindungsmethoden, sind auch die mit synthetischen Polymeren als Träger überwiegend mit einzelnen Enzymen und nur vereinzelt mit ganzen Zellen als Biokatalysatoren praktiziert worden. Die enorme Vielfalt der Enzyme einerseits und der verwendeten Polymerstoffe andererseits wird durch die wenigen Beispiele in Tabelle 13 allenfalls angedeutet, aber nicht annähernd abgedeckt. Weitere Beispiele und nähere Einzelheiten zu Trägerstoffen und kovalenten Kopplungsmethoden sind der im Anhang dieses Buches gegebenen Literatur zu entnehmen.

Tabelle 13. Beispiele für kovalent an synthetische Polymere gebundene Biokatalysatoren

Biokatalysator	Trägermaterial	Literatur
ß-Galactosidase	Nylon-Acrylat-Copolymer	Beddows et al. (1981)
Invertase	Glycidylmethacrylat	Marek et al. (1984)
Trypsin	Polyacrylat-Polyethylen-Copolymer	Beddows et al. (1982)
Tyrosinase	Polyacrylamid	Vilanova et al. (1984)
Urease	Methacrylat-Acrylat	Raghunath et al. (1984)
Urease	Nylon, modifiziert	Miyama et al. (1984)
Hefezellen	Hydroxyalkylmethacrylat	Jirku et al.(1980)
Bakterienzellen	Ethylen-Maleinanhydrid-Copolymer	Shimizu et al. (1975)

2.4 Quervernetzung

Bei der Quervernetzung (="**Crosslinking**") werden die einzelnen Biokatalysatoreinheiten (Enzyme, Organellen, ganze Zellen) durch bi- oder mehrfunktionelle Reagenzien miteinander verbunden. Auf diese Weise entstehen, wie in Abb. 14 skizziert, sehr hochmolekulare, typischerweise unlösliche Aggregate.

Bei dem ebenfalls in Abb. 14 schematisch dargestellten **Co-Crosslinking** werden neben den katalytisch aktiven Komponenten auch noch inaktive Moleküle in das hochpolymere Netzwerk mit eingebunden. Dadurch können unter Umständen die mechanischen und enzymatischen Charakteristika der immobilisierten Präparate verbessert werden.

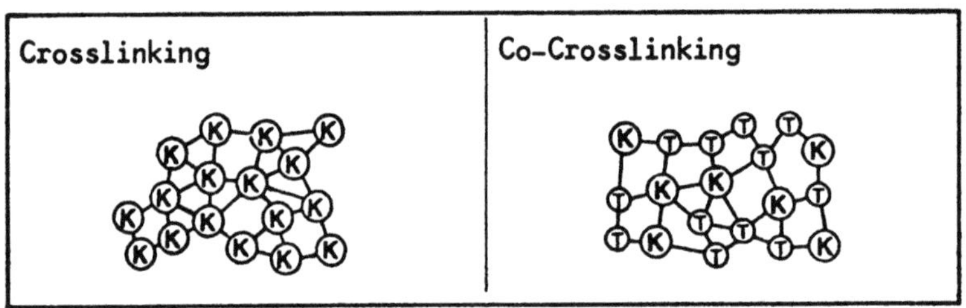

Abb. 14. Durch Crosslinking und Co-Crosslinking immobilisierte Biokatalysatoren

Die Quervernetzung ist relativ einfach auszuführen. Ein Nachteil der so hergestellten Partikel ist ihre meist gelatinöse, wenig feste Beschaffenheit, die z.B. eine Anwendung im Packbett (vgl. Kap. 4.3) erschwert. Weiterhin ist es nachteilig, daß zwangsläufig viele der aktiven Biokatalysatoreinheiten im Innern der durch Quervernetzung entstandenen Partikel gebunden werden. Besonders bei hochmolekularen Substraten und niedrigen Substratkonzentrationen wird der Substratzugang zu den katalytischen Zentren der innen liegenden Biokatalysatoren durch Diffusionshindernisse erschwert.

Da beim Crosslinking und Co-Crosslinking die Bindungen in der Regel kovalenter Natur sind, kommt es, wie in Kap. 2.3 für die kovalente Bindung schon erörtert, oft zu Konformationsänderungen und damit zu Aktivitätsverlusten der so immobilisierten Biokatalysatoren.

Das zum Quervernetzen mit Abstand am häufigsten verwendete bifunktionelle Reagenz ist Glutardialdehyd, das oft auch einfach als "Glutaraldehyd" bezeichnet wird. Die reaktionsfähigen Aldehydgruppen an den beiden Enden des Glutardialdehyds reagieren mit freien Aminogruppen (ε-Aminogruppen, N-terminale Aminogruppen) von Enzymen bzw. von ganzen Zellen oder Zellteilen. Wie Abb. 15 zeigt, führt dies zu Verbindungen nach Art der Schiff'schen Basen.

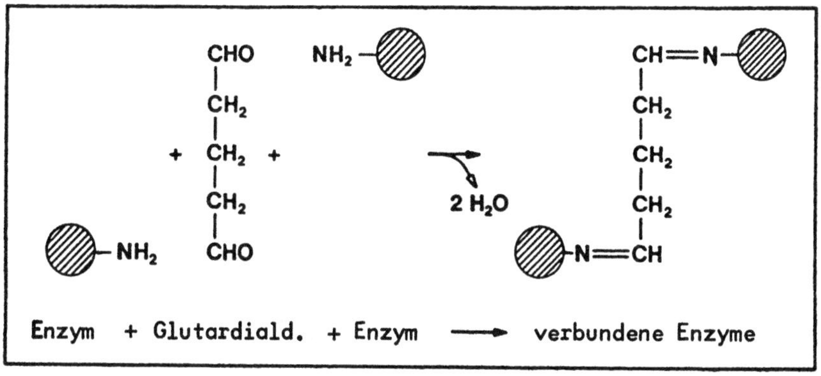

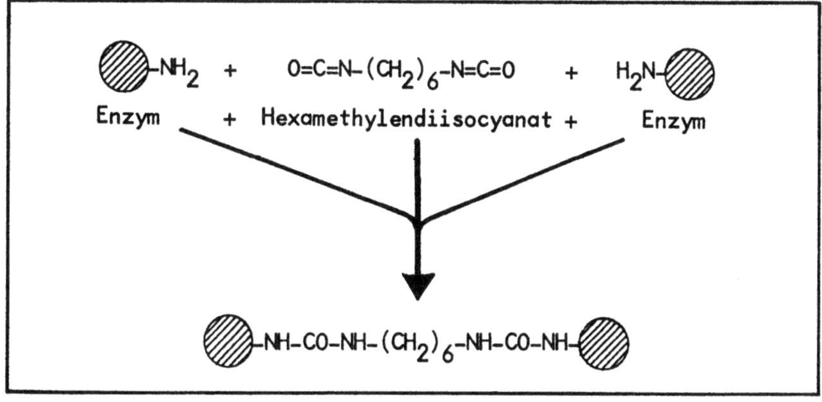

Abb. 15. Vernetzung von Enzymen mit Glutardialdehyd

Industrielle Bedeutung haben mit Glutardialdehyd quervernetzte Biokatalysatoren bei der Glucoseisomerisierung (vgl. Kap. 5.3) erlangt.
Dort sind u.a. Immobilisate üblich, die durch einfache Behandlung
der zu feinen Partikeln geformten Bakterienzellmasse mit Glutardialdehyd entstehen. Weiterhin sind durch Co-Crosslinking mit Gelatine hergestellte Glucoseisomerase-Präparate in industriellem Ge-
brauch, die ebenfalls mit Glutardialdehyd als Vernetzungsmittel
hergestellt werden.

Neben Glutardialdehyd sind Diisocyanate, wie z.B. Hexamethylendiisocyanat und Toluoldiisocyanat, öfter verwendete Vernetzungsmittel. Bei ihrer Anwendung entstehen, wie Abb. 16 verdeutlicht,
Peptidbindungen (-CO-NH-) zwischen Biokatalysatorprotein und Vernetzungsreagenz. Ähnlich reaktionsfähig wie die Diisocyanate sind
Diisothiocyanate mit ihren beiden -N=C=S-Gruppierungen. Sie verbinden sich mit freien Aminogruppen eines Enzyms über -NH-CS-NH-Grup-
pierungen (vgl. Abb.10, S. 29).

Abb. 16. Vernetzung von Enzymen mit Hexamethylendiisocyanat

Wie die vorangehenden Ausführungen gezeigt haben, erfolgt die Quervernetzung überwiegend über freie Aminogruppen der zu bindenden Biokatalysatoren. Vereinzelt wird jedoch durchaus auch die Sulfhydrylgruppe des Cysteins, die phenolische OH-Gruppe des Tyrosins oder die Imidazolgruppe des Histidins zur Bindung genutzt. Bisdiazobenzidin als bifunktionelles Vernetzungsmittel reagiert z.B. nicht nur mit freien Aminogruppen, sondern auch mit phenolischen OH-Gruppen und Imidazolgruppen des Enzymproteins.

Vernetzungsmittel mit mehr als zwei funktionellen Gruppen werden kaum verwendet. Mit steigender Molekülgröße und steigender Zahl reaktiver Gruppen am Vernetzungsmittel wird der Übergang zum Trägerstoff mit funktionellen Gruppen fließend. Zum Beispiel wird man eine hochmolekulare Dialdehydstärke (s. Abb. 11, S. 31) normalerweise als Trägerstoff mit reaktiven Aldehydgruppen betrachten. Kurzkettige (niedermolekulare) Stücke der Dialdehydstärke können hingegen auch als polyfunktionelle Reagenzien angesehen werden.

Auch ohne bi- oder mehrfunktionelle Reagenzien sind Quervenetzungen von Enzymen über kovalente Disulfidbrücken oder über Peptidbindungen möglich. Weiterhin können schwächere Wasserstoffbrücken-Bindungen, hydrophobe Wechselwirkungen oder van-der-Waals-Kräfte für die direkte Aneinanderbindung von Enzymen, aber auch von ganzen Zellen, genutzt werden. Derartig entstandene biokatalytisch aktive Aggregate (z.B. flockende Zellen) können mit gewisser Berechtigung auch als quervernetzte Biokatalysatoren angesprochen werden.

Einige Literaturbeispiele aus der großen Zahl der durch Quervernetzung hergestellten Immobilisate gibt Tabelle 14.

Tabelle 14. Beispiele für quervernetzte Biokatalysatoren

Biokatalysator	Vernetzungsmethode	Literatur
Invertase	Vernetzung mit Adipinsäuredihydrazid	Barbaric et al. (1984)
Chymotrypsin	Peptidbindung zwischen den Enzymmolekülen ohne Vernetzungsagenz	Talsky und Gianitsopoulos (1984)
Inulinase	Vernetzung der enzymhaltigen Zellen mit Glutardialdehyd	Workman und Day (1984)
Pepsin	Vernetzung mit Glutardialdehyd	Khan und Siddiqi (1985)
Glucoseisomerase	Co-Crosslinking mit Gelatine durch Glutardialdehyd	Bachmann et al. (1981)
ß-Galactosidase	Co-Crosslinking mit Hühnereiweiß durch Glutardialdehyd	Kaul et al. (1984)
Bakterienzellen	Co-Crosslinking mit Hühnereiweiß durch Glutardialdehyd	De Rosa et al. (1981)

2.5 Matrixeinhüllung

Bei der Matrixeinhüllung werden die Biokatalysatoren in natürliche
oder synthetische Polymere, die meist eine gelartige Struktur aufweisen, eingebettet. Voraussetzung für die Funktionstüchtigkeit der
so eingehüllten Biokatalysatoren ist, daß Substrat(e) und Produkt(e)
der Reaktion die Hüllsubstanz (Matrix) passieren können. Andererseits dürfen die Maschen der Matrix nicht zu weit sein, weil die
Biokatalysatoren selbst darin zurückgehalten werden sollen.

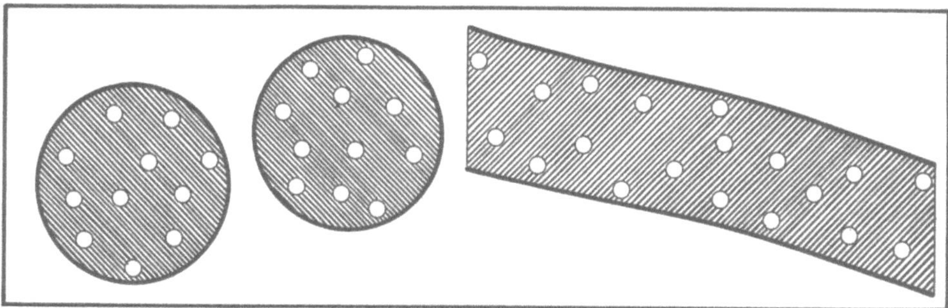

Abb. 17. Matrixeingehüllte Biokatalysatoren in Kugel- und Faserform

Die äußere Gestalt der Matrix-umhüllten Biokatalysatoren kann je
nach Bedarf innerhalb weiter Grenzen variiert werden, so daß z.B.
Gebilde in Kugel-, Zylinder-, Faser- oder Folienform möglich sind.
Die schematische Darstellung in Abb. 17 zeigt die meist bevorzugte
Kugelform sowie die Faserform.

Tabelle 15. Methoden der Einhüllung von Biokatalysatoren

Härtungsprinzip	Hüllsubstanz-Beispiele	Haupteinsatzgebiet
Kältegelierung	Agar, Gelatine	lebende Zellen und Zellorganellen
Ionotrope Gelbildung	Alginat, Carrageenan	lebende Zellen und Zellorganellen
Lösungsmittelfällung	Cellulosetriacetat, Polystyrol	Enzyme und tote Zellen
Polykondensation	Epoxidharze, Polyurethane	Enzyme und tote Zellen
Polymerisation	Polyacrylamid, -methacrylamid	Enzyme und tote Zellen

Die chemische Natur des Hüllstoffes und das Prinzip seiner Gelbildung bzw. Härtung können sehr unterschiedlich sein. Tabelle 15 nennt die fünf wichtigsten Härtungsprinzipien sowie jeweils zwei Beispiele von Matrixstoffen, die zur Enzym- und Zelleinhüllung nach diesem Prinzip Verwendung finden.

Die Methoden der Matrixeinhüllung erfreuen sich vor allem bei der Immobilisierung von ganzen Zellen und aktiven Zellteilen (Organellen) größter Beliebtheit. Als Hüllsubstanzen eignen sich hier die natürlichen Polymere Alginat, Carrageenan, Pectin, Agar und Gelatine besonders gut, weil sie selbst ungiftig und die zu ihrer Gelierung anzuwendenden Methoden sehr zellschonend sind. Für die Einhüllung von Enzymen sind diese Naturstoffe ungeeignet, weil ihre Netzwerke - zumindest ohne weitere Vernetzungsmaßnahmen - zu grobmaschig für die Zurückhaltung molekulardispers verteilter Enzyme sind.

Die gängige, in Abb. 18 dargestellte Methode zur Herstellung von in Polymerkugeln eingehüllten ganzen Zellen beginnt mit der Vermischung des zur Gelbildung fähigen Polymers mit den einzuhüllenden Zellen. Im Falle von Gelatine oder Agar als Polymer wird diese Substanz zunächst bei höherer Temperatur (z.B. 95 °C) in Wasser gelöst, dann auf ca. 40 °C gekühlt, mit den Zellen vermischt und schließlich zur Gelbildung in eiskalte Pufferlösung eintropfen lassen. Bei Verwendung von Alginat, Pectin oder Carrageenan als Hüllsubstanz werden wasserlösliche Formen (z.B. Na-Alginat) bei Raumtemperatur wäßrig gelöst und mit den Zellen vermischt. Die ionotrope Gelbildung erfolgt, sobald das Alginat-Zellgemisch in eine $CaCl_2$-Lösung oder ein k-Carrageenan-Zellgemisch in eine KCl-Lösung durch Tropfung oder Sprühung eingebracht wird (s. Abb. 18).

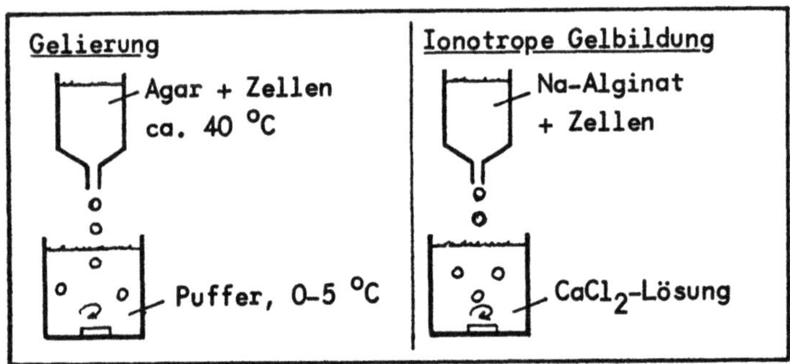

Abb. 18. Methodenbeispiele für die Einhüllung ganzer Zellen

Die organischen Polymere, die zur Einhüllung ganzer Zellen verwendet werden, ergeben in der Regel nur relativ weiche Immobilisate. Nachhärtungsmethoden durch Behandlung mit Glutardialdehyd, Hexamethylendiamin u.ä. können wegen ihrer gleichzeitig zellschädigenden Wirkung nur sehr begrenzt eingesetzt werden. Als zellschonend hat sich die einfache Trocknung,z.B. bei den Ca-Alginatkugeln, erwiesen. Dabei schrumpfen die Kugeln; auch nach Wiederbefeuchtung nehmen sie ihr ursprüngliches Feuchtvolumen nicht wieder an und bleiben härter als unbehandelte Vergleichskugeln.

Als weiterer Nachteil der durch ionotrope Gelbildung hergestellten Immobilisate ist ihre Instabilität bei Anwesenheit von Gegenionen der zur Gelbildung benötigten Ionen zu nennen. Zum Beispiel führt das übermäßige Vorhandensein von Natriumionen dazu, daß die gelfestigenden Calciumionen in Alginaten verdrängt werden, da Natrium- und Calciumionen miteinander um das Alginat-Anion konkurrieren. Auch Phosphationen führen zur allmählichen Auflösung von Ca-Alginatkugeln, weil Phosphate ebenfalls mit Calcium reagieren und dem Alginat damit das strukturfestigende Agenz entziehen.

Künstlich durch Polykondensaton oder Polymerisation hergestellte Polymere sind zur Matrixeinhüllung lebender Organismen weniger geeignet, weil die zur Polymerbildung eingesetzten Monomere meist sehr giftig sind und die Zellen abtöten. Zur Einhüllung von Enzymen werden Kunststoffe jedoch recht häufig verwendet. Besonders Polyacrylamid hat als Hüllsubstanz für einzelne Enzyme Bedeutung. Das Netzwerk des Polyacrylamids kann so dicht gestaltet werden, daß Enzymmoleküle darin zurückgehalten werden. Abb. 19 zeigt ein solches aus den Monomeren Acrylamid und Bis(N,N′)-Methylenbisacrylamid (BIS) aufgebautes Polyacrylamid-Netzwerk mit eingehüllten Enzymmolekülen.

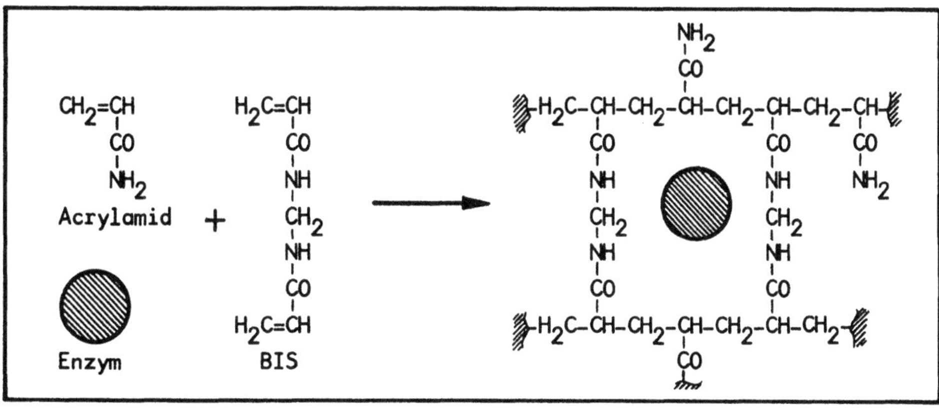

Abb. 19. Enzymeinhüllung in ein Polyacrylamid-Netzwerk

Beschränkt industrielle Bedeutung haben in Fasern eingesponnene Enzyme erlangt. Abb. 20 zeigt das prinzipielle Vorgehen beim Einspinnen von Enzymen in fadenbildende Polymere. Das zur Einspinnung vorgesehene wäßrig gelöste Enzym wird in nicht wassermischbarem, organisch gelöstem Polymer (z.B. Cellulosetriacetat in Methylenchlorid) fein emulgiert. Durch eine Düse, deren Innendurchmesser meist um 100 μm liegt, wird die Emulsion in ein polymerfällendes Bad

(z.B. Toluolbad) gepreßt. Gleichzeitig wird der im Fällbad schnell
aushärtende Faden auch aus der Düse herausgezogen und auf eine
Fangrolle aufgespult. Abschließend erfolgt eine sorgfältige Waschung
der Spinnfäden, bevor sie ihrer Anwendung zugeführt werden.

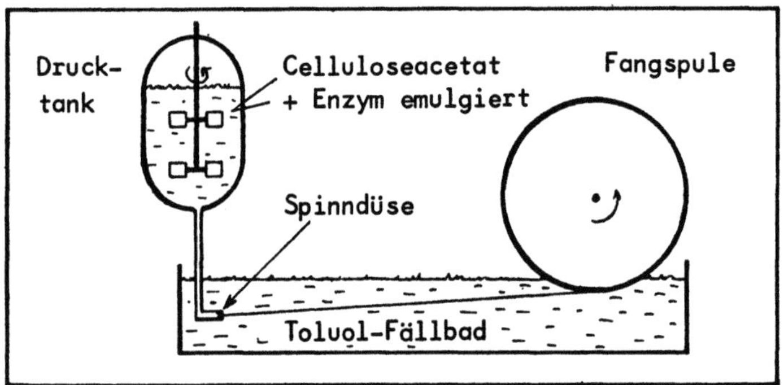

Abb. 20. Einspinnung von Enzymen in Celluloseacetat

Eine winzige Auswahl aus dem großen Feld matrixeingehüllter Biokatalysatoren wird in Tabelle 16 gegeben. Die Tabelle ist nur insofern
repräsentativ als nur selten einzelne Enzyme, sondern ganz überwiegend ganze Zellen durch Methoden der Matrixeinhüllung immobilisiert
werden.

Tabelle 16. Beispiele für matrixeingehüllte Biokatalysatoren

Biokatalysator	Matrix	Literatur
Aminoacylase	Polyacrylamid	Mori et al. (1972)
Bakterienzellen	Photovernetzte Harze	Mazumder et al. (1985)
Bakterienzellen	Polyacrylamidhydrazid	Bettmann und Rehm (1984)
Bakterienzellen	Carrageenan	Umemura et al. (1984)
Bakterienprotoplasten	Agar-Acetylcellulose	Karube et al. (1985)
Hefezellen	Hydroxyethylmethacrylat	Cantarella et al. (1984)
Hefezellen	Alginat	Qureshi und Tamhane (1985)
Schimmelpilzmycel	Carrageenan	Deo und Gaucher (1984)
Schimmelpilzmycel	Alginat	Eikmeier und Rehm (1984)
Schimmelpilzkonidien	Polyacrylamid	Bihari et al. (1984)
Pflanzenzellen	Alginat, Agarose	Vogel und Brodelius (1984)
Pflanzenzellen	Agar, Alginat, Carrageenan	Nakajima et al. (1985)

2.6 Membranabtrennung

Gemäß der in Kapitel 1.4 (s.S. 14) gegebenen Definition gehören auch die nicht an Trägerstoffe, aber auf andere Weise in ihrem Reaktionsraum eingeschränkten Biokatalysatoren zu den "immobilisierten" Wirkstoffen.

Die Membranabtrennung führt zu einer Abgrenzung und damit einer Einschränkung des Reaktionsraumes. Sie beläßt die Biokatalysatoren zwar im Falle von Enzymen in wäßriger Lösung, im Falle von ganzen Zellen in wäßriger Suspendierung, sie schafft aber abgegrenzte Räume, in denen die Reaktionen ablaufen. Die Membranabtrennung ist damit eine der Natur nachempfundene Form der Immobilisierung, denn auch die natürliche Zelle hält ihre Enzyme größtenteils durch ein umschließendes Membransystem zusammen und schafft auf diese Weise die Voraussetzung für einen wiederholten bzw. kontinuierlichen Einsatz ihres Enzympools.

Zur Membranabtrennung bieten sich drei grundsätzliche methodische Möglichkeiten an: die Mikroverkapselung, die Liposomentechnik und die Anwendung der Biokatalysatoren in Membranreaktoren. Allen drei Methoden ist gemeinsam, daß die Rückhaltung der Biokatalysatoren in einem definierten Raum durch semipermeable Membranen erfolgt, die für Substrat(e) und Produkte(e) durchlässig, für die Biokatalysatoren aber unpassierbar sein müssen.

Mikroverkapselung

Die Methode der Mikroverkapselung wird bisher nicht für ganze Zellen, sondern nur - und das auch relativ selten - für Enzyme eingesetzt. Beim Einschluß von Enzymen in Mikrokapseln werden, wie Abb. 21 schematisiert zeigt, die Enzyme in wäßrig gelöster Form von einer für Produkt und Substrat durchlässigen polymeren Membran umgeben.

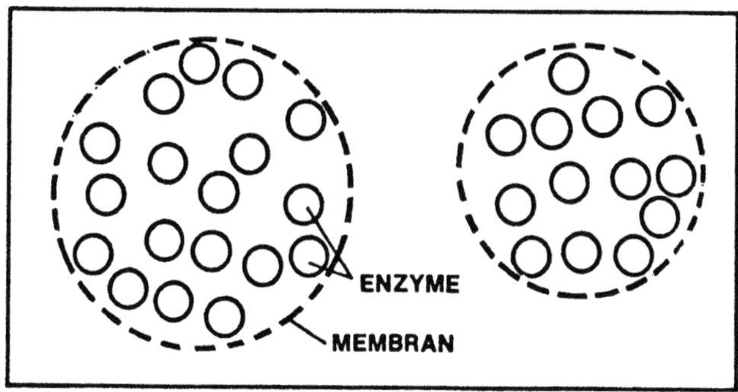

Abb. 21. In Mikrokapseln eingeschlossene Enzyme

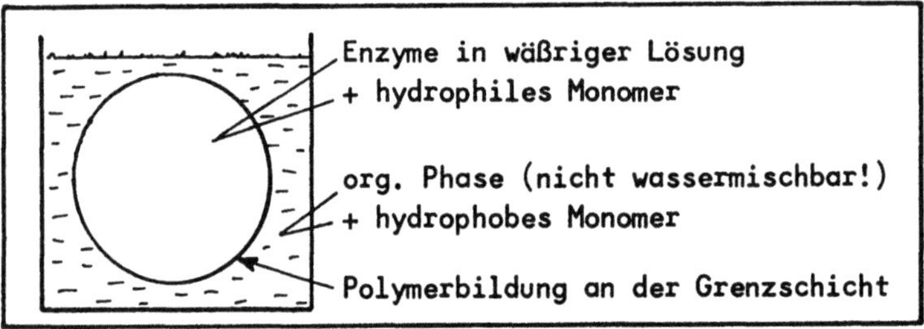

Abb. 22. Enzym-Einkapselung durch Grenzschichtpolymerisation

Die Mikroverkapselung kann, wie in Abb. 22 dargestellt, als sogenannte **Grenzschichtpolymerisation** vorgenommen werden. Bei dieser Methode werden die wäßrig gelösten Enzyme zusammen mit einem hydrophilen Monomer in einem nicht mit Wasser mischbaren organischen Lösungsmittel (z.B. Cyclohexan oder Chloroform) bis zur gewünschten Tröpfchengröße - meist zwischen 1 und 100 μm - emulgiert. Dabei kann die Tröpfchengröße sowohl durch die Intensität der Dispergierung als auch durch Zusätze von oberflächenaktiven Substanzen beeinflußt werden. Nach Ausbildung der Emulsion im gewünschten Feinheitsgrad wird ein hydrophobes Monomer zugesetzt, das sich - weil hydrophob - nur in der organischen Phase löst. Hydrophiles und hydrophobes Monomer reagieren an ihrer Berührungsstelle - der Grenzfläche zwischen wäßriger und organischer Phase - unter Bildung eines Polymers. Abschließend müssen die Kapseln zur Entfernung von Monomerresten sorgfältig gewaschen werden.

Neben Di- und Polyaminen kommen bei der Grenzschichtpolymerisation vor allem Glycole und Polyphenole als hydrophile Monomere zur Anwendung. Als hydrophobe Monomere dienen zwei- oder mehrbasige Säurechloride, Bishalogenformiate sowie Di- und Polyisocyanate. Die an der Phasengrenze entstehenden Polymere sind dann - je nach eingesetztem Monomer - Polyamide, Polyurethane, Polyester oder Polyharnstoffe.

Zur Herstellung von Mikrokapseln aus Nylon (Polyamid) verwendet man als hydrophiles Monomer Hexamethylendiamin und Sebacoylchlorid (Sebacinsäuredichlorid) als hydrophobes Monomer. Die Aminogruppen des Diamins reagieren wie folgt mit den Säurechloridgruppen des Sebacoylchlorids unter HCl-Freisetzung:

$$H_2N\text{-}(CH_2)_6\text{-}NH_2 \; + \; ClOC\text{-}(CH_2)_8\text{-}COCl \longrightarrow H_2N\text{-}(CH_2)_6\text{-}NH\text{-}CO\text{-}(CH_2)_8\text{-}COCl \atop HCl$$

Da Hexamethylendiamin und Sebacoylchlorid jeweils zwei reaktive Amino- bzw. Säurechloridgruppen tragen, verketten sie in alternierender Folge miteinander und bilden lange Fadenmoleküle, die - in genügender Dichte kreuz und quer übereinandergelagert - die Mikrokapsel bilden.

Ein Nachteil der Grenzschichtpolymerisierung ist die Kontaktierung der Enzyme mit den wäßrig gelösten Monomeren des zu bildenen Kunststoffs. Dadurch werden die Enzyme oft teilinaktiviert. Die **Flüssigkeits-Trocknungsmethode** (engl.: liquid drying method) vermeidet diese Enzymschädigung durch Monomere, indem sie von fertigen Polymeren ausgeht. Diese Polymere werden in einem organischen, nicht wassermischbaren Lösungsmittel gelöst. Sodann wird das wäßrig gelöste Enzym, wie in Abb. 23 gezeigt, in dieser organischen Phase emulgiert. Dieser ersten Emulsion wird eine größere Menge eines sogenannten Schutzkolloids (z.B. Gelatine- oder Albuminlösung) zugemischt. Es entsteht dann unter geeigneten Rühr- und Zumischbedingungen eine zweite Emulsion mit drei Phasen: innen das wäßrig gelöste Enzym, umgeben von der organischen Phase mit dem gelösten Polymer und außen das wäßrig gelöste Schutzkolloid. Unter Vakuum wird das organische Lösungsmittel, das einen niedrigeren Siedepunkt als Wasser haben muß, verdampft. Das Polymer wird dabei wieder fest und umschließt nun das wäßrig gelöste Enzym als Mikrokapsel.

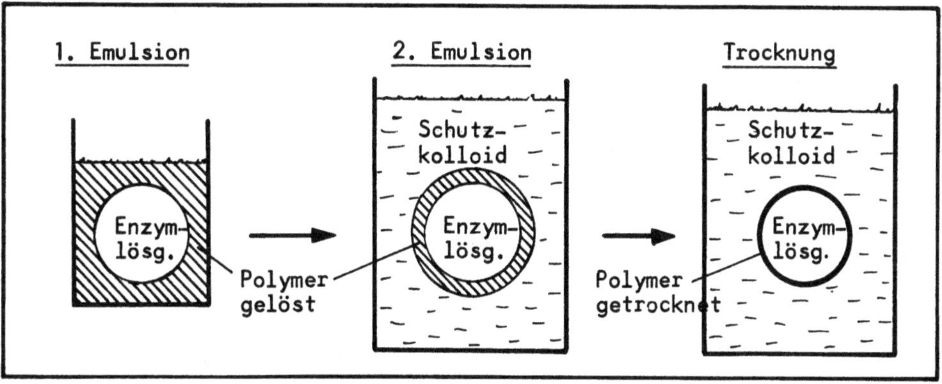

Abb. 23. Mikroverkapselung nach der Flüssigkeits-Trocknungsmethode

Die bei der Flüssigkeits-Trocknungsmethode eingesetzten Polymere müssen in organischen, nicht wassermischbaren Lösungsmitteln löslich sein. Ethylcellulose und Polystyrol sind Beispiele solcher Polymere. Als Lösungsmittel kommen u.a. Cyclohexan und Chloroform infrage, weil Sie gleichzeitig auch die Bedingung eines niedrigeren Siedepunktes als Wasser erfüllen.

Dem Vorteil der Flüssigkeits-Trocknungsmethode, daß keine enzymschädigenden Monomere eingesetzt werden müssen, stehen auch einige Nachteile gegenüber. So können nur relativ große Mikrokapseln mit mehr als etwa 20 μm Durchmesser hergestellt werden, und es ergeben sich zuweilen Schwierigkeiten bei der zweiten Emulgierung. Nicht immer gelingt es, die organische Phase in der gewünschten, in Abb. 23 gezeigten Weise um die Tröpfchen des wäßrig gelösten Enzym herum anzuordnen.

Eine weitere Mikroverkapselungsmethode - die **Koazervierungs**- oder
Phasentrennmethode - beginnt ebenso wie die Flüssigkeits-
Trocknungsmethode mit der Emulgierung wäßriger Enzymlösung in organisch gelöstem Polymer. Dann wird ein zweites - mit dem ersten
Lösungsmittel mischbares, ebenfalls nicht wassermischbares - orga-
nisches Lösungsmittel hinzugegeben, das polymerfällend wirkt. Es
kommt zu einer Phasentrennung (Koazervierung) innerhalb der organischen Phase. Unter günstig gewählten experimentellen Bedingungen
verdichtet sich die polymerhaltige Phase um die Enzymtröpfchen derart stark, daß diese Polymerhülle den Anforderungen an eine Mikrokapsel genügt.

Liposomentechnik

Während die vorstehend beschriebenen Methoden der Mikroverkapselung
zu festen Hüllen führen, schafft die Liposomentechnik plastisch
verformbare, nahezu flüssige Lipidmembranen, die den Membranen von
lebenden Zellen vergleichbar sind. Sie bestehen im typischen Fall,
wie Abb. 24 schematisch zeigt, aus einer Lipid-Doppelschicht, die
die wäßrig gelösten Enzyme oder andere Wirkstoffe umschließt.

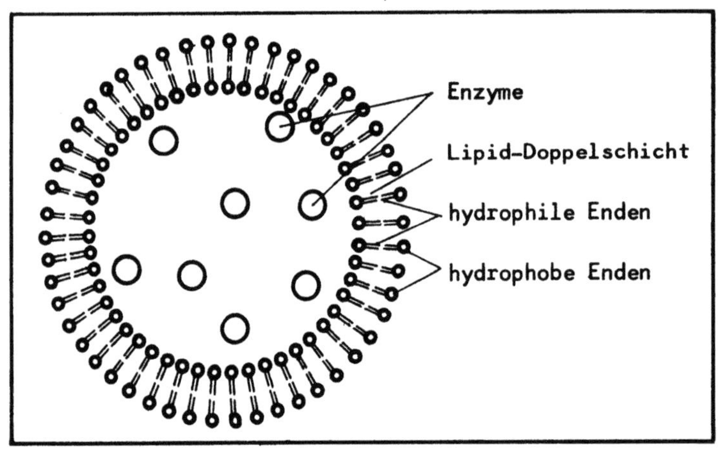

Abb. 24. Aufbau enzymhaltiger Liposomen

Liposomen werden z.B. gebildet, wenn man Phospholipide oder andere
geeignete Lipide in wäßriger Lösung mit Utraschall behandelt. Die
dabei eingesetzten Lipide müssen amphiphil sein, d.h. sie müssen ein
hydrophiles und ein hydrophobes Kettenende aufweisen. Diese Lipide
haben die Tendenz, sich jeweils mit ihren hydrophilen Enden zueinander zu ordnen, so daß sich eine Lipid-Doppelschicht mit hydrophi-
lem Inneren ausbildet. Die hydrophoben "Lipidköpfe" weisen hingegen

nach außen (vgl. Abb. 24). Die Doppelschichten neigen dazu, an ihren Kanten miteinander zu verschmelzen und zu rundum geschlossenen Bläschen (Vesikeln, Liposomen) zusammenzufließen.

Da Detergenzien mit ihrer amphipilen Natur die Ausbildung der Lipidmembranen stören, kann ihre dosierte Zugabe zur Steuerung der Liposomengröße genutzt werden. Eine neben der Ultrabeschallung oft verwendete Methode der Liposombildung sieht deshalb vor, geeignete Phospholipide (z.B. Eierlezithin) in wäßriger Lösung zusammen mit Detergenzien zu dispergieren. Nach erfolgter Liposomenbildung müssen die Detergenzien durch Dialyse entfernt werden. Es ist auch üblich, eine Verkleinerung von Liposomen durch Ultrabeschallung größerer Liposomen herbeizuführen. Auf diese Weise können Liposomen mit nur wenigen Nanometern Durchmesser erzeugt werden.

In Liposomen eingekapselte Enzyme sind aufgrund der empfindlichen Doppelmembranstruktur sicherlich kaum für rauhe industriell-praktische Zwecke geeignet. Sie kommen vielmehr für die medizinisch-therapeutische Anwendung oder für die Grundlagenforschung als Modelle natürlicher Systeme in Betracht.

Einsatz in Membranreaktoren

Eine weitere Variante der Membranabtrennung ist der Einsatz der Biokatalysatoren in Membranreaktoren. Die Biokatalysatoren werden dabei durch Hohlfasermembranen ("Hollow Fibre") oder durch blattförmige Ultrafiltermembranen im Reaktor zurückgehalten und damit über längere Zeit kontinuierlich einsetzbar. Wie Abb. 25 für das Beispiel der Hohlfasermembran zeigt, können die Reaktionsprodukte die Membran passieren und dadurch laufend abgezogen werden, während die Biokatalysatoren durch die Membran zurückgehalten werden.

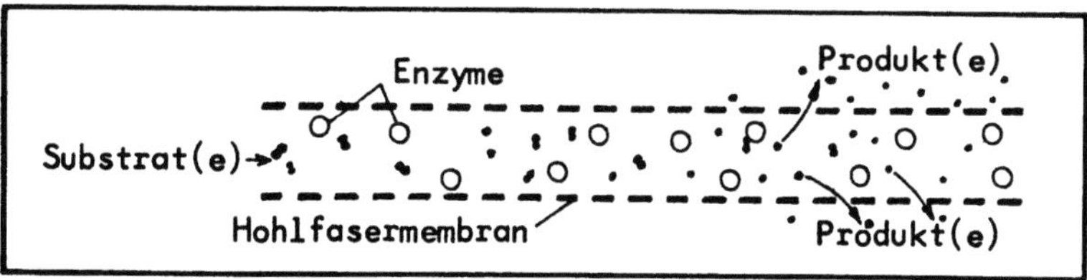

Abb. 25. Enzymanwendung in einem Röhren-Membranreaktor

Ein großer Vorteil der Methode des Einsatzes von Membranreaktoren ist, daß kommerziell erhältliche, schon relativ preiswerte Ultrafiltersysteme eingesetzt werden können und die Biokatalysatoren keinen inaktivierenden Schritten unterworfen werden. Nähere Einzelheiten zu den Membranreaktoren bringt Kap. 4.4.

2.7 Kombinierte Methoden

Neben den in den Kapiteln 2.1 bis 2.6 dargestellten Basismethoden der Immobilisierung finden sich in der Fach- und Patentliteratur zahlreiche Mischformen und Modifikationen, von denen einige nachfolgend dargestellt sind.

Zum Teil wurden bei der Besprechung der einzelnen Immobilisierungsmethoden schon Vor- und Nachteile dieser Methoden genannt. Grundsätzliches Ziel der Kombination von Methoden ist es, möglichst alle Nachteile zu vermeiden und alle Vorteile zu nutzen. Fast immer sollen immobilisierte Biokatalysatoren mit größtmöglicher spezifischer Aktivität und Stabilität geschaffen werden.

Kombination von Adsorption und Quervernetzung

Eine einfache Kombinationsmethode, die Adsorption und kovalente Bindung umfaßt, ist in Abb. 26 dargestellt. Die Enzyme werden dabei zunächst an einen Trägerstoff (z.B. Silikagel oder Polyamine) adsorbiert. Im zweiten Schritt werden die adsorbierten Enzymmoleküle zusätzlich untereinander durch ein bifunktionelles Reagenz (Glutardialdehyd) vernetzt.

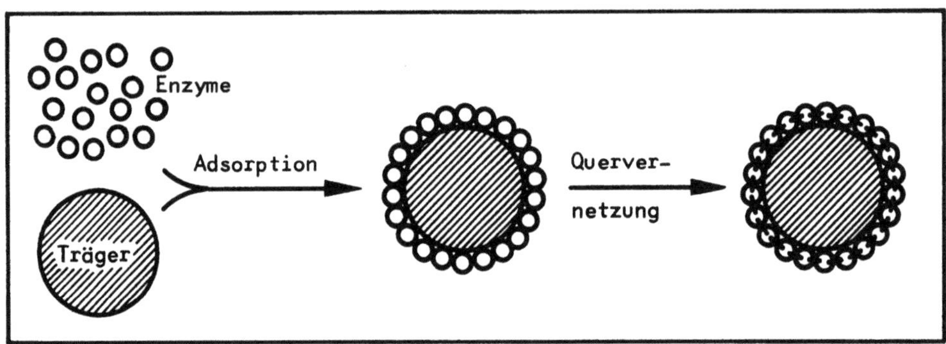

Abb. 26. Adsorption mit nachfolgender Quervernetzung nach Haynes and Walsh (US-Pat. 3.796.634 vom 12.03.1974)

Das nach Abb. 26 entstehende Produkt hat den Vorteil, daß die Enzymmoleküle beständiger gebunden sind als bei rein adsorptiver Bindung. Diffusionshindernisse für den Substratzugang - wie etwa bei normal quervernetzten Enzymen - entstehen hier kaum. Allerdings bleibt als Nachteil, daß nur eine relativ kleine Menge Enzym - und damit wenig Aktivität - pro Träger gebunden wird, weil nur die Oberfläche der kugeligen Träger zur Bindung genutzt wird.

Kombinierte Methoden bei porösen Trägern

Oft werden zur Immobilisierung poröse Trägerstoffe verwendet. Ihre im Gegensatz zu nichtporösen Trägern große spezifische Oberfläche (Oberfläche pro Gramm) gestattet eine hohe Beladung mit Biokatalysatoren und damit eine hohe spezifische Aktivität (Aktivität pro Gramm). Verglichen mit quervernetzten Biokatalysatoren wird bei ausreichender Porenweite der porösen Trägerstoffe, neben der hohen Aktivität, auch eine leichte Substratzugänglichkeit zu den im Trägerinneren gebundenen Biokatalysatoren erzielt.

Die Ankopplung der Biokatalysatoren an poröse Träger kann nach einer der in den Kapiteln 2.1 bis 2.4 beschriebenen grundsätzlichen Methoden erfolgen. Die kovalente Enzymbindung an poröses Glas wurde z.B. auf Seite 28 erläutert. Zuweilen führen jedoch weniger definierte Einzelmethoden, als vielmehr Kombinationen verschiedenartiger Methoden zum besseren Erfolg. Abb. 27 zeigt ein Beispiel, bei dem die Adsorption, die kovalente Bindung und die Quervernetzung eine Rolle spielen.

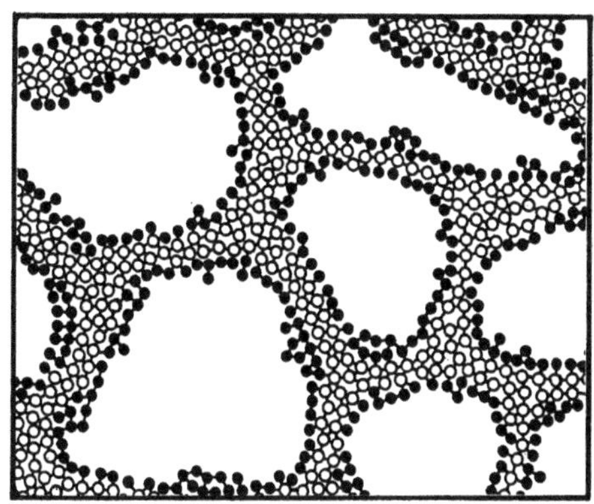

Abb. 27.
Ausschnitt eines porösen Trägers mit angekoppelten Enzymen

O = *Trägerstoff-Untereinheit*

● = *Enzymmolekül*

Bei dem in Abb. 27 schematisch dargestellten Beispiel dienen poröse Partikel von ca. 50 bis 150 μm Durchmesser als Träger. Derartige Trägerstoffe können z.B. durch Vernetzung inaktiver Proteine (Albumin, Gelatine o.ä.) hergestellt werden. Durch ihren Gehalt an freien Aminogruppen können diese hochpolymeren Gerüste über Glutardialdehyd mit Enzymen gekoppelt werden. Es entstehen Trägerstoffporen die, wie Abb. 27 zeigt, mit Enzymmolekülen ausgekleidet sind. Die Enzyme sind dabei sowohl in geringem Umfang miteinander quervernetzt, wie auch teilweise kovalent mit den Trägerstoff-Untereinheiten verbunden. Auf diese Weise wird ein Ablösen der porenauskleidenden Enzymschicht verhindert.

Einhüllung nach Vorpolymerbildung

Bei der Herstellung von Polymeren wirken die meist sehr reaktiven
Monomere und die zur Polymerbildung erforderlichen Reaktionsbedingungen stark inaktivierend auf gleichzeitig vorhandene Biokatalysatoren. Vor allem lebende ganze Zellen können deshalb nicht ohne
weiteres unter Erhaltung ihrer Lebensfähigkeit in synthetische Polymere eingehüllt werden (vgl. Kap. 2.5).

Durch die Vorpolymerisationsmethode kann die Schädigung der Biokatalysatoren zumindest stark verringert werden. Das in Abb. 28
dargestellte Prinzip dieser Methode sieht vor, daß die enzym- und
zellschädigenden Reaktionen - soweit möglich - getrennt von den
Biokatalysatoren durchgeführt werden. Erst mit den noch löslichen
Vorpolymeren werden die Biokatalysatoren zusammengebracht. Vor allem
die für die Biokatalysatoren sehr giftigen Monomere können nach der
Vorpolymerisation entfernt werden. Die zur unlöslichen Matrix
führende Endpolymerisation kann dann auf relativ wenige und schonende Verknüpfungsreaktionen beschränkt werden.

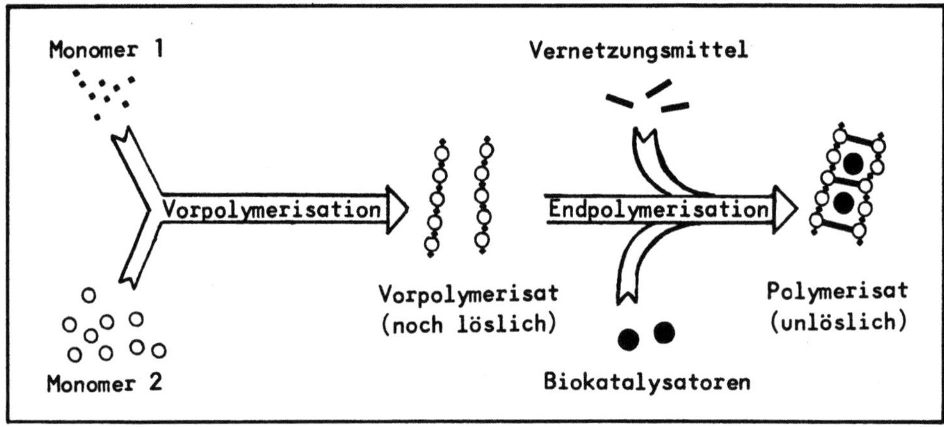

Abb. 28. Einhüllung von Biokatalysatoren nach Vorpolymerisation

Hinsichtlich weiterer kombinierter Immobilisierungsmethoden wird auf
die Kapitel 9.4 und 9.5 verwiesen.

2.8 Immobilisierung von Coenzymen

Coenzyme, die relativ fest an ihr Apoenzym gebunden sind, wie z.B.
FAD an Glucoseoxidase, sind hinsichtlich ihrer Immobilisierung
relativ unproblematisch. Sie werden bei der Bindung des zugehörigen
Apoenzyms zwangsläufig mit gebunden. Ganz anders verhält es sich bei
frei abdissoziierenden Coenzymen, wie NAD, NADP, ADP oder ATP. Sie
verlassen ihr zugehöriges Apoenzym, an dem sie z.B. von NAD zu NADH
reduziert wurden, um an einem zweiten Apoenzym wieder zu NAD
zurückoxidiert (regeneriert) zu werden.

Die Immobilisierung nur eines Apoenzyms mit frei abdissoziieren-
dem Coenzym ist wenig sinnvoll, wenn nicht gleichzeitig auch das
niedermolekulare Coenzym sowie das Apoenzym für die Regenerierung
immobilisiert wird. Dabei muß das Coenzym aber so beweglich erhalten
werden, daß es sich noch zwischen den aktiven Zentren beider Apoenzyme hin- und herbewegen kann. Lösungsansätze zu dieser
Problematik gibt es schon seit Ende der sechziger Jahre, dennoch ist
man zu industriell nutzbaren Systemen erst in allerneuester Zeit
vorgedrungen.

Coenzym-Bindung an quervernetzte Enzyme

Das Coenzym wird, wie in Abb. 29 schematisiert dargestellt, kovalent
an einem relativ langen Spacerarm (z.B. 6-Aminohexylcarbamomethyl-)
gebunden, der seinerseits an eines der miteinander quervernetzten
Enzymproteine gekoppelt wird.

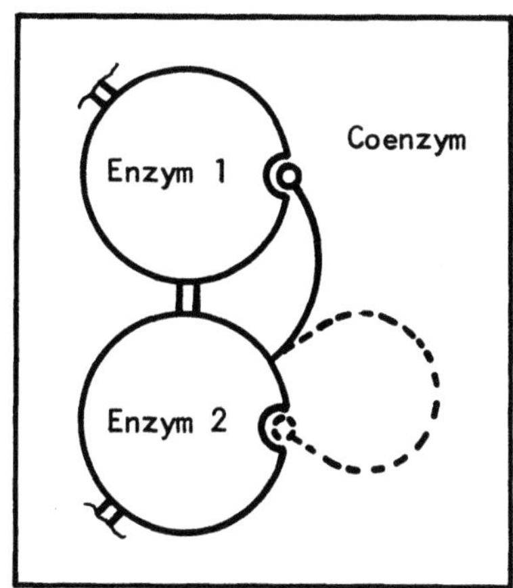

Abb. 29.
Quervernetzte Enzyme mit über Spacer
angekoppeltem Coenzym

Für die Funktionstüchtigkeit des in Abb. 29 skizzierten Systems aus
zwei verschiedenartigen Enzymen und einem Coenzym ist es wichtig,

daß das Coenzym die aktiven Zentren beider Apoenzyme erreichen kann,
also in dessen Nähe gebunden wird. Eine genau definierte Anordnung
der Apoenzyme und des Coenzyms zueinander, so wie es in Abb. 29
konstruiert ist, kommt in Wirklichkeit nur mit einer geringen sta-
tistischen Wahrscheinlichkeit vor. Entsprechend niedrig sind die
Aktivitätsausbeuten bei der Herstellung solcher Systeme.

Coenzym-Bindung neben Enzymen an Trägerstoffe

Statt an ein quervernetztes Enzymsystem kann ein Coenzym über einen
geeigneten Spacerarm auch an einen Trägerstoff gebunden werden. In
unmittelbarer Nähe des Coenzyms müssen die zugehörigen Apoenzyme so
gebunden werden, daß ihre aktiven Zentren, wie in Abb. 30 dargestellt, durch den am Spacer hin- und herschwingenden Cofaktor erreicht werden können.

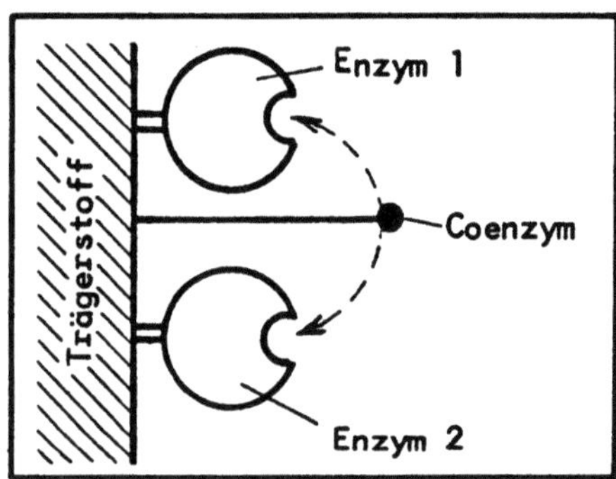

Abb. 30.
Trägergebundenes System mit zwei
Apoenzymen und einem Coenzym

Um eine Ankopplung des Coenzyms an den Träger zu ermöglichen, erfolgt zunächst eine Derivatisierung des Coenzyms, indem ein genügend
langer Spacer daran angekoppelt wird. Üblich ist z.B. die Derivatisierung von NAD zunächst zu Carboxymethyl-NAD und weiter unter
Carbodiimid-Verwendung zu 8-(6-Aminohexyl)-Carbamomethyl-NAD, das
folgende Struktur aufweist:

$$H_2N-(CH_2)_6-NH-CO-CH_2-NH-\boxed{NAD}.$$

Über seine freie Aminogruppe kann dieser mit NAD verbundene Spacer
dann mit geeignet aktivierten - z.B. bromcyanaktivierten - Trägern
(Sepharose, Cellulose o.ä.) gekoppelt werden (vgl. hierzu auch Kap.
2.3, Seite 30). Die grundsätzliche Wirksamkeit des trägergebundenen
Coenzyms kann zwar bei Umsetzungen mit löslichen Enzymen zum
erheblichen Teil erhalten werden, die in Abb. 30 dargestellte
Konfiguration, bei der die aktiven Zentren der beiden gebundenen
Apoenzyme vom Coenzym gut erreichbar sind, ist jedoch selten.

Molekülvergrößerung von Coenzymen

Die bisher erfolgreichste Konzeption zur Cofaktor-Immobilisierung
ist die Molekulargewichtsvergrößerung der Cofaktoren und deren
Anwendung in membranabgetrennten Räumen. Abb. 31 zeigt ein solches
System in schematischer Darstellung. Durch die künstliche
Vergrößerung bleiben die Coenzyme noch löslich, sie können aber
durch handelsübliche Ultrafilter neben den Apoenzymen zurückgehalten
werden. In dieser Form haben immobilisierte Coenzyme erste industrielle Anwendung zur Herstellung von L-Aminosäuren gefunden
(vgl. Kap. 5.3). Grundsätzlich ist auch die Anwendung in Mikrokapseln und Liposomen möglich. Die hohe Empfindlichkeit dieser Einsatzformen macht jedoch eine industrielle Anwendung fraglich.

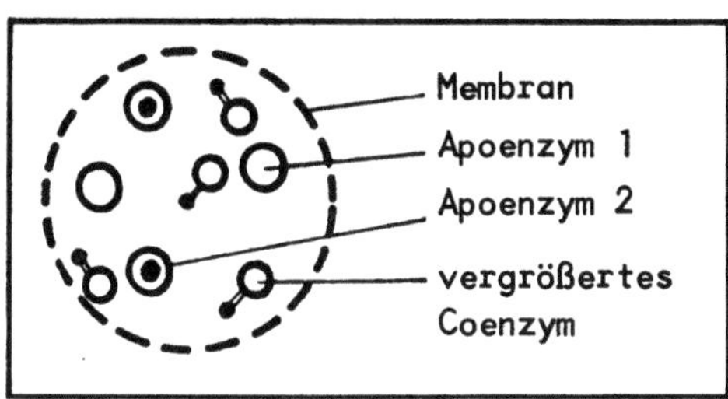

Abb. 31.
Membran-abgetrenntes System mit
vergrößerten Coenzymen

Zur Molekulargewichtsvergrößerung der Coenzyme haben sich u.a. Polyethylenglycol (PEG), Polylysin, Polyethylenimin und Dextran bewährt.
Bei den zur industriellen Anwendung gelangten immobilisierten Coenzymen wird vor allem lösliches PEG mit einem Molekulargewicht um
20.000 verwendet. Die Ankopplung kann unter Carbodiimid-Verwendung
und nach Bromcyanaktivierung der Träger in ähnlicher Weise, wie auf
Seite 50 beschrieben, erfolgen.

3. Charakteristika immobilisierter Biokatalysatoren

3.1 Aktivität als Funktion der Temperatur

Die Darstellung des Temperatureinflusses auf die Aktivität von
nativen wie immobilisierten Biokatalysatoren erfolgt meist in Form
von sogenannten "Optimumskurven" (s. Abb. 32). In dieser Darstellungsform wird die Aktivität über der Temperatur aufgetragen. Dabei
gibt man die Aktivität oft nicht in internationalen Einheiten,
sondern als relative Aktivität an. Dies ist der Quotient aus der aktuellen und der höchsten gemessenen Aktivität. Auch die Angabe in Prozent
der aktuellen von der höchsten gemessenen Aktivität ist üblich.

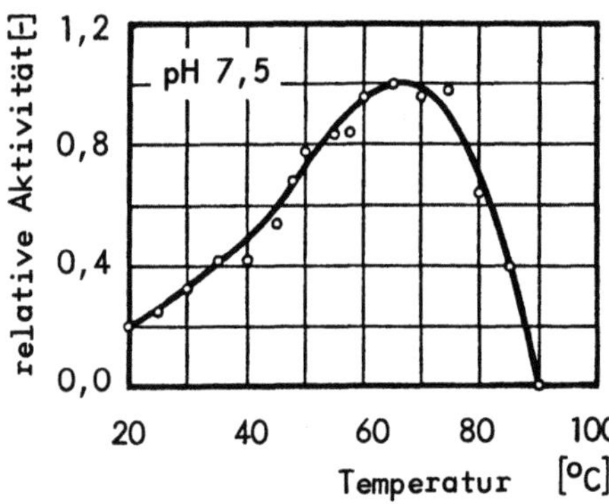

Abb. 32.
Abhängigkeit der Papainaktivität
auf Hämoglobin von der Temperatur
bei 10-minütiger Meßdauer

Leider werden die Aussagen solcher "Optimumskurven", wie Abb. 31,
meist sehr unkritisch übernommen und verabsolutiert. So wird das
entsprechende, aus diesen Kurven entnehmbare "Temperaturoptimum"
nicht selten fälschlich wie eine Konstante des betreffenden Biokatalysators behandelt. Man sollte sich aber stets bewußt sein, daß
dieses "Optimum" je nach Temperatur-Einwirkungszeit (Meßdauer) unterschiedlich ausfällt. Je kürzer die Temperatur eingewirkt hat,
desto höher wird das "Temperaturoptimum" der Enzymreaktion. Die "Optimumskurven" sind Resultanten aus mit steigender Temperatur zunehmender Aktivierung (Reaktionsbeschleunigung) und ebenfalls zunehmender Inaktivierung (Aktivitätszerstörung).
    Die Immobilisierung hat einen Einfluß sowohl auf die Aktivierung,
als auch auf die Inaktivierung von Enzymen und komplexeren Biokatalysatoren. Die Optimumskurven werden infolge der Immobilisierung
und, abhängig von der gewählten Immobilisierungsmethode, oft verän-

dert. Es gibt aber derzeit noch keine sicheren Vorhersagemöglich-
keiten, in welcher Weise sich eine bestimmte Immobilisierungsmethode
bei einem Enzym auswirken wird. Vorerst ist man immer noch auf den
Weg des Ausprobierens angewiesen.

Darstellung im Diagramm nach ARRHENIUS

Die aktivierende Wirkung der Temperatur auf die enzymatisch katalysierte Reaktion kann in sinnvoller Weise in einem Diagramm nach
ARRHENIUS analysiert werden. Abb. 33 zeigt als Beispiel ein solches
Diagramm für eine native und eine durch Quervernetzung mit Glutardialdehyd immobilisierte Lactase aus Aspergillus oryzae. Als Substrat der Lactase wurde in dem gezeigten Beispiel o-Nitrophenol-ß-D-
Galactopyranosid (ONPG) verwendet. Die Aktivität ist - wie in
ARRHENIUS-Diagrammen üblich - logarithmisch über der reziproken
absoluten Temperatur aufgetragen.

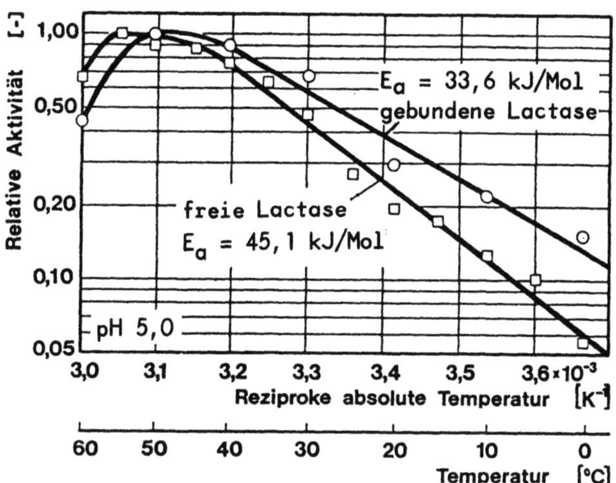

Abb. 33. Temperatureinfluß auf die Aktivität freier und gebundener
Lactase auf ONPG in der Darstellungsform nach ARRHENIUS

Man kann davon ausgehen, daß der inaktivierende Einfluß von hohen
Temperaturen, also im linken Teil der Kurve, hoch ist. Oberhalb
einer bestimmten Temperaturgrenze - ganz weit links - kommt es bei
weiterer Temperaturerhöhung zum Abfall der Aktivität. Umgekehrt ist
bei niedrigen Temperaturen, also im rechten Teil von Abb. 33, kaum
eine Inaktivierung gegeben. Dort kann aus der Steigung der Kurve,
die in diesem Bereich typischerweise eine Gerade ist, wie nachfolgend erläutert, die Aktivierungsenergie ermittelt werden.

Ermittlung der Aktivierungsenergie

Je größer die Aktivierungsenergie ist, umso stärker wird die enzymkatalysierte Reaktion bei einer Temperaturerhöhung beschleunigt.
Umgekehrt ausgedrückt: bei niedriger Aktivierungsenergie läuft die
Reaktion auch ohne Temperaturerhöhung schon relativ schnell ab; eine
zusätzliche Erhöhung der Temperatur steigert die Reaktionsgeschwindigkeit bei niedriger Aktivierungsenergie also weniger als bei Vorliegen hoher Aktivierungsenergie.

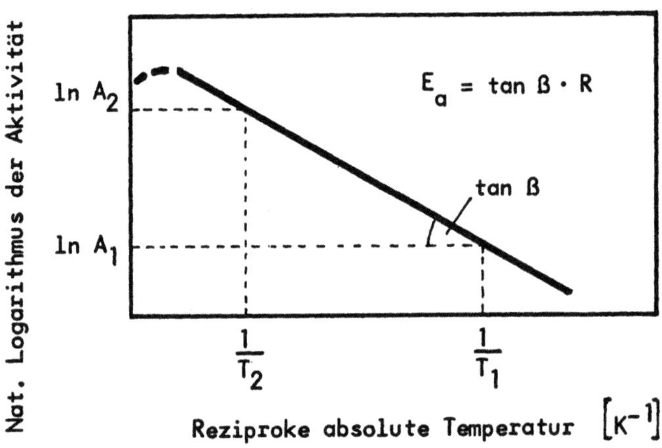

Abb. 34. Ermittlung der Aktivierungsenergie

Nach ARRHENIUS ist bei einer halblogarithmischen Auftragung, wie in
Abb. 34, die Aktivierungsenergie direkt proportional dem Steigungs-
winkel tan ß. Sie ist weiterhin direkt proportional der allgemeinen
Gaskonstante R.

$$\boxed{E_a = \tan ß \cdot R} \tag{1}$$

Aus einer Darstellung nach Art von Abb. 34 läßt sich der Tangens des
Steigungswinkels ß leicht durch den Quotienten aus Gegenkathete und
Ankathete ausdrücken. Durch Einsetzen dieser Beziehung in Gleichung
(1) folgt für die Aktivierungsenergie:

$$E_a = \frac{\ln A_2 - \ln A_1}{\frac{1}{T_1} - \frac{1}{T_2}} \cdot R \tag{2}$$

Wird - wie meist üblich - statt des natürlichen, der dekadische

Logarithmus verwendet, so muß mit dem Faktor 2,3 multipliziert
werden. Weiterhin kann der bekannte Wert der allgemeinen Gaskonstante mit R = 8,3 J/Mol·K eingesetzt werden. Es folgt dann

$$E_a \;=\; 19,1 \cdot \frac{\lg A_2 - \lg A_1}{\dfrac{1}{T_1} - \dfrac{1}{T_2}} \quad [\text{J/Mol}] \tag{3}$$

Gleichung (3) kann man gewünschtenfalls weiter umformen, z.B. zu

$$E_a \;=\; 19,1 \cdot \frac{T_1 \cdot T_2}{T_2 - T_1} \cdot \lg \frac{A_2}{A_1} \quad [\text{J/Mol}] \tag{4}$$

Die Aktivierungsenergie bei technischen Enzymen liegt meist in der
Größenordnung zwischen 30 und 100 kJ/Mol. Es sind viele Fälle bekannt, in denen die Aktivierungsenergie, so wie im Beispiel von Abb.
33, durch Immobilisierung erhöht oder erniedrigt wurde.

3.2 Stabilität als Funktion der Temperatur

Durch Temperatureinwirkung werden die aufgrund ihres Proteincharak-
ters labilen Biokatalysatoren mehr oder weniger schnell inaktiviert.
Abb. 35 zeigt drei bei immobilisierten Enzymen oft zu beobachtende
Fälle für den Verlauf der Aktivitätsabnahme über der Zeit bei Einwirkung einer bestimmten Temperatur.

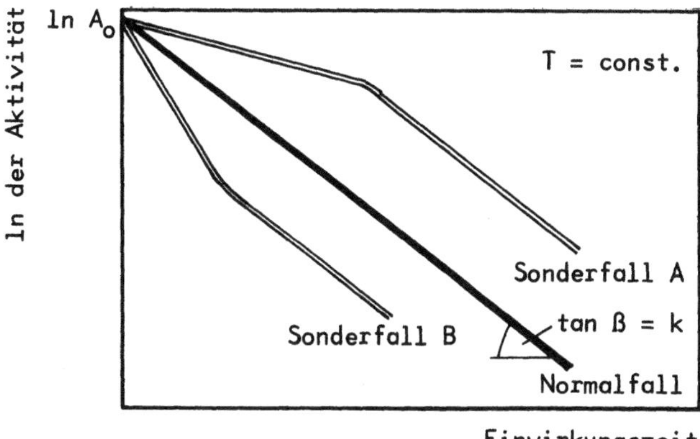

Abb. 35. Möglichkeiten des Verlaufs der Aktivitätsabnahme bei
             Einwirkung einer inaktivierenden Temperatur

Als Normalfall der Inaktivierung (vgl. Abb. 35) kann die logarithmische Abnahme der Aktivität über der Zeit bezeichnet werden. Dieses Verhalten ist bei einzelnen Enzymen häufig gegeben. Bei komplexeren Biokatalysatoren mit mehreren Enzymen, deren Inaktivierung maßgeblich auf einem besonders temperaturlabilen Enzym beruht, kann ebenfalls dieser Normalfall gegeben sein.

Zwei auch bei Einzelenzymen oft auftretende Abweichungen vom normalen Inaktivierungsverhalten sind in Abb. 35 als Sonderfall A und B hervorgehoben. Beide Sonderfälle können ihre Ursache u.a. im Vorliegen unterschiedlich stabiler Isoenzyme haben. Sonderfall A, der sich durch allmählich stärkere Inaktivierung auszeichnet, wird weiterhin oft durch mikrobiellen Befall oder proteolytischen Abbau verursacht, der mit der Zeit zunimmt. Sonderfall B, der eine zunächst stärkere, dann aber schwächer werdende Aktivitätsabnahme aufweist, kann auch durch ein Auswaschen ("Ausbluten") noch im immobilisierten Präparat vorhandener ungebundener Enzyme begründet sein.

Inaktivierungskoeffizient und Halbwertszeit

Der als "normal" ausgewiesene Fall der Inaktivierung von Biokatalysatoren ist, wie aus Abb. 35 zu ersehen ist, leicht zu berechnen. Er gehorcht der allgemeinen Funktion

$$\boxed{A_t \;=\; A_o \cdot e^{-k \cdot t}} \tag{5}$$

Darin ist der Inaktivierungskoeffizient k gleich der Steigung der Geraden bei Auftragung wie in Abb. 35. Bei diesem Inaktivierungskoeffizienten k handelt es sich keineswegs um eine Konstante, sondern um eine von der Einwirkungstemperatur abhängige Größe (vgl. Abb. 36). Je höher die Temperatur, desto größer ist der Wert von k.

Als weiteres wichtiges - weil anschauliches - Charakteristikum für die Stabilität eines Biokatalysators wird gerne die Halbwertszeit angegeben. Darunter versteht man die Zeit, bis zu der die Aktivität unter den gegebenen Bedingungen auf die Hälfte ihres Ausgangswertes abnimmt. Im Falle der nach Gleichung (5) verlaufenden Aktivitätsabnahme stehen Halbwertszeit und Inaktivierungskoeffizient umgekehrt proportional zueinander in Beziehung.

$$\boxed{t_{1/2} \;=\; \frac{\ln 0{,}5}{-k} \;=\; \frac{0{,}693}{k}} \tag{6}$$

Die halblogarithmische Auftragung des Inaktivierungskoeffizienten und der Halbwertszeit über dem reziproken Wert der absoluten Temperatur ergibt im typischen Fall zwei entgegengesetzt zueinander geneigte Geraden. Abb. 36 gibt hierzu ein Beispiel.

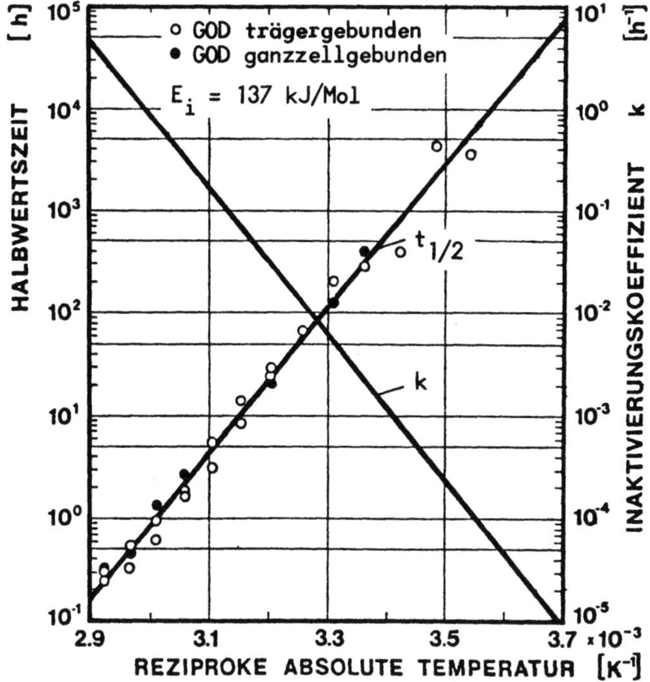

Abb. 36. Halbwertszeit und Inaktivierungskoeffizient von immobilisierter Glucoseoxidase unter Ruhebedingungen

Inaktivierungsenergie

Analog zum Vorgehen bei der Ermittlung der Aktivierungsenergie (s. Kap. 3.1, Seite 54) kann aus den bei verschiedenen Temperaturen ermittelten Inaktivierungskoeffizienten eine Inaktivierungsenergie E_i errechnet werden. Gleichung (4) verändert sich nur, indem anstelle der Aktivitätswerte die Inaktivierungskoeffizienten treten. Die Funktion lautet dann

$$E_i = 19,1 \cdot \frac{T_1 \cdot T_2}{T_2 - T_1} \cdot \lg \frac{k_2}{k_1} \quad [J/Mol] \tag{7}$$

Die Inaktivierungenergie hat bei technischen Enzymen und auch bei Mikroorganismen meist Werte zwischen 200 und 400 kJ/Mol. Sie liegt also deutlich höher als die Aktivierungsenergie, die regelmäßig unter 100 kJ/Mol liegt (vgl. Kap. 3.1, Seite 55).

Die unterschiedliche Größenordnung von Aktivierungs- und Inaktivierungsenergie von Biokatalysatoren ist der Grund für ihre bei niedrigen Temperaturen überwiegende Aktivierung und bei höheren

Temperaturen überwiegende Inaktivierung. In der Darstellung nach
ARRHENIUS (s. Abb. 37) wird dies in unterschiedlichen Steigungen der
Geraden deutlich. Bei niedrigen Temperaturen, also im rechten Teil
der Abb. 37, überwiegt die Aktivierung. Je niedriger die Temperatur
ist, desto weniger fällt die Inaktivierung ins Gewicht.

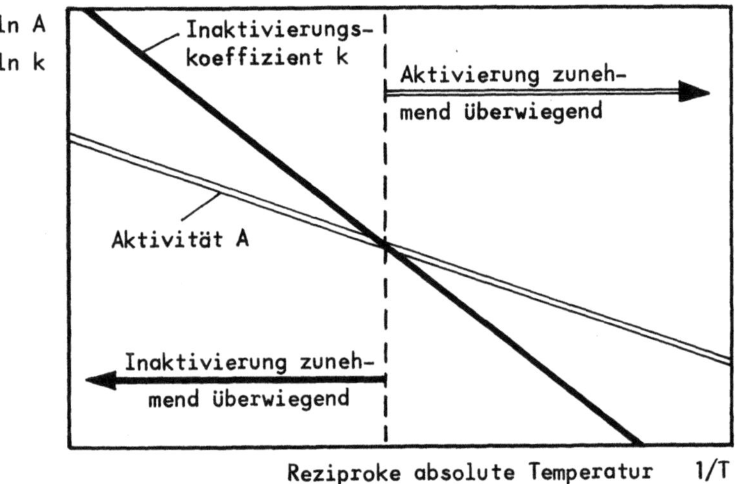

Abb. 37. Aktivität und Inaktivierungskoeffizient als Funktion der
reziproken absoluten Temperatur

Die Stabilität, z.B. ausgedrückt als Halbwertszeit, nimmt bei der
Immobilisierung von Biokatalysatoren oft gegenüber der nativen Form
zu. Dies ist erklärlich, weil die Konformation der Enzymproteine
durch die Immobilisierungsmaßnahmen meist eine Stabilisierung er-
fährt. Nicht selten erfolgen, z.B. bei Immobilisierung von Enzymen
mit quervernetzenden Agenzien, nicht nur intermolekulare Bindungen
zwischen den Enzymmolekülen, sondern zusätzlich auch intramolekulare
Bindungen zwischen verschiedenen Teilen der Proteinkette. Dadurch
wird dann meist die Gefahr eines Kettenbruchs bei thermisch beding-
ten Schwingungen des Moleküls verringert.

In manchen Fällen wird die Konformation der Enzymketten durch
Immobilisierungsmaßnahmen jedoch auch geschwächt. Dies ist z.B. der
Fall, wenn durch die neu eingefügten Bindungen stärkere Spannungen
an bruchgefährdeten Stellen erzeugt werden.

Unzureichende Kenntnisse der molekularen Zusammenhänge und man-
gelnde Bindungsmöglichkeiten an exakt definierten Stellen der Biokatalysatoren machen die Stabilitätsbeeinflussung zur Zeit noch weitgehend vom Zufall abhängig.

3.3 Temperaturoptimum im Langzeiteinsatz

In den vorangehenden Kapiteln 3.1 und 3.2 wurde der aktivierende und der inaktivierende Einfluß der Temperatur auf die Aktivität von Biokatalysatoren verdeutlicht. Beide Wirkungen der Temperatur sind, wie gezeigt wurde, einander gegenläufig und müssen bei der Ermittlung einer optimalen Anwendungstemperatur Berücksichtigung finden.

Abb. 38 veranschaulicht noch einmal am Beispielfall einer immobilisierten Glucoamylase (Amyloglucosidase) die bekannte Tatsache, daß das Enzym bei 50 °C eine höhere Ausgangsaktivität hat als bei 40 °C. Bei der niedrigeren Temperatur nimmt die Aktivität des Enzyms aber natürlich sehr viel langsamer ab, weil das Enzym bei dieser Temperatur stabiler ist.

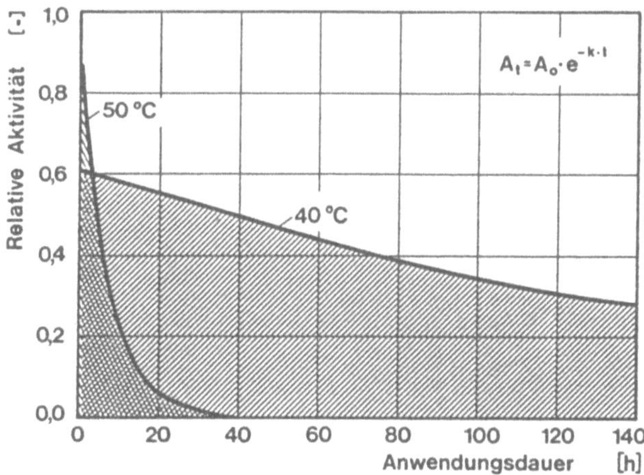

Abb. 38. Aktivität einer immobilisierten Glucoamylase über der Anwendungsdauer bei pH 5

Von der Aktivität eines Enzyms kann, sofern die Aktivität konstant bleibt, sehr leicht auf die innerhalb einer bestimmten Zeit umgesetzte Substratmenge geschlossen werden. Die Aktivität gibt die umgesetzte Substratmenge pro Zeit an; multipliziert man sie mit der Zeit, so erhält man die innerhalb dieser Zeit insgesamt umgesetzte Substratmenge. In einem Diagramm, in dem die Aktivität über der Zeit aufgetragen ist, erscheint die umgesetzte Substratmenge als Fläche unter der Aktivitätskurve. Dies ist auch der Fall, wenn sich die Aktivität, wie in Abb. 38 gezeigt, über der Zeit ändert.

Die Stoff- oder Substratumsatzmenge, die als schraffierte Fläche unter den Kurven der Abb. 38 hervorgehoben ist, ist bei sehr kurzer Anwendung (z.B. 2 h) und 50 °C deutlich größer als bei 40 °C. Bei längerer Anwendung (z.B. 120 h) ist die von der Glucoamylase umgesetzte Gesamtsubstratmenge demgegenüber bei 40 $^{\circ}$C wesentlich höher als bei 50 $^{\circ}$C. Da Abb. 38 nur relative Aktivitätswerte angibt, zeigen die Flächen unter den Kurven auch nur relative Substratumsatzmengen bzw. Produktbildungsmengen.

Sofern ein Aktivitätsabfall, wie in den meisten Fällen, zumindest annähernd der Gleichung (5) gehorcht, können die Flächen unter den Kurven der Abb. 38 errechnet werden. Dazu muß Gleichung (5) integriert werden. Es ergibt sich dann für die Stoff- oder Substratumsatzmenge U innerhalb des durch t_1 und t_2 begrenzten Anwendungszeitraumes

$$U = \int_{t_1}^{t_2} A_o \cdot e^{-k \cdot t}\, dt \tag{8}$$

Nach erfolgter Integration folgt dann

$$U = A_o \cdot \frac{1}{-k} \cdot e^{-k \cdot t} \Big|_{t_1}^{t_2} \tag{9}$$

Die Reaktion (= Anwendung) des Enzyms beginnt normalerweise mit der Zeit $t_1 = 0$ h. t_2 ist dann gleich der Anwendungsdauer und kann vereinfachend nur mit t bezeichnet werden. Nach Einsetzung von $t_1 = 0$ und $t_2 = t$ ergibt sich für die umgesetzte Substratmenge

$$U = \frac{A_o}{k} (1 - e^{-k \cdot t}) \tag{10}$$

Auf der Basis dieser Gleichungen (9) und (10) kann mit den experimentell feststellbaren Inaktivierungskoeffizienten die jeweils zu erwartende Substratumsatzmenge für praktisch jede gewünschte Temperatur und Anwendungsdauer errechnet werden.

Die für die Langzeitanwendung immobilisierter Biokatalysatoren optimale Anwendungstemperatur liegt regelmäßig unter dem in Diagrammen nach Art von Abb. 32 (s. S. 52) und in vielen Enzymbeschreibungen als "Temperaturoptimum" angegebenen Wert.

3.4 Einfluß des pH-Wertes

Der pH-Wert hat auf Wirksamkeit und Stabilität aller Enzyme einen erheblichen Einfluß. Dabei unterscheidet man zwischen direkten Effekten, die auf den Ladungszustand von Substrat, Effektoren und funktionellen Gruppen des aktiven Zentrums eintreten, und indirekten Effekten, die auf Nachbargruppen des aktiven Zentrums oder auf zugesetzte Puffer wirken.

Abb. 39 zeigt eine typische pH-Aktivitätskurve und übliche Ladungsänderungen an einer NH$_2$- und einer COOH-Gruppe bei Erhöhung und Absenkung des pH-Wertes. Im Beispiel dieser Abb. 39 ist der Zustand insgesamt ausgeglichener Ladung als der aktivste (= pH-Optimum) unterstellt. Das muß keineswegs so sein, vielmehr ist vom jeweiligen Enzym abhängig, bei welchen Ladungsverhältnissen es optimal wirkt. Die wirklichen Verhältnisse sind wegen der Vielzahl und der Verschiedenartigkeit der geladenen Gruppen in Enzymen weitaus unübersichtlicher als in diesem Modellbeispiel.

Die Lage des pH-Optimums eines Enzyms ist keineswegs unter allen Bedingungen gleich. Sie unterliegt u.a. geringfügigen Verschiebungen je nach Temperatur und angewandtem Puffer.

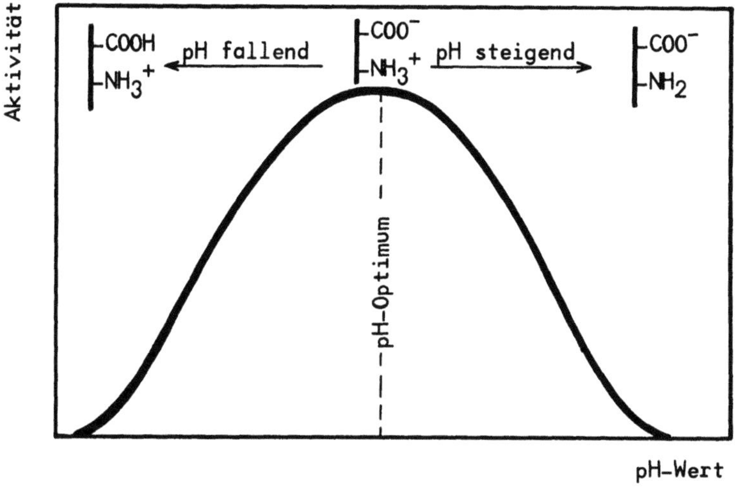

Abb. 39. Typische Abhängigkeit einer Enzymaktivität vom pH-Wert und Einfluß des pH-Wertes auf eine Amino- und Carboxylgruppe

Da eine Immobilisierung meist in vielfältiger Weise auf den Konformationszustand sowie die Ladungs- und Dissoziationsverhältnisse eines Enzyms und ihrer Umgebung einwirkt, führt sie nicht selten auch zu einer gegenüber dem nativen Enzym veränderten Abhängigkeit der Aktivität und Stabilität vom pH-Wert. Für komplexere Biokataly-

satoren mit mehreren Enzymen, wie lebende Zellen, gilt grundsätzlich
das gleiche. Der Vereinfachung halber betrachten wir hier aber als
Beispiele nur einzelne Enzyme.

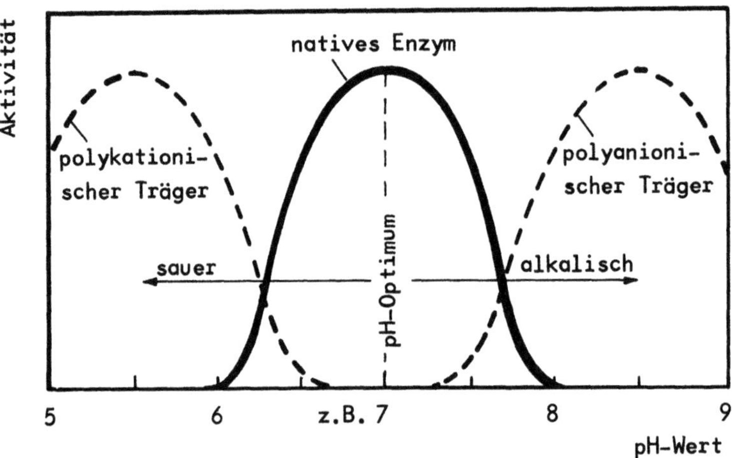

Abb. 40. Typischer Einfluß geladener Trägerstoffe auf die pH-
Abhängigkeit gebundener Enzyme

Wir sind weit davon entfernt, die Einflüsse verschiedener Immobilisierungsmethoden auf die pH-Abhängigkeit der Aktivität eines Enzyms ab-
sehen oder gar exakt vorausberechnen zu können. In wenigen Ausnahmefällen sind jedoch zumindest tendenzielle Voraussagen möglich. Es
kann z.B. gesagt werden, daß sich das pH-Optimum eines Enzyms bei
Bindung an polyanionische Träger meist ins Alkalische, bei Kopplung
an polykationische Träger dagegen ins Saure verschiebt. Abb. 40
zeigt diesen oft beobachteten Einfluß der Trägerladung auf die pH-Aktivitätskurve.

Durch die Ladung der Trägeroberfläche wird die Mikroumgebung des
gebundenen Enzyms verändert. Eine polykationische (positive) Trägerladung bewirkt, wie in Abb. 41 veranschaulicht, daß mehr entgegengesetzt (also negativ) geladene Ionen in die Nähe des gebundenen
Enzyms gezogen werden. Ein Enzymprotein, das z.B. bei pH 7 seine
optimale Wirkung entfaltet, hat dann diesen pH-Wert 7 in seiner
Mikroumgebung, wenn in der Makroumgebung ein höherer Gehalt an H^+-
Ionen, also ein tieferer pH-Wert als 7, gegeben ist. Das pH-Optimum
verschiebt sich also in diesem Beispielfall eines polykationischen
Trägers in Richtung niedrigerer pH-Werte, wobei diese pH-Werte immer
in der Reaktionslösung und damit der Makroumgebung des Enzyms gemessen werden. Eine solche Verschiebung des pH-Optimums durch Ladung
des Trägers kann bis zu zwei vollen pH-Stufen betragen.

Der geschilderte und durch Abb. 40 und 41 veranschaulichte
"Normalfall" kann durch vielerlei Faktoren verändert werden. Zum

Beispiel bringt ein Spacer zwischen Träger und Enzym das Enzymprotein weiter weg vom Träger und damit u.U. in eine völlig andere Mikroumgebung, die eine veränderte pH-Abhängigkeit der Enzymwirkung nach sich zieht. Auch die Lage des aktiven Zentrums am Enzymprotein, die Größe des Enzymmoleküls und die Stelle der Enzym-Ankopplung entscheiden mit darüber, wie nahe das katalytische Zentrum an die Trägeroberfläche zu liegen kommt und von ihrer Ladung beeinflußt wird.

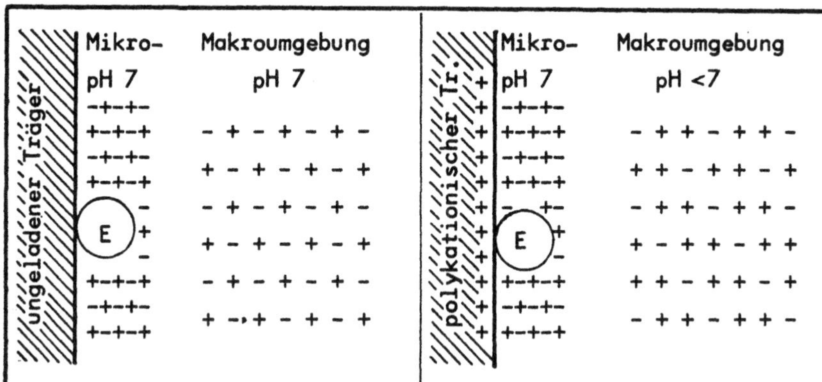

Abb. 41. Ionenverhältnisse um ein Enzym bei einem ungeladenen und einem polykationischen Träger

Ähnlich wie die Aktivität unterliegt auch die Stabilität von einzelnen Enzymen und komplexeren Biokatalysatoren dem Einfluß des pH-Wertes. Die Abhängigkeit der Stabilität vom pH-Wert zeigt in der Graphik oft ein ähnliches Verhalten wie die pH-Aktivitätskurve (vgl. Abb. 39). Allerdings kann der für die höchste Stabilität optimale Wert zuweilen erheblich vom pH-Optimum der Aktivität abweichen. Das pH-Optimum der Stabilität ist in der Regel auch wesentlich breiter als das Aktivitätsoptimum.

Wie die thermische Stabilität (vgl. S. 58), so wird auch die Stabilität gegenüber pH-Einflüssen (Säuren, Laugen) durch eine Immobilisierung in der Regel verbessert, manchmal aber auch verschlechtert. Auch hier sind die genauen Vorgänge am Enzymprotein und die Vielzahl der möglichen Wechselwirkungen noch zu wenig erforscht, um gute Prognosen oder gar exakte Vorausberechnungen treffen zu können.

3.5 Einfluß der Substratkonzentration

Die Reaktionsgeschwindigkeit eines Enzyms wird ganz entscheidend von
der Substratkonzentration beeinflußt. Bei den meisten Enzymen folgt
diese Abhängigkeit der von MICHAELIS und MENTEN postulierten Gesetz-
mäßigkeit (MICHAELIS-MENTEN-Kinetik). Der typische Kurvenverlauf
eines Enzyms mit MICHAELIS-MENTEN-Kinetik ist in Abb. 42 als durch-
gehende Linie hervorgehoben. Diese bei Auftragung der Reaktionsgeschwindigkeit über der Substratkonzentration entstehende Kurve nennt
man Substratsättigungskurve. Bei hohen Substratkonzentrationen handelt es sich praktisch um eine Reaktion nullter Ordnung, die mit
fast konstanter, von der Substratkonzentration unabhängiger Geschwindigkeit V_{max} abläuft. Bei sehr niedrigen Substratkonzentrationen ist die Reaktionsgeschwindigkeit nahezu proportional zur Substratkonzentration, entsprechend einer Reaktion erster Ordnung.
Dazwischen liegt eine Reaktion gemischter Ordnung vor. Die Substratsättigungskurve folgt der Gleichung

$$v = \frac{V_{max} \cdot S}{K_m + S} \qquad (11)$$

Es muß betont werden, daß es sich bei der Reaktionsgeschwindigkeit v
nicht um eine Geschwindigkeit im physikalischen Sinne (= Weg pro
Zeit), sondern um eine Umsatzrate (= Menge pro Zeit) handelt. K_m ist
die Michaeliskonstante, die als Dissoziationskonstante des Enzym-
Substratkomplexes definiert ist. Sie hat die Dimension einer Konzentration (z.B. mMol/l) und entspricht derjenigen Substratkonzentration S, mit der eine halbmaximale Reaktionsgeschwindigkeit
erzielt wird. Bei dieser Substratkonzentration ist das Enzym zur
Hälfte mit Substrat gesättigt; das heißt, statistisch ist jedes
zweite aktive Zentrum gerade mit Substrat zu einem Enzym-Substrat-
komplex verbunden. Ein niedriger K_m-Wert bedeutet also eine hohe
Affinität des Enzyms zu seinem Substrat.
 Bei Behinderung des Substratzugangs zum aktiven Zentrum des
Enzyms durch Diffusionsbarrieren kommt es zu Abweichungen von der
normalen MICHAELIS-MENTEN-Kinetik (vgl. Abb. 42). Die Reaktionsgeschwindigkeit gehorcht dann nicht mehr der Gleichung (11), sondern
einer wesentlich komplizierteren Funktion. Dennoch wird auch für
solche diffusionsgehemmte Reaktionen oft eine Michaeliskonstante
angegeben, weil die Abweichungen vom MICHAELIS-MENTEN-Verhalten
nicht erkannt werden oder nur geringfügig sind. Meist bezeichnet man
Michaeliskonstanten bei immobilisierten Biokatalysatoren als
"scheinbar" (engl.: "apparent") Auf diese Weise kann man deutlich
machen, wie der K_m-Wert nach außen meßbar erscheint, ohne sich
festzulegen, ob oder wie er möglicherweise durch Einflußfaktoren
gegenüber dem nativen Zustand verändert wurde.

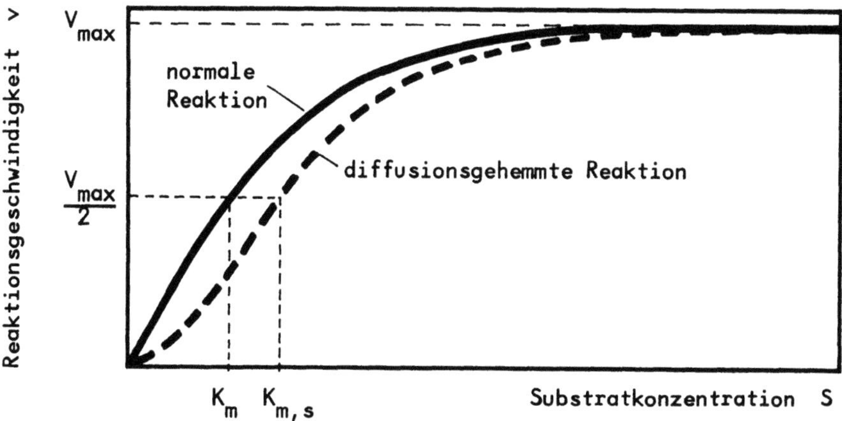

Abb. 42. Substratsättigungskurve eines Enzyms mit MICHAELIS-MENTEN-Kinetik und eines diffusionsgehemmten Enzyms

Die Immobilisierung von Enzymen bewirkt oft eine Erhöhung der scheinbaren Michaeliskonstante. Es gibt aber durchaus auch den umgekehrten Fall der Erniedigung des K_m-Wertes nach einer Immobilisierung. Tabelle 17 gibt für die K_m-Werte der Enzyme Glucoseoxidase und ß-Galactosidase (Lactase) einige Beispiele aus der Literatur.

Eine Erhöhung der Affinität eines Enzyms zu seinem Substrat (= Erniedigung des K_m-Wertes) ist insbesondere bei Verwendung eines zum Substrat entgegengesetzt geladenen Trägerstoffes zu erwarten. Die K_m-Erniedrigung kann aber auch ohne Ladungseffekte, z.B. durch eine günstige Konformationsänderung begründet sein, die einen leichteren Zugang des Substrats zum aktiven Zentrum des Enzyms ermöglicht.

Tabelle 17. Beispiele für Michaeliskonstanten einiger Enzyme im nativen und trägergebundenen Zustand

Enzym	Träger	K_m-Werte nativ	K_m-Werte immobil.	Literatur
Glucoseoxidase	Sepharose	19 mM	20 mM	D´Angiuro und Cremonesi (1982)
Glucoseoxidase	Membran	48 mM	2 mM	Tsuchida und Yoda (1981)
Glucoseoxidase	Gelatine	20 mM	25 mM	Hartmeier und Tegge (1979)
Glucoseoxidase	Mycelium	20 mM	25 mM	Döppner und Hartmeier (1984)
Glucoseoxidase	Keramik	34 mM	16 mM	Richter und Heinecker (1979)
ß-Galactosidase	ganze Zellen	32 mM	59 mM	Decleire et al. (1985)
ß-Galactosidase	Glas	16 mM	19 mM	Greenberg und Mahoney (1981)
ß-Galactosidase	Sepharose	112 mM	120 mM	Friend und Shaghani (1982)
ß-Galactosidase	Protein	19 mM	20 mM	Hartmeier (1977)
ß-Galactosidase	Polyacrylamid	46 mM	46 mM	Kobayashi et al. (1975)
ß-Galactosidase	Alginat	102 mM	119 mM	Banerjee et al. (1984)

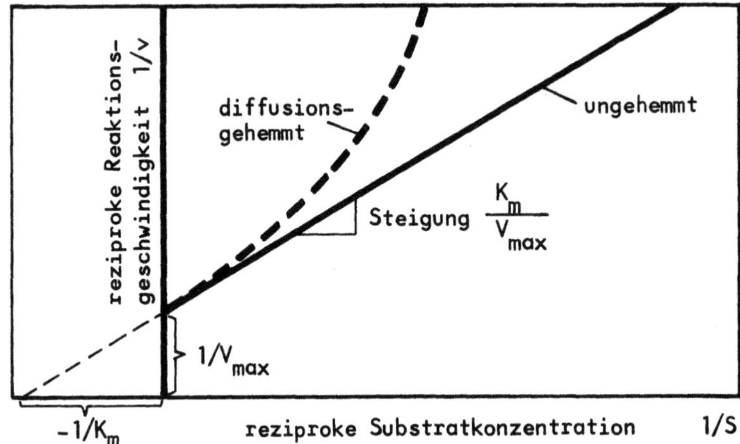

Abb. 43. LINEWEAVER-BURK-Diagramm einer diffusionsgehemmten sowie
einer ungehemmten Enzymreaktion

Eine in der Enzymologie überaus beliebte Darstellungsform für die
Enzymkinetik ergibt sich, wenn man nach LINEWEAVER und BURK die
Reziprokwerte der Reaktionsgeschwindigkeit (1/v) und der Substratkonzentration (1/S) gegeneinander aufträgt. Diese doppelt reziproke
Auftragung, die in Abb. 43 wiedergegeben ist, hat den Vorteil, daß
eine Enzymreaktion nach der MICHAELIS-MENTEN-Kinetik als Gerade mit
folgender Funktionsgleichung erscheint:

$$\frac{1}{v} = \frac{K_m}{V_{max}} \cdot \frac{1}{S} + \frac{1}{V_{max}} \qquad (12)$$

Die für die Enzymkinetik charakteristischen Werte V_{max} und K_m können
in der in Abb. 43   eingezeichneten Weise den Achsenabschnitten
des LINEWEAVER-BURK-Diagramms als Reziprokwerte entnommen werden.
Eine diffusionsgehemmte Reaktion weicht von der ungehemmten Reaktion
vor allem bei kleineren Substratkonzentrationen (im rechten Teil von
Abb. 43) stärker ab. Je höher die Substratkonzentration, desto weniger beeinträchtigt der diffusionsbedingte Konzentrationsabfall die
Reaktionsgeschwindigkeit.

Nachteil der Darstellung nach LINEWEAVER und BURK ist die Häufung
der Meßpunkte zur Abszisse hin. Außerdem kommt es zu einer Überbeto-
nung der bei niedrigen Substratkonzentrationen erhaltenen Meßpunkte
und damit auch der Fehler, die diesen Meßpunkten anhaften. Die
weniger verbreiteten linearisierten Darstellungsformen nach EADIE
und HOFSTEE oder nach HANES sind oft für eine Ermittlung der enzymkinetischen Daten besser geeignet als das LINEWEAVER-BURK-Diagramm.
Näheres über diese Verfahrensweisen sind den einschlägigen Werken
über Enzymkinetik zu entnehmen.

3.6 Diffusion als Einflußfaktor

Schon im vorangegangenen Kap. 3.5 wurde der Einfluß der Diffusion auf enzymkatalysierte Reaktionen angesprochen. Hier soll dieser Einfluß etwas näher betrachtet und quantifiziert werden. Dabei ist zu unterscheiden zwischen der Behinderung des externen und des internen Massentransfers durch Diffusion. Externe Diffusionshemmnisse bauen sich bei mangelhafter Bewegung des Mediums um die Biokatalysatoren herum, z.B. als statische Flüssigkeitsfilme, auf. Auf den externen Massentransfer wird im Zusammenhang mit den Reaktoren im 4. Hauptkapitel noch eingegangen. Interne Diffusionsbarrieren, die hier im Vordergrund stehen, entstehen vor allem durch einhüllende Matrices.

Fick'sches Gesetz

Grundsätzlich gilt für die Diffusionsgeschwindigkeit v_d eines Enzymsubstrates das 1. Gesetz nach Fick.

$$v_d = D_e \cdot \frac{F}{r} \cdot \Delta S \qquad (13)$$

Darin ist die Diffusionsgeschwindigkeit, wie schon für die Enzym-Reaktionsgeschwindigkeit festgestellt, keine Geschwindigkeit im physikalischen Sinne (Weg pro Zeit), sondern eine Rate, die die Stoffübergangsmenge pro Zeiteinheit z.B. in mMol/s ausdrückt. D_e bezeichnet die effektive Diffusionskonstante in cm^2/s, F die Diffusionsfläche in cm^2, r die Diffusionsstrecke in cm und ΔS die Differenz der Substratkonzentration zwischen Anfang und Ende der Diffusionsstrecke in $mMol/cm^3$. Dies ist in der Regel die Substratkonzentration außerhalb der Matrix S_{ex} und am Enzymort S_{en}. Aus Gleichung (13) wird dann

$$v_d = D_e \cdot \frac{F}{r} \cdot (S_{ex} - S_{en}) \qquad (14)$$

Bei einem gegebenen System mit gleichbleibenden Werten für D_e, F und r lassen sich diese Größen im Permeabilitätsfaktor P ($=D_e \cdot F/r$) zusammenfassen, der dann die Dimension cm^3/s erhält. Gleichung (14) vereinfacht sich somit zu

$$v_d = P \cdot (S_{ex} - S_{en}) \qquad (15)$$

S_{en} ist für die Enzymreaktion maßgebend und muß in Gleichung (11) eingesetzt werden, wenn man die Geschwindigkeit der diffusionsgehemmten Reaktion errechnen will. S_{en} kann jedoch nicht direkt gemessen werden, sondern muß aus den meßbaren oder bekannten Werten von S_{ex}, D_e, F, r und der Diffusionsgeschwindigkeit ermittelt werden. Die Diffusionsgeschwindigkeit v_d ist identisch mit der Enzym-Reaktionsgeschwindigkeit (Enzymaktivität) und somit meßbar. Im Fließgleichgewicht der Reaktion muß nämlich gleichviel diffundieren, wie enzymatisch umgesetzt wird. Für die diffusionsgehemmte Enzymreaktion ergibt sich daraus folgende, recht unhandliche Gleichung, die den in Abb. 42 (s.S. 65) dargestellten Kurvenverlauf beschreibt.

$$v = \frac{V_{max} \cdot \left(S_{ex} - K_m - \dfrac{V_{max}}{P} + \sqrt{\left(K_m + \dfrac{V_{max}}{P} - S_{ex}\right)^2 + 4\,K_m \cdot S_{ex}} \right)}{K_m + S_{ex} - \dfrac{V_{max}}{P} + \sqrt{\left(K_m + \dfrac{V_{max}}{P} - S_{ex}\right)^2 + 4\,K_m \cdot S_{ex}}} \qquad (16)$$

Zusätzlich kompliziert werden die Verhältnisse z.B. bei unterschiedlichem Abstand der Enzyme von einer Matrixoberfläche oder gar bei ungleichmäßiger Verteilung von Enzymen oder von komplexeren Biokatalysatoren innerhalb einer Matrix.

Thiele-Modul

Als eine den Diffusionseinfluß kennzeichnende dimensionslose Größe (Kennzahl) hat sich der Thiele-Modul φ bewährt. Für eine Reaktion erster Ordnung und Diffusion durch eine ebene Fläche ist der Thiele-Modul definiert als

$$\boxed{\varphi = r \cdot \sqrt{\frac{k}{D_e}}} \qquad (17)$$

Darin ist r die Diffusionsstrecke in cm, k die Reaktionsgeschwindigkeitskonstante in s^{-1} und D_e die schon oben genannte effektive Diffusionskonstante in cm^2/s.

Für den bei Enzymen normalen Fall der MICHAELIS-MENTEN-Kinetik geht anstelle der Geschwindigkeitskonstanten k der Quotient aus V_{max} und K_m in die Gleichung ein. Für den Thiele-Modul ergibt sich dann:

$$\boxed{\varphi = r \cdot \sqrt{\frac{V_{max}}{K_m \cdot D_e}}} \qquad (18)$$

Gerade bei immobilisierten Biokatalysatoren hat man es oft nicht mit Diffusion durch ebene Flächen, sondern in kugelige Gebilde hinein, zu tun. Für diesen Fall geht der Kugelradius r nur mit einem Drittel seines Wertes in den Thiele-Modul ein.

$$\varphi = \frac{r}{3} \cdot \sqrt{\frac{V_{max}}{K_m \cdot D_e}} \qquad (19)$$

Rein rechnerisch läßt sich bei Vorliegen der bekannten MICHAELIS-MENTEN-Kinetik die Effektivität (= Wirkungsgrad) eines immobilisierten Biokatalysators als Funktion des Thiele-Moduls ermitteln. Der Wirkungsgrad η ist dabei definiert als das Verhältnis zwischen der Reaktionsgeschwindigkeit des immobilisierten und des wäßrig gelösten bzw. des frei suspendierten komplexen Biokatalysators.

Abb. 44 zeigt die errechnete Abhängigkeit des Wirkungsgrades vom Thiele-Modul mit der Substratkonzentration als Parameter. Diese Abhängigkeit gilt jeweils nur für ein bestimmtes Verhältnis von gesamtem Stoffübergang zu Diffusion, das seinerseits durch eine dimensionslose Zahl, die Sherwood-Zahl Sh, gekennzeichnet wird. Es würde den Rahmen einer Einführung übersteigen, auf nähere Einzelheiten dieser Problematik einzugehen. Grundsätzlich wird der Wirkungsgrad mit steigender Sherwood-Zahl, also bei weniger diffusionsabhängigem Massentransfer, weniger herabgesetzt. Abb. 44 zeigt die Verhältnisse bei einer durchschnittlichen Sherwood-Zahl von 8. Weiterhin sind in Abb. 44 einige Meßwerte mit mycelgebundener und in Alginatkugeln eingehüllter Glucoseoxidase (GOD) wiedergegeben.

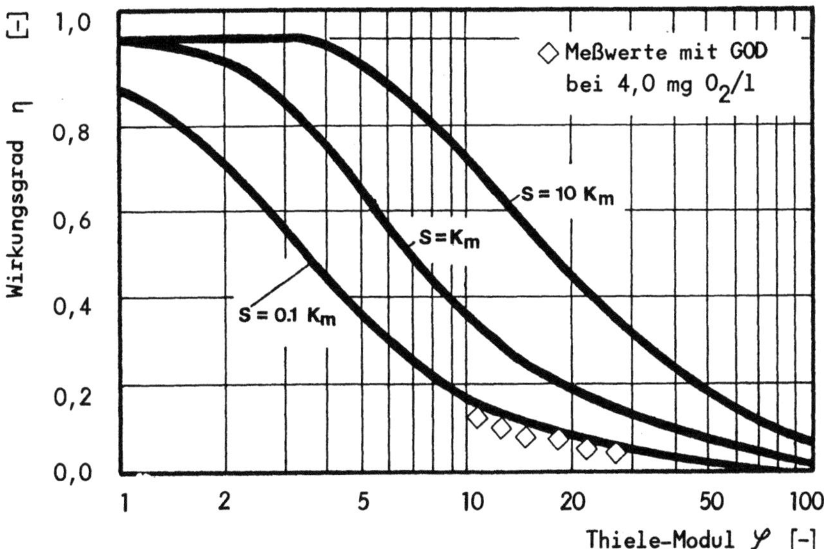

Abb. 44. Typische Abhängigkeit des Wirkungsgrades vom Thiele-Modul

Der Wirkungsgrad eines durch immobilisierte Biokatalysatoren katalysierten Prozesses steigt, wie Abb. 44 deutlich macht, mit der Substratkonzentration an. Je höher der Quotient von Substratkonzentration zu K_m-Wert ist, desto weniger setzt der diffusionsbedingte
Konzentrationsabfall zwischen Matrixoberfläche und Enzymort die
Reaktionsgeschwindigkeit herab.

3.7 Sonstige physikalische Eigenschaften

Für die praktische Anwendung von immobilisierten Biokatalysatoren
sind neben den enzymkinetischen vor allem die Daten der mechanischen
Festigkeit wichtig.

Bruchfestigkeit

Eine von der Arbeitsgruppe um J. Klein (Braunschweig) entwickelte
Meßanordnung zur Ermittlung der Bruchfestigkeit von in Polymerkugeln
eingehüllten Biokatalysatoren ist in Abb. 45 schematisiert wiedergegeben. Bei der Meßanordnung nach Abb. 45 wird die Biokatalysator-
kugel durch eine mit konstanter Geschwindigkeit abwärts bewegte
Druckplatte gegen die feste Unterlage gedrückt. Die dabei aufgewen-
dete Kraft wird gemessen und registriert. Beim Zerbrechen der Kugel
("Bruchpunkt") läßt die aufzubringende Kraft plötzlich nach, weil
der Gegendruck nachläßt, bis sich für die weiterhin abwärts bewegte
Druckplatte erneut ein Gegendruck durch die Kugelbruchstücke auf-
baut. Abb. 46 zeigt die entsprechende Schreiberaufzeichnung.

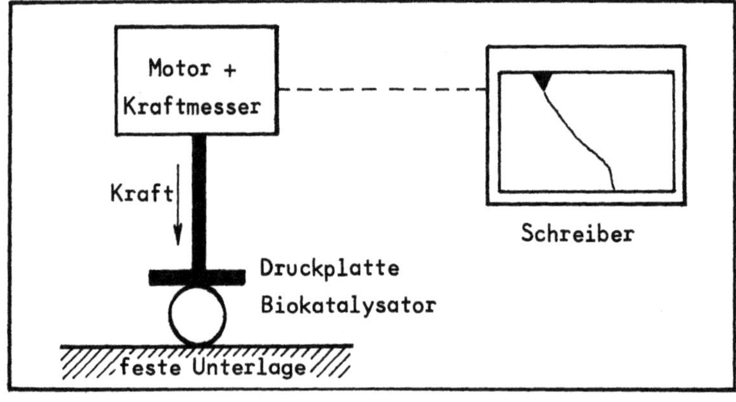

Abb. 45. Ermittlung der Bruchfestigkeit von Biokatalysator-Kugeln

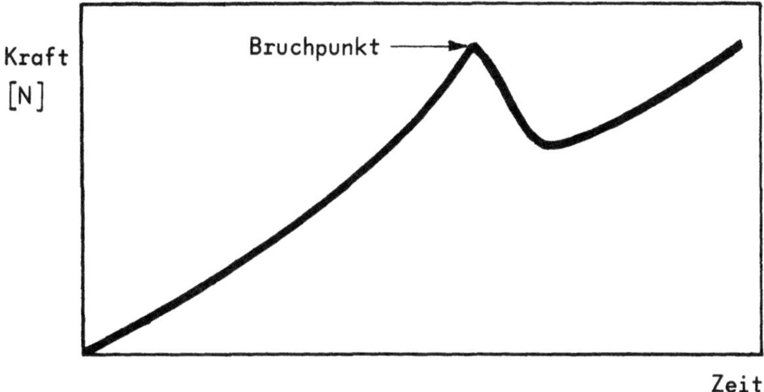

Abb. 46. Schreiberaufzeichnung eines Experimentes mit der
Meßanordnung aus Abb. 45

Druckaufbau im Packbett

Das Packbett, wie es z.B. bei Anschwemmung in einer Säule entsteht,
ist zweifellos eine bevorzugte Anwendungsform für immobilisierte
Biokatalysatoren. Der bei der Durchströmung des Packbetts zu über-
windende Druckwiderstand kann, wie Abb. 47 zeigt, entweder direkt
proportional zur Betthöhe ansteigen, oder er kann mit steigender
Betthöhe überproportional zunehmen. Der erste Fall ist gegeben, wenn
die Biokatalysatorpartikel eine starre, nicht deformierbare Struktur
aufweisen. Sind die Partikel hingegen zusammendrückbar (kompressi-
bel, deformierbar), so steigt der Druck mit zunehmender Betthöhe
überproportional zu dieser an. Ab einer bestimmten Betthöhe, die
u.a. von der Art und Größe der deformierbaren Partikel abhängt, wird
dann das Arbeiten im Packbett praktisch unmöglich.

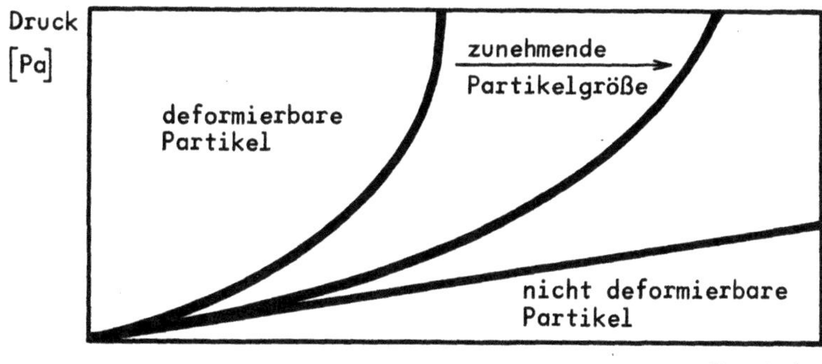

Abb. 47. Druckaufbau als Funktion der Betthöhe bei deformierbaren
und nicht deformierbaren Biokatalysatorpartikeln

Bei nicht deformierbaren Partikeln ist der Druckaufbau, der die Druckdifferenz zwischen Zulauf und Ablauf eines Packbettes angibt, durch eine einfache Funktion zu beschreiben, sofern die Bedingungen streng genormt sind. Der Druckaufbau gehorcht dann der Gleichung

$$P = k_p \cdot h \qquad (20)$$

Darin gibt h die Höhe des Packbetts z.B. in m an. k_p ist der Druckaufbaukoeffizient (oder Druckabfallkoeffizient), der z.B. die Dimension Pa/m erhält und in Abb. 47 die Geradensteigung angibt. Der Druckaufbaukoeffizient k_p ist keine Konstante, sondern hängt, außer von der Beschaffenheit der Biokatalysatorpartikel, von der Oberflächengeschwindigkeit v_0 (angebbar in m/s) und der Viskosität μ (angebbar in m^2/s) der hindurchgedrückten Lösung ab. Es gibt zwar Ansätze zur rechnerischen Berücksichtigung dieser Einflußfaktoren, eine experimentelle Prüfung wird man aber dennoch wegen ihrer zuverlässigeren Aussage für den speziellen Anwendungsfall oft vorziehen. Fast unverzichtbar, weil rechnerisch kaum zugänglich, ist die experimentelle Ermittlung des Druckverhaltens bei deformierbaren Katalysatorpartikeln.

In einer Meßanordnung, wie sie in Abb. 48 gezeigt ist, läßt sich der Druckaufbau unter Variation der verschiedenen Einflußfaktoren, wie Betthöhe, Fließrate, Temperatur etc. studieren. Aus den Ergebnissen solcher Untersuchungen kann dann eine optimierte Packbettauslegung für die industrielle Anwendung abgeleitet werden.

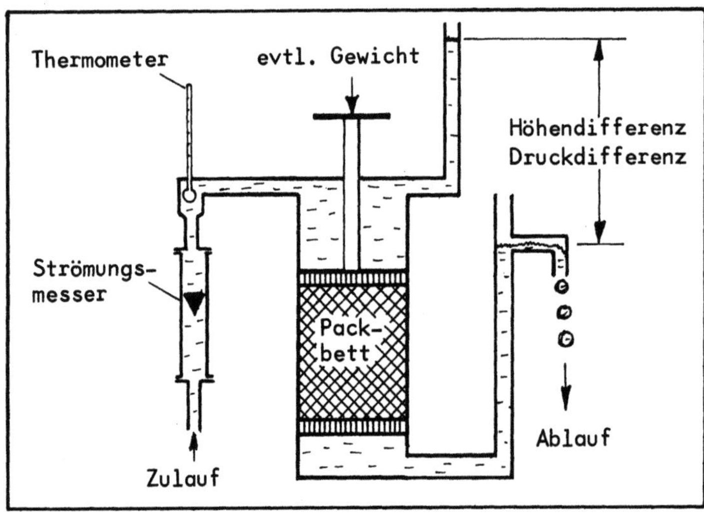

Abb. 48. Meßanordnung zur Prüfung des Druckaufbaus durch partikelförmige Biokatalysatoren im Packbett

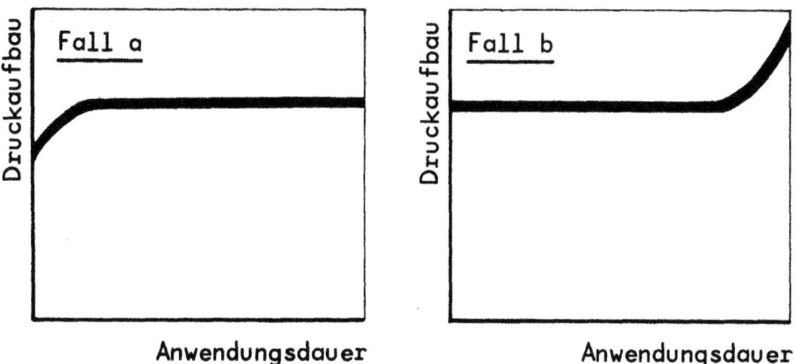

Abb. 49. Mögliche zeitliche Änderungen des Druckaufbaus mit der
Anwendungsdauer

Im Verlauf einer längeren Anwendung immobilisierter Biokatalysatoren
im Packbett ist der Druckaufbau oft auch zeitlichen Änderungen
unterworfen. Abb. 49 zeigt zwei besonders oft zu beobachtende Fälle.
Eine normale Alterung führt dazu, daß der Druckaufbau allmählich, in
der Anfangsphase zuweilen besonders stark zunimmt (s. Abb. 49, Fall
a). Das als Fall b in Abb. 49 skizzierte Verhalten kann z.B. durch
Zuwachsen des Biokatalysatorbettes durch Mikroorganismen oder durch
Verstopfen mit Substratpartikeln eintreten.

4. Reaktoren für immobilisierte Biokatalysatoren

Schon in Kapitel 3.6 wurde auf Diffusionshindernisse für den externen Massentransfer bei immobilisierten Biokatalysatoren hingewiesen.
Dieser externe Massentransfer ist erforderlich, um die gelösten
Stoffe (Substrat) an den Ort der Umsetzung, das sind die immobilisierten Biokatalysatoren,   zu   transportieren. Der weitere
Transport innerhalb der Biokatalysatoren, den man als internen Massentransfer bezeichnet, ist durch die Bioreaktoren nicht direkt zu
beeinflussen.

Hauptaufgabe der Bioreaktoren ist es, durch Schaffung einer aus-
reichenden Relativbewegung zwischen Biokatalysatoren und umgebendem
Medium den externen Massentransfer soweit zu steigern, daß seine
Behinderung praktisch keine Rolle mehr spielt (s. Abb. 50). Verantwortlich für diesen externen Transportwiderstand ist im wesentlichen
die Dicke des statischen Flüssigkeitsfilms um die Biokatalysatoren.
Sie wird durch zunehmende Rühr- oder Strömungsintensität verringert.
Wie Abb. 50 verdeutlicht, führen die Verbesserungen der hydrodynami-
schen Verhältnisse zur Erniedrigung der scheinbaren Michaeliskonstante und zur Erhöhung der Reaktionsgeschwindigkeit.

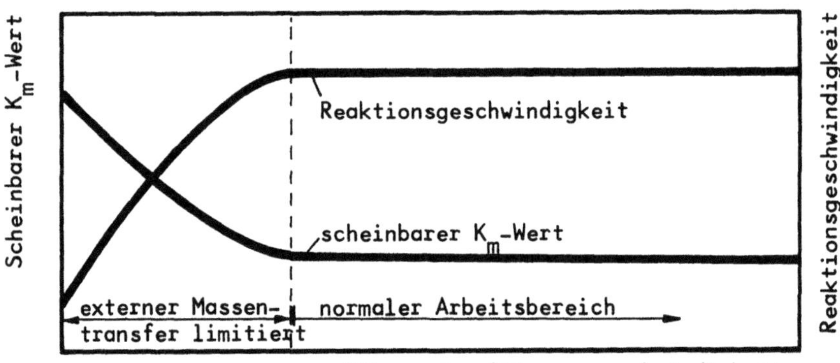

Abb. 50. Scheinbarer K_m-Wert und Reaktionsgeschwindigkeit als Funktion der Rührerdrehzahl bzw. der Strömungsgeschwindigkeit

Neben der Schaffung optimaler hydrodynamischer Verhältnisse hat der
Reaktor regelmäßig die Funktion der Rückhaltung der immobilisierten
Biokatalysatoren. Diese und oft noch weitere Aufgaben, wie z.B.
Sauerstoffversorgung und CO_2-Abführung, muß der Reaktor unter
größtmöglicher Schonung der meist empfindlichen Biokatalysatoren
erfüllen.

4.1 Rührreaktoren

Der Rührreaktor ist die in der allgemeinen Fermentationstechnik am weitesten verbreitete Reaktorform. Durch hohe Rührerleistungen können schnelle Durchmischungen und hohe Sauerstoffübergangsleistungen bei aeroben Fermentationen erzielt werden. Zusammen mit immobilisierten Biokatalysatoren werden Rührreaktoren nicht ganz so häufig verwendet, weil meist keine Notwendigkeit zu derart intensivem Rühren besteht wie etwa bei den aeroben Prozessen der klassischen Fermentationstechnik. Die in Rührreaktoren oft auftretenden hohen Scherkräfte können zu starken Belastungen und Abrieb der Biokatalysatorpartikel führen. Gegenüber den Packbettreaktoren haben Rührreaktoren den Nachteil, nur sehr viel kleinere Biokatalysatormengen pro Volumen zu ermöglichen, weil die Partikel im Rührreaktor in suspendierter Form zum Einsatz kommen müssen.

Vorteile des Rührreaktors, die ihn auch für den Einsatz mit immobilisierten Biokatalysatoren empfehlen, sind seine einfache und damit kostengünstige Konstruktion und seine gut erforschten Eigenschaften. Dabei liegen die Einsatzschwerpunkte der Rührreaktoren bei Säure- oder Lauge-verbrauchenden Reaktionen sowie bei solchen mit Sauerstoffbedarf. Auch stärker viskose Substrate können in Rührreaktoren meist problemlos verarbeitet werden. Grundsätzlich unterscheidet man nach den möglichen Betriebsarten die ansatzweise (engl.: "batch") und die kontinuierlich betriebenen Rührreaktoren (s. Abb. 51). Beim ansatzweisen Verfahren (Batch-Verfahren) werden die Biokatalysatoren nach Ende der Reaktion durch Separation oder Filtration abgetrennt und erneut im folgenden Ansatz verwendet. Beim kontinuierlich betriebenen Rührreaktor erfolgt eine ständige Zuführung von Substrat und Abführung von Produkt. Die immobilisierten Biokatalysatoren müssen dabei, z.B. durch ein Sieb vor dem Ablauf, am Verlassen des Reaktors gehindert werden, oder es muß eine ständige Rückführung der Partikel erfolgen.

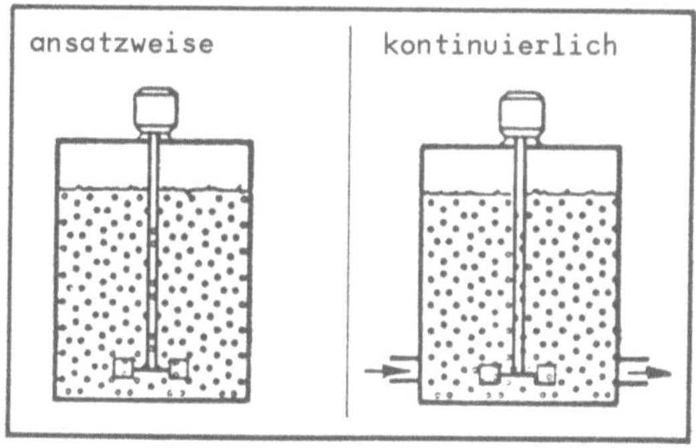

Abb. 51. Ansatzweise und kontinuierlich mit immobilisierten Biokatalysatoren betriebener Rührreaktor

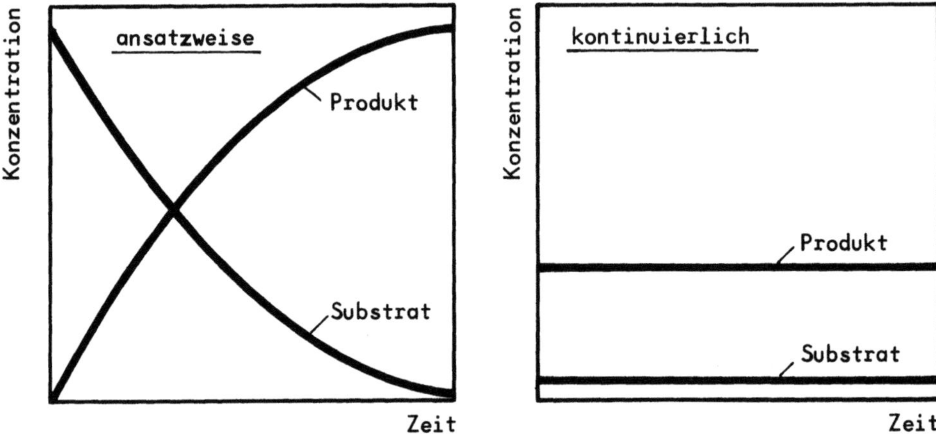

Abb. 52. Typische Zeit-Umsatzkurven bei ansatzweiser und bei kontinuierlicher Betriebsweise

Mit immobilisierten Biokatalysatoren geht das Bestreben oft zu kontinuierlichen Verfahren, die sich durch ein Fließgleichgewicht auszeichnen, in dem die aktuelle Produkt- und Substratkonzentration im Reaktor zu allen Zeiten gleich ist (s. Abb. 52). Für die homogene einstufige kontinuierliche Umsetzung, wie sie in Abb. 51 skizziert ist, gilt, daß die Zuflußrate f_1 gleich der Ablaufrate f_2 ist. Zwischen diesen beiden Größen braucht also nicht unterschieden zu werden; sie werden als Fließrate oder Flußrate f in l/h (oder m^3/h) angegeben. Die Fließrate f bezogen auf das in l (oder m^3) angegebene Reaktor-Arbeitsvolumen wird spezifische Durchflußrate oder Verdünnungsrate D genannt.

$$D = \frac{f}{V} \quad [h^{-1}]$$

(21)

Die spezifische Durchflußrate D erhält die Dimension h^{-1}. Sie wird zuweilen, und zwar besonders im Zusammenhang mit Bettreaktoren, auch als Raumgeschwindigkeit (engl.: space velocity) bezeichnet. Dadurch wird angegeben, wie oft der Reaktorraum pro Stunde von durchfließendem Flüssigkeitsvolumen theoretisch neu befüllt wird. Der Reziprokwert der spezifischen Durchflußrate ist die mittlere Verweilzeit t_m, die angibt, wie lange sich die in den Reaktor eintretende Flüssigkeit im Durchschnitt darin aufhält.

Zu dem für industrielle Produktionsprozesse überaus wichtigen Leistungskriterium der volumetrischen Produktivität P_V gelangt man, wenn man die spezifische Durchflußrate mit der Produktkonzentration $\bar{A}$ in g/l (oder kg/m^3) multipliziert. Diese Produktkonzentration ist bei dem hier angesprochenen homogen kontinuierlich betriebenen Rührreaktor im gesamten Reaktorinhalt und im Ablauf gleich.

$$P_v = D \cdot \bar{A} \ [g/l \cdot h]$$ (22)

Die volumetrische Produktivität gibt an, wieviel g (oder kg) Produkt pro 1 (oder m^3) Reaktor-Arbeitsvolumen stündlich erzeugt werden.

Die kontinuierliche Arbeitsweise muß keineswegs immer der ansatzweisen Technik überlegen sein. Ein Nachteil homogener kontinuierlicher Prozesse ist die niedrige aktuelle Substrat- und hohe Produktkonzentration im Reaktor. Bei geringer Affinität des Biokatalysators zum Substrat (hoher K_m-Wert) und bei produktgehemmten Umsetzungen kommt es dann nur zu sehr niedrigen Reaktionsgeschwindigkeiten während des gesamten Prozesses. Beim ansatzweisen Vorgehen kann in solchen Fällen die höhere Reaktionsgeschwindigkeit bei hoher Substratkonzentration zu Beginn des Prozesses genutzt werden, während die Produkthemmung und die durch Substratmangel verringerte Reaktionsgeschwindigkeit auf die Endphase des Ansatzes beschränkt bleibt (s. Abb. 52). Probleme können bei der kontinuierlichen Prozeßführung auch durch mikrobielle Kontaminationen besonders bei hohen mittleren Verweilzeiten (niedrigen spezifischen Durchflußraten) auftreten.

4. Schlaufenreaktoren

Bei Schlaufenreaktoren ("Loop-Reaktoren") wird grundsätzlich ein Zwangsumlauf des Reaktorinhalts in Schlaufenform erzeugt. Dies wird in der Regel durch einen in den turmförmigen Reaktor eingebauten Leitzylinder erreicht, der die durch Luft, Propellerrührer oder Flüssigkeitsstrahl hervorgerufene Strömung zu einem geschlossenen Kreislauf (Schlaufe) umleitet.

Je nach Art des den Umlauf antreibenden Mittels unterscheidet man Airlift-, Propeller- oder Strahl-Schlaufenreaktoren. Weitere Möglichkeiten zur Erzeugung eines schlaufenförmigen Umlaufs ergeben sich durch ringförmige Reaktorkonstruktion oder durch um den Hauptreaktor angeordnete Umlaufrohre. Die genannten Ausführungsformen sind in Abb. 53 schematisiert dargestellt. Sie können sämtlich auch mit umgekehrter Fließrichtung betrieben werden.

Immobilisierte Biokatalysatoren können im Schlaufenreaktor mit umlaufen; sie werden aber auch zuweilen fest in bestimmten Bereichen der durchströmten Zonen angeordnet. Zu diesem Zweck eignen sich insbesondere grobe Partikel, die z.B. durch ein einfaches Sieb in definierten Teilen des Reaktors gehalten werden können.

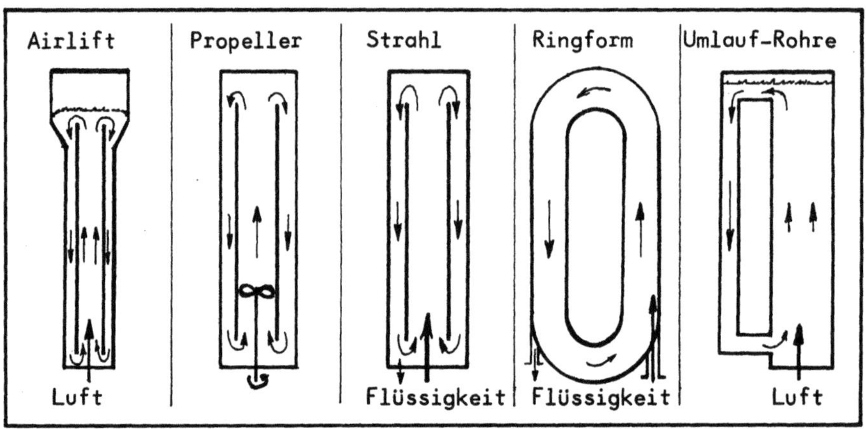

Abb. 53. Schlaufenreaktoren in unterschiedlichen Ausführungsformen

Zu den in Abb. 53 gezeigten Ausführungsformen von Schlaufenreaktoren gibt es zahlreiche Varianten und Kombinationsmöglichkeiten. Das gängige Aussehen des Schlaufenreaktors ist turmförmig mit einem Schlankheitsgrad (= Verhältnis von Höhe zu Durchmesser) von meist über fünf. Derartige Schlaufenreaktoren werden als Airliftreaktoren zur Herstellung von Einzellerprotein und bei der Abwasserbehandlung großtechnisch eingesetzt.

Die beim Airliftreaktor angedeutete Erweiterung des Kopfraumes wird meist vorgenommen, um ein leichteres Austreten der verbrauchten aufgestiegenen Gasblasen zu ermöglichen. Die Erweiterung führt in diesem Reaktorteil zu einer verringerten Strömungsgeschwindigkeit, so daß den Blasen Zeit zum Entweichen bleibt und sie nicht in den abwärtsströmenden Teil der Flüssigkeit gelangen. Werden sehr viele Blasen in diesem abwärtsführenden Schlaufenteil mitgerissen, so wird der Umlauf durch den von diesen Blasen erzeugten Auftrieb behindert. Die hydrostatisch angetriebene Zirkulation kommt sogar zum Stillstand, wenn keine durch das Gasblasenvolumen ("Gas-Hold-Up") bedingte unterschiedliche Dichte in den kommunizierenden Teilen des Reaktors mehr gegeben ist.

Ein Vorteil der Schlaufenreaktoren liegt darin, daß mit ihnen gute Massentransferleistungen bei gleichzeitig mäßigem oder geringem Energieaufwand erreicht werden können. Da laminare Strömungsverhältnisse in den Schlaufenreaktoren vorherrschen, ist der Scherstreß für die eingebrachten Biokatalysatoren gering. Nachteilig ist aber, daß die Forschung und Entwicklung mit Schlaufenreaktoren noch in den Anfängen steckt, so daß bei der Maßstabsvergrößerung (Scaling-Up) und beim industriellen Einsatz nur beschränkt auf fundierte Erkenntnisse zurückgegriffen werden kann.

4.3 Bettreaktoren

Bettreaktoren sind für die Reaktionsführung mit Biokatalysatoren in Partikelform sehr beliebt. Solche Reaktoren werden fast immer für kontinuierliche Reaktionsführungen eingesetzt. Nach Art des aus den Biokatalysatorpartikeln bestehenden Bettes und seiner Durchströmung mit Substrat kann man das Packbett, das Fließbett mit Plug-Flow-Verhalten und den Wirbelschichtreaktor unterscheiden (s. Abb. 54).

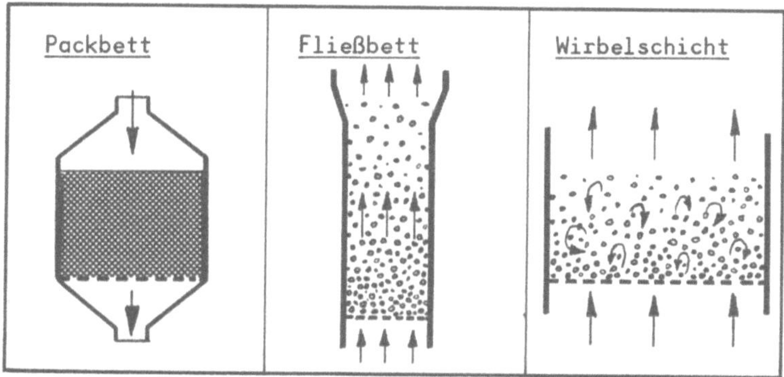

Abb. 54. Grundaufbau unterschiedlicher Bettreaktoren

Packbett

Der Packbettreaktor genießt eine Vorzugsstellung unter den Bioreaktoren, weil in ihm die Biokatalysatoren in der dichtest möglichen Form angewandt werden können. Dadurch werden, bezogen auf das verfügbare Reaktorvolumen, die höchsten Stoffumsatzmengen pro Zeiteinheit möglich. Die volumetrische Produktivität ist also beim Packbettreaktor meist höher als bei allen anderen Reaktortypen. Allerdings ist der Einsatz eines Packbettreaktors keineswegs bei allen immobilisierten Biokatalysatoren möglich.

Die mechanischen Eigenschaften der im Packbett zusammengepreßten Partikel sollten so sein, daß ein möglichst geringer Druck für das Durchpumpen der Substratflüssigkeit erforderlich ist. Auch bei längerer Anwendung soll es zu keinen Ungleichmäßigkeiten oder Rissen im Packbett kommen, weil dadurch die gleichmäßige Durchströmung verhindert würde. Für gasbildende Reaktionen, wie die Ethanolerzeugung mit immobilisierten ganzen Hefezellen, ergeben sich Probleme, weil das freigesetzte CO_2 einen optimalen Kontakt zwischen Substrat und Partikeln behindert.

Grundsätzlich stellt sich innerhalb des Packbettes ein Gradient mit hoher Substratkonzentration am Substratzulauf und niedriger am

Ablauf ein. Die Verweilzeitverteilung verschiedener Flüssigkeitsteile im Reaktor kann innerhalb sehr enger Grenzen gehalten werden. Dadurch wird eine nahezu vollständige Umsetzung des Substrates in Produkt möglich. Für Reaktionen mit pH-Verschiebung ist das Packbett allerdings nur einsetzbar, wenn die pH-Verschiebung innerhalb des Bettes in für die Biokatalysatoren verträglichen Grenzen bleibt.

Fließbett

Im Gegensatz zum Packbett ist der Fließbettreaktor nur locker mit Biokatalysatorpartikeln gefüllt (s. Abb. 54). Das Substrat wird grundsätzlich von unten nach oben durch das Fließbett geführt, wobei die Biokatalysatoren durch die Strömung des Substrates locker in der Schwebe gehalten werden. Bedingung dabei ist, daß die Dichte der Partikel höher ist als die Substratdichte. Die Zurückhaltung der Biokatalysatoren im Fließbett ist auch nur bei nicht zu viskosen Medien und bei Einstellung einer nicht zu hohen Fließrate möglich. Durch konische Erweiterung des oberen Reaktorteils wird die Geschwindigkeit der Flüssigkeitsfront in diesem Bereich oft herabgesetzt und damit die Gefahr des Ausschwemmens von Partikeln verringert.

Eine wesentliche Voraussetzung für die weitgehende Umsetzung im Fließbett ist das sogenannte Plug-Flow-Verhalten der Flüssigkeit beim Durchfluß. Die Flüssigkeitsfront soll zur Erzielung eines gleichmäßig hohen Umsetzungsgrades wie ein Pfropfen (engl.: plug) durch das Bett wandern, ohne daß es zu Rückmischungen kommt. Die Aufenthaltszeit wird damit im Idealfall für alle Substratmoleküle gleich. Die Aufrechterhaltung des Plug-Flow-Verhaltens macht besonders beim Scaling-Up der Prozesse Schwierigkeiten. Bei gasproduzierenden Reaktionen wird ein gleichmäßiges Durchströmen des Fließbettes praktisch unmöglich. Das Fließbett wird dann zum Wirbelschichtreaktor.

Wirbelschicht

Beim Wirbelschichtreaktor wird bewußt eine hohe Rückmischung toleriert oder gar herbeigeführt. Die Ausbildung einer Wirbelschicht wird durch Konstruktionen mit großem Verhältnis von Durchmesser zu Höhe, durch eingebaute Schikanen, durch Gaseintrag oder durch gasfreisetzende Reaktionen begünstigt. Durch die breite Verweilzeitverteilung eignet sich der Wirbelschichtreaktor vorwiegend für unvollständige Substratumsetzungen, wie sie bei manchen Anwendungsgebieten durchaus in Frage kommen. Die Abgrenzung zwischen dem Fließbett mit Plug-Flow-Verhalten und dem Wirbelschichtreaktor mit annähernd ideal durchmischtem, dem Rührreaktor vergleichbarem Verhalten ist schwer, weil praktisch alle Übergänge zwischen diesen Extremen vorkommen.

4.4 Membranreaktoren

Membranreaktoren dienen grundsätzlich der Trennung von nieder- und höhermolekularen Stoffen durch eine sehr feinporige Membran (Ultrafiltermembran). Der große Unterschied in der Molekülgröße von Enzymen und Produkten der Enzymkatalyse macht die Membranreaktoren für enzymatische Umsetzungen besonders interessant. Dabei werden Enzyme und Substrat auf der einen Seite der Ultrafiltermembran eingespeist; durch leichte Druckanwendung von meist zwischen 0,5 und 5 bar (50.000 bis 500.000 Pascal) erfolgt dann ein konvektiver Zwangstransport des niedermolekularen Produktes durch die Membranporen. Der Molekulargewichtsschnitt der handelsüblichen Ultrafiltermembranen liegt zwischen 500 und 300.000 Dalton, deckt also die bei Enzymen möglichen Molekülgrößen voll ab.

In den Membranreaktoren werden Biokatalysatoren meist in ihrer nativen (wasserlöslichen) Form eingesetzt. Dennoch ist es nach der in Kap. 1.4 gegebenen Definition berechtigt, von immobilisierten Biokatalysatoren zu sprechen, weil die Abgrenzung durch die Ultrafiltermembran eine Eingrenzung des Reaktionsraumes der Biokatalysatoren bewirkt. Die Biokatalysatoren sind also gewissermaßen im Membranreaktor immobilisiert.

Membranreaktoren gibt es in zwei verschiedenen Grundformen. In Kap. 2.6 (s. Abb. 25, Seite 45) wurden bereits Form und Funktion des Röhrenbündel-Membranreaktors (Hollow-Fibre-Reaktor, Kapillar-Membranreaktor) gezeigt. Die zweite gängige Konstruktionsform ist die des Kammer-Membranreaktors, der wegen seiner folienförmigen Membran auch Flachmembranreaktor genannt wird. Aufbau und Funktionsprinzip eines solchen Reaktors ist aus Abb. 55 zu ersehen.

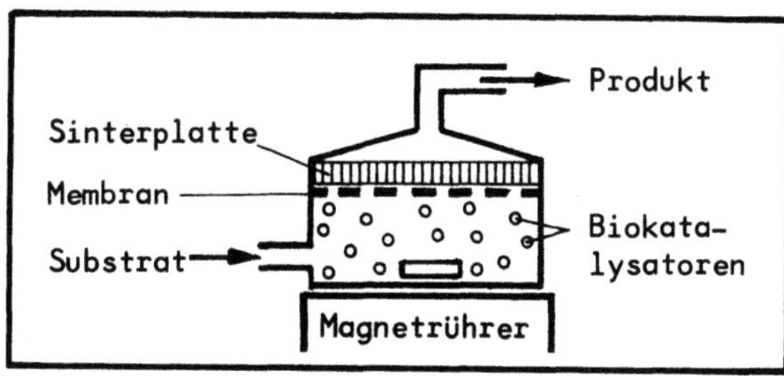

Abb. 55. Aufbau eines Kammer-Membranreaktors

Die Ultrafiltermembranen bestehen meist aus synthetischen Polymerstoffen auf der Basis von Polyamid oder Polyethersulfon. Membranen auf Cellulosebasis können nur beschränkt für Enzymreaktionen eingesetzt werden, weil zumindest viele technische Enzyme cellulolytische Nebenaktivitäten aufweisen, die die Membran angreifen würden. Die eigentliche engporige Membranschicht ist in der Regel auf eine mikroporöse Polymerstützschicht aufgezogen. Ein asymetrischer Membranaufbau mit der engsten Porenweite auf der Druckseite des Reaktors hat sich besonders bewährt, weil die Durchflußleistung höher, die Neigung zum Verstopfen geringer und die Reinigung einfacher ist als bei symmetrischem Aufbau.

Grundsätzlich muß die Flüssigkeit auf der Druckseite aller Membranreaktoren bewegt werden, so daß eine hohe Relativgeschwindigkeit zwischen Reaktionslösung und Membran hergestellt wird. In der Praxis geschieht das z.B. durch ständiges Umpumpen in Röhren-Membranreaktoren (s. Abb. 56) oder durch Rühren in Kammer-Membranreaktoren. Auf diese Weise werden Verstopfungen der Membran verhindert. Die erzwungene Strömung sorgt dafür, daß sich das Enzym vor der Membran nicht so weit anreichert, daß die Löslichkeitsgrenze unterschritten wird. Die Beschickung der Reaktoren erfolgt meist über ein vorgeschaltetes Sterilfilter, damit mikrobielle Infektionen vermieden werden.

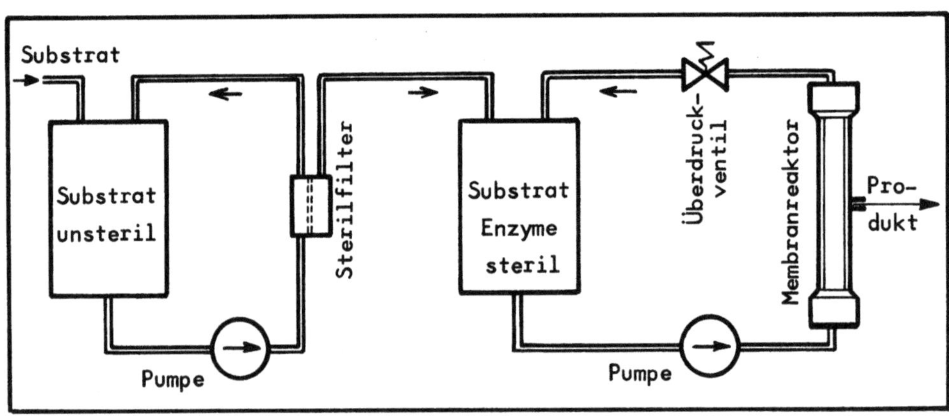

Abb. 56. Versuchsaufbau mit einem Röhren-Membranreaktor

Ein wesentlicher Vorteil der Membranreaktoren liegt darin, daß die Biokatalysatoren darin nativ eingesetzt werden können und keinen der sonst zur Immobilisierung üblichen, inaktivierend wirkenden Schritten unterworfen werden müssen. Im Membranreaktor werden die Biokatalysatoren ähnlich dem Vorgang in einer natürlichen Zelle durch ein Membransystem zurückgehalten. Dadurch werden kontinuierliche oder wiederholte Reaktionsabläufe ermöglicht.

Neben der schon industriell praktizierten Anwendung der Membranreaktoren unter Beschickung mit nativen (wasserlöslichen) Enzymen kommt auch ihr Einsatz mit nativen ganzen Zellen in Betracht. Weiterhin können Membranreaktoren auch zusammen mit an Träger gebundenen Biokatalysatoren betrieben werden. Eine Variante dieser Arbeitsweise ist der Einsatz von Ultrafiltermembranen mit direkt daran gekoppelten Enzymen.

4.5 Reaktor-Sonderformen

Über die in den vorangegangenen Kapiteln 4.1 bis 4.4 beschriebenen
Reaktortypen hinaus ist aus der Fach- und Patentliteratur eine Vielzahl weiterer Reaktorformen für die Anwendung von immobilisierten
Biokatalysatoren bekannt. Weiterhin werden zuweilen auch Kombinationen verschiedener Reaktorkonstruktionen, etwa die Zusammenschaltung
von Rühr- und Packbettreaktoren u.a., benutzt. Einige Beispiele für
spezielle Reaktorausführungen sind in Abb. 57 wiedergegeben. Die
Auswahl erfolgte unter dem Aspekt, möglichst wenige und stark unter-
schiedene Reaktorformen zu zeigen. Industrielle Bedeutung ist noch
bei keinem der drei Beispiele gegeben.

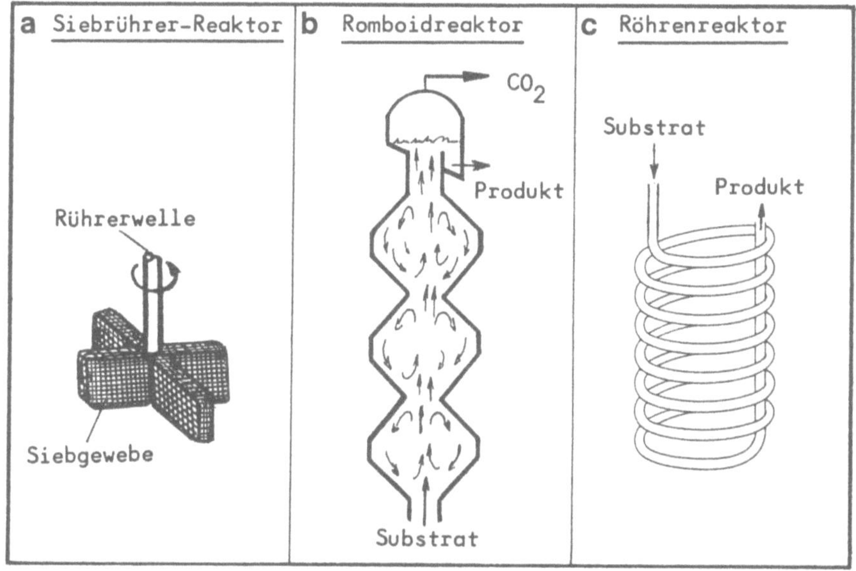

Abb. 57. Beispiele für Reaktor-Sonderformen

Der in Abb. 57a skizzierte Siebrührer-Reaktor wurde von Havewala und
Weetall (1973) vorgeschlagen. Bei ihm sind trägergebundene Enzyme in
Partikelform in Rührblättern untergebracht, die aus siebgewebe-
umhüllten Kammern bestehen. Beim Rühren des Substrates mit den
enzymgefüllten Rührblättern wird, sofern man das Substrat am Mit-
drehen hindert, eine starke Relativbewegung zwischen Substrat und
immobilisierten Biokatalysatoren erzeugt, die den gewünschten Umsatz ohne
externe Diffusionshemmnisse ermöglicht.
   Abb. 57b zeigt den von Fukushima und Yamade (1982) entwickelten
Romboidreaktor, der vor allem für die alkoholische Gärung mit immobilisierten ganzen Zellen gedacht ist. Durch die mehrstufig über-

einander angeordneten romboidförmigen Erweiterungen wird eine Zirkulation der Biokatalysatoren und des durch den Reaktor fließenden Substrates in der angezeigten Weise erreicht. Das beim Gärprozeß entwickelte Kohlendioxid steigt durch die Mitte des Romboidreaktors hoch und entweicht am Reaktorkopf. Dabei ist das CO_2 die treibende Kraft der Zirkulationsbewegungen.

Der Grundaufbau des in Abb. 57c dargestellten Röhrenreaktors (engl.: "tubular reactor") liegt einer ganzen Variantenserie von Reaktoren zugrunde. Zumindest eine industrielle Bedeutung dieses Reaktortyps ist aber dennoch bisher nicht gegeben. In einer speziellen Ausführungsform des Röhrenreaktors sind die Biokatalysatoren an die Innenwandung der Röhren gebunden. Solche Reaktorformen sind für analytische Anwendungen - z.B. zum Einbau in Autoanalysatoren - geeignet. Als Rohrmaterialien kommen Nylon oder Glas in Frage, an die sich eine Vielzahl von Enzymen relativ einfach ankoppeln lassen.

5. Industrielle Anwendung

In Kap. 1.7 wurde als Kriterium für die Einstufung eines Biokatalysators als "industriell" ein Marktwert von mindestens 1 Mio DM pro Jahr angesetzt. In den folgenden Kapiteln 5.1 bis 5.8 liegen die derzeitigen Marktwerte für den jeweiligen immobilisierten Biokatalysator z.T. niedriger (z.B. bei immobilisierter ß-Galactosidase). Die Immobilisierung macht die Biokatalysatoren ja bekanntlich wiederholt oder kontinuierlich einsetzbar. Mit kleinen und kleinsten Mengen immobilisierter Biokatalysatoren können deshalb große und größte Mengen Produkt erzeugt werden. Aus diesem Grunde scheint es gerechtfertigt, einen Prozeß nicht nach dem Wert des eingesetzten Biokatalysators, sondern nach dem Maßstab des mit ihm durchgeführten Poduktionsprozesses als "industriell" oder "nicht industriell" einzustufen. Nachfolgend sind als "industriell" solche Prozesse aufgeführt, die mindestens im Maßstab von mehreren Tonnen Produkt pro Tag (Tagestonnen, tato) in einem Betrieb praktiziert werden.

Biokatalysatoren werden durch Immobilisierung zwar analog den Katalysatoren der anorganischen Chemie wiederholt oder kontinuierlich einsetzbar, dies genügt in vielen Fällen aber noch nicht, sie auch wirtschaftlich-technisch den nativen Biokatalysatoren und anderen (chemischen) Verfahren gegenüber konkurrenzfähig zu machen. Viele Kriterien spielen dabei eine Rolle. Einige wichtige Umstände, die den Einsatz von Biokatalysatoren in immobilisierter Form begünstigen, sind:

- hoher Bedarf für das Produkt;
- günstige reaktionskinetische Eigenschaften;
- hoher Produktpreis;
- niedermolekulares Substrat;
- trübungsfrei gelöstes Substrat;
- noch kein Einsatz nativer Biokatalysatoren;
- kein Bedarf an frei abdissozierendem Coenzym;
- Notwendigkeit der Reinhaltung des Produktes;
- hoher Preis für die native Biokatalysatorform;
- keine chemischen Konkurrenzverfahren.

Eine Gewichtung der einzelnen Faktoren wird bei jedem Biokatalysator und jedem konkreten Anwendungsfall anders ausfallen, weil die Anforderungen je nach Produkt und je nach Betrieb außerordentlich unterschiedlich sind. Hier wird deshalb eine solche Gewichtung garnicht erst versucht.

5.1 Klassische Anwendungsgebiete

Mit der mikrobiellen Essigfabrikation über bakterienbewachsene Holzspäne und den Abwasser-Tropfkörperverfahren waren mit empirischen
Methoden erste industrielle Einsatzgebiete für immobilisierte Mikroorganismen längst entstanden, bevor die Immobilisierung überhaupt
erst gezielt in der Forschung bearbeitet wurde. Obwohl sich auf
diesen beiden klassischen Einsatzgebieten inzwischen submerse Verfahren stärker durchgesetzt haben, sind die Grundzüge dieser Tropfkörperverfahren dennoch einer kurzen Darstellung wert. Es scheint
nämlich keineswegs ausgeschlossen, daß die alten Verfahrensprin-
zipien in modifizierter Form und auf anderen Einsatzgebieten immobilisierter Biokatalysatoren eine Renaissance erleben.

Fesselverfahren zur Essigfabrikation

Bei den Fessel(gär)verfahren zur Essigherstellung läßt man alkohol-
haltige Maische über mit Bakterien bewachsene Späne aus Buchen- oder
Birkenholz rieseln (s. Abb. 58). Unter Nutzung des Sauerstoffs aus
der im Gegenstrom zur Maische über die Reaktorfüllung geleiteten
Luft oxidieren die an den Spänen anhaftenden (immobilisierten)
Essigsäurebakterien den Alkohol zu Essigsäure.

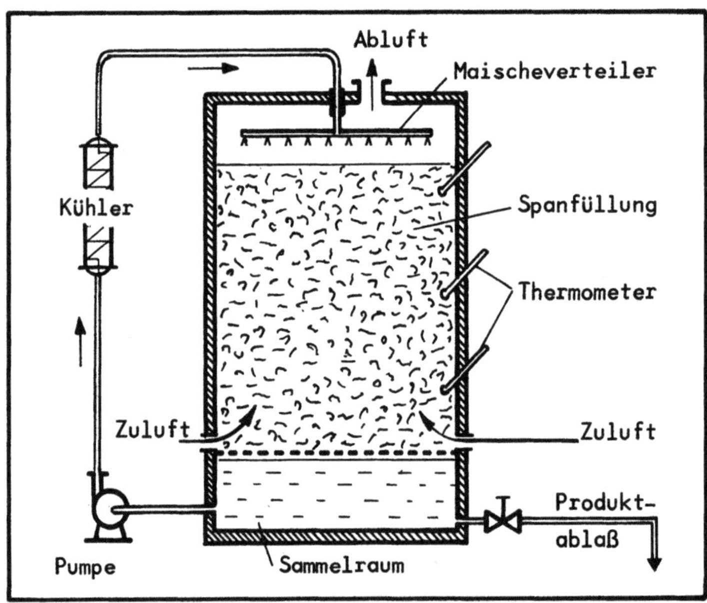

Abb. 58. Aufbau eines Generators zur Essigherstellung

Zunächst wurden die Fesselverfahren in relativ kleinen Reaktoren (Essigbildnern) von etwa 2 m³ Volumen praktiziert. Später wurden für das sogenannte Generator-Verfahren Großraumbildner (= Generatoren) bis 60 m³ Volumen aus Holz konstruiert. Diese Generatoren, die nach der herstellenden Firma Frings (Bonn) auch Frings-Generatoren genannt werden, hatten ihre Blütezeit zwischen 1935 und 1955, sind aber z.T. noch heute in Betrieb. Bei Neuinstallationen werden allerdings grundsätzlich Submersverfahren wegen ihrer höheren volumetrischen Produktivität bevorzugt.

Die Verfahrensweise der Essigproduktion in dem in Abb. 58 schematisch dargestellten Generator ist semikontinuierlich. Die in den Sammelraum eingefüllte Maische (Wein oder ca. 12 Vol%-iger Alkohol mit Nährstoffzusätzen) wird, auf 26 bis 30 °C temperiert, etwa 3 Tage lang rundgepumpt. Dabei wird durch das sich drehende Verteilungsorgan am Kopf des Generators eine gleichmäßige Maischeverrieselung über die organismenbewachsenen Holzspäne erreicht. Zur Sicherstellung genügender Sauerstoffversorgung wird Luft in den unteren Teil des Generators eingeblasen. Sobald der Alkoholgehalt infolge der Essigbildung bis auf ca. 0,3 Vol% abgesunken ist, erfolgt der Abzug des Produktes und die Befüllung mit neuer Maische.

Die Essigsäureausbeuten aus dem als Substrat eingesetzten Ethanol liegen meist bei 85 bis 90 % des theoretischen Wertes. Geringe Verluste treten durch den Eigenbedarf der Bakterien und durch Auslüften von Ethanol ein. Insgesamt ist die Betriebsweise der Generatoren recht problemlos. Die speziellen Verhältnisse mit niedrigem pH-Wert, viel Luftsauerstoff, Essigsäure und Alkohol begünstigen die erwünschten Essigsäurebakterien so stark, daß Infektionen durch andere Mikroorganismen praktisch nicht vorkommen. Die Generatoren können so jahrelang mit der gleichen Spanfüllung betrieben werden.

Tropfkörperverfahren zur Abwasserbehandlung

Die Tropfkörperverfahren zur aeroben Abwasserbehandlung sind den Fesselverfahren zur Essigherstellung sehr ähnlich. Die schon Ende des vergangenen Jahrhunderts erstmals zur Anwendung gebrachten Klärverfahren basieren auf einem Festbettreaktor, den man "Tropfkörper" nennt. In ihm sind Organismen (Tropfkörper-Rasen) auf Schlacken oder Kunststoffmaterialien angesiedelt (immobilisiert), die das im Abwasser vorhandene organische Material oxidativ abbauen.

Bei den auf dem porösen Füllmaterial angesiedelten Organismen handelt es sich um eine je nach Abwasserbeschaffenheit unterschiedlich zusammengesetzte Lebensgemeinschaft aus Bakterien, Pilzen, Protozoen sowie auch einigen höheren Organismen, wie Kleinkrebsen, Würmern und Insektenlarven. Der Abbau der im Abwasser vorliegenden Verunreinigungen erfolgt im wesentlichen durch die Mikroorganismen. Die höheren Organismen verhindern durch Abbau der Biomassebeläge eine Verstopfung der Tropfkörperfüllung.

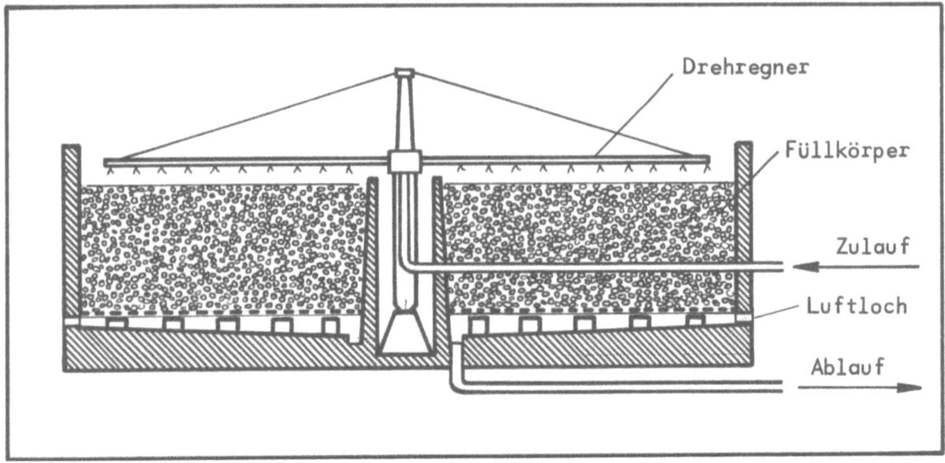

Abb. 59. Schema eines Tropfkörpers mit Drehberegnung

Die in Abb. 59 schematisch dargestellte Anlage ist meist zwischen 3 und 4 m hoch und 10 bis 30 m im Durchmesser. Als Füllmaterial dienen 4-8 cm große Brocken von grobporigem Material, wie z.B. Schlacken, Schaumlava oder Kunststoffteilen. Dieses poröse Material ist auf einem ca. 0,5 m über dem Boden angebrachten Rost aufgelagert. Seitlich unten in der Tropfkörperwandung angebrachte Öffnungen ermöglichen eine Luftzirkulation und damit die Sauerstoffversorgung der Anlage. Im Winter, wenn die Temperatur des Abwassers höher ist als die der Außenluft, steigt Luft von unten nach oben durch den Tropfkörper. Im Sommer verhält es sich umgekehrt: die durch das Abwasser abgekühlte und dadurch schwerere Luft durchströmt den Reaktor von oben nach unten.

Neben dem dargestellten klassischen Tropfkörper gibt es zahlreiche Abarten und Varianten. Eine Alternative zu der in Abb. 59 gezeigten Form mit Abwasserverregnung über einem Festbett ist das abwechselnde Einbringen von Tauchkörpern in Luft und in das zu behandelnde Abwasser. Derartige Tauchkörper können z.B. die Form von Scheiben oder von Hohlwalzen haben. Gemeinsam ist den Tropf- und Tauchkörpern, daß die abwasserreinigenden Organismen an oder in festen Materialien haften. Es liegen also letztlich komplexe immobilisierte Biokatalysatoren vor.

5.2 L-Aminosäuren mit L-Aminoacylase

Die erste industrielle Anwendung eines immobilisierten Enzyms, die aus intensiver Erforschung der Immobilisierungsmöglichkeiten resultierte, war die 1969 eingeführte L-Aminosäureherstellung mittels trägergebundener L-Aminoacylase (= L-Aminoamidase). Der von der japanischen Firma Tanabe Seiyaku entwickelte und im technischen Maßstab praktizierte Prozeß nutzt die Fähigkeit der L-Aminoacylase, spezifisch nur die L-Form acetylierter Aminosäuren zu spalten, die dann als freie Aminosäure durch Kristallisation leicht von der noch acetyliert vorliegenden D-Form abgetrennt werden kann.

Das Schema in Abb. 60 zeigt den grundsätzlichen Ablauf der L-Aminosäureherstellung unter Verwendung von L-Aminoacylase. Mittels chemischer Synthese kann relativ leicht ein racemisches Gemisch der D- und L-Aminosäure hergestellt werden. Dieses Gemisch von D- und L-Aminosäure wird ebenfalls auf rein chemischem Wege acetyliert. Durch die ionisch gebundene L-Aminoacylase erfolgt eine Entacetylierung nur der L-Acetylaminosäure. Diese physiologisch wertvollere L-Aminosäure kann leicht aus dem Gemisch auskristallisiert und so in Reinform gewonnen werden. Die verbleibende Acetyl-D-Aminosäure läßt sich wiederum einfach chemisch racemisieren, d.h. in ein Gemisch aus D- und L-Acetylaminosäure überführen. Aus dem racemischen Gemisch kann erneut der L-Acetylaminosäureanteil durch das Enzym gespalten und die L-Aminosäure auskristallisiert werden. Letztlich kann also die gesamte chemisch synthetisierte DL-Aminosäure in reine L-Aminosäure umgesetzt werden.

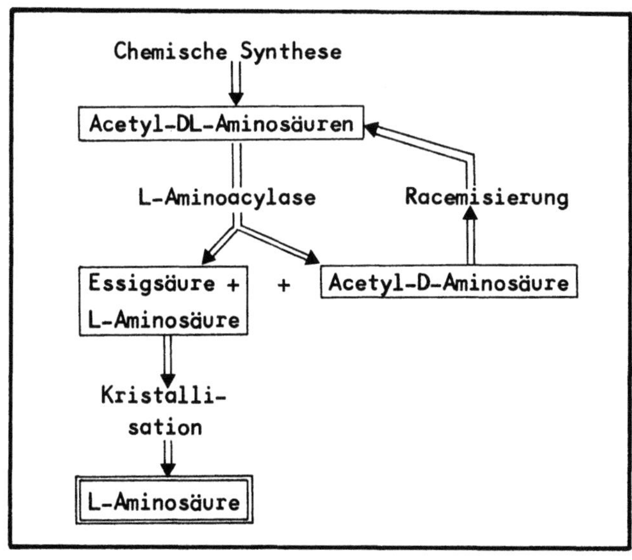

Abb. 60. Prinzip der L-Aminosäureherstellung

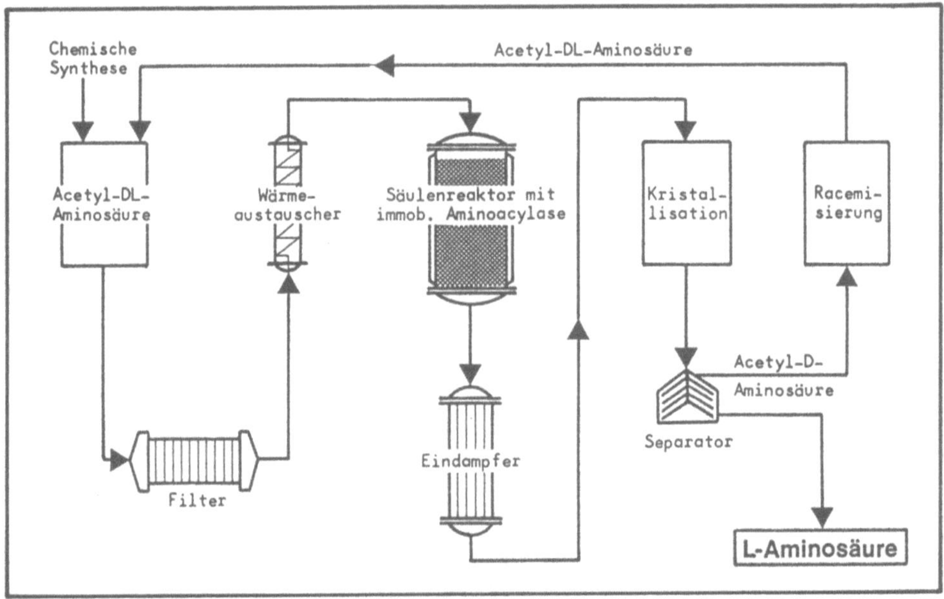

Abb. 61. Verfahrensschema zur Herstellung von L-Aminosäuren mit
ionisch gebundener L-Aminoacylase

Der beschriebene und durch Abb. 61 veranschaulichte Prozeß ist
trotz des teuren Sephadex-Trägermaterials wirtschaftlich. Dies liegt
vor allem daran, daß das DEAE-Sephadex über Jahre hinweg wiederverwendet werden kann. Die Regenerierung, d.h. Wiederbeladung des Trägermaterials mit aktiver L-Aminoacylase ist einfach. Sie erfolgt in
regelmäßigen Abständen von etwa fünf Arbeitswochen. Innerhalb dieser
Zeit sinkt die Aktivität des trägergebundenen Enzyms auf 60 bis 70 %
ihres Ausgangswertes. Die Halbwertszeit der auf Ionenaustauscher
gebundenen L-Aminoaclylase aus Aspergillus oryzae liegt unter Ar-
beitsbedingungen bei etwa 10 bis 12 Wochen.

Die Anwendung der gebundenen L-Aminoacylase erfolgt, wie Abb. 61
andeutet, in einem säulenförmigen Packbettreaktor von ca. 1 m^3
Volumen bei einer Arbeitstemperatur von 50 $^\circ$C. Die spezifische
Durchflußrate des Substrates durch den Reaktor, die man auch Raumgeschwindigkeit nennt, liegt je nach zu spaltender L-Acetylaminosäure
in der Größenordnung von 0,5 - 2 (h^{-1}). Dabei gibt die spezifische
Durchflußrate das Verhältnis von Fließrate (z.B. in 1/h) zum Reaktorvolumen (z.B. in 1) an. Bei Literaturangaben muß beachtet werden, daß die Autoren oft als Reaktorvolumen nicht das gesamte
Arbeitsvolumen des Reaktors, sondern nur Bruchteile dieses Gesamtvo-
lumens (z.B. das freie Flüssigkeitsvolumen oder das Biokatalysator-
volumen) in Rechnung stellen, so daß sich für die so errechnete
Durchflußrate und die volumetrische Produktivität numerisch höhere
Werte ergeben.

Das Racemat-Trennungsverfahren mit L-Aminoacylase wird vor allem für die Herstellung von L-Methionin, L-Phenylalanin und L-Valin im Maßstab von jeweils einigen hundert Tonnen pro Jahr eingesetzt. Die Herstellungskosten konnten gegenüber dem früheren diskontinuierlichen Prozeß mit löslichem Enzym fast auf die Hälfte gesenkt werden. Dabei trat die Hauptersparnis bei der L-Aminoacylase ein, weil diese nunmehr kontinuierlich über lange Zeiten hinweg angewendet werden kann und nicht nach jedem Ansatz verloren geht. Die kontinuierliche Arbeitsweise führte auch zu einer Senkung der Arbeitskosten auf weniger als die Hälfte der bei diskontinuierlicher Arbeitsweise üblichen Höhe.

5.3 L-Aminosäuren in Membranreaktoren

Grundsätzlich konkurrieren bei der Herstellung von Aminosäuren chemisch-synthetische mit mikrobiellen und enzymatischen Verfahren sowie der Extraktion aus natürlichen Proteinen. Gerade unter den enzymatischen Verfahren wurden in jüngster Zeit erhebliche Fortschritte erzielt. Die von den deutschen Forschergruppen um C. Wandrey und M.R. Kula unter Beteiligung der Firma Degussa bis in den industriellen Maßstab erfolgte Entwicklung von Membranreaktoren mit mehreren Enzymen und Coenzymen ist eine besonders interessante und richtungweisende Alternative zu den bisherigen Methoden.

Aminosäuren aus Ketosäuren

Durch stereoselektive reduktive Aminierung können mit L-Aminosäuredehydrogenasen aus α-Ketosäuren L-Aminosäuren hergestellt werden. Abb. 62 zeigt ein allgemeines Schema dieser Reaktion, die unter Verbrauch des Coenzyms $NADH_2$ (genauer: $NADH + H^+$) abläuft. Zur Regenerierung des Cofaktors hat sich insbesondere die Kopplung der Aminierungsreaktion mit der enzymatischen Oxidation von Ameisensäure zu Kohlendioxid bewährt. NAD (genauer: NAD^+) wird durch diese von der Formiatdehydrogenase katalysierte Reaktion wieder zu $NADH_2$ reduziert.

Bei dem schon im industriellen Maßstab kontinuierlich durchgeführten Prozeß werden beide Apoenzyme und das Coenzym in Membranreaktoren zum Einsatz gebracht. Damit das niedermolekulare Coenzym neben den beiden hochmolekularen Enzymen von der Membran zurückgehalten werden kann, muß eine Volumenvergrößerung des Coenzyms vorgenommen werden. Dies geschieht durch Kopplung mit wasserlöslichen Polymeren, insbesondere Polyethylenglycol (PEG) mit einem Molekulargewicht zwischen 10.000 und 20.000 Dalton.

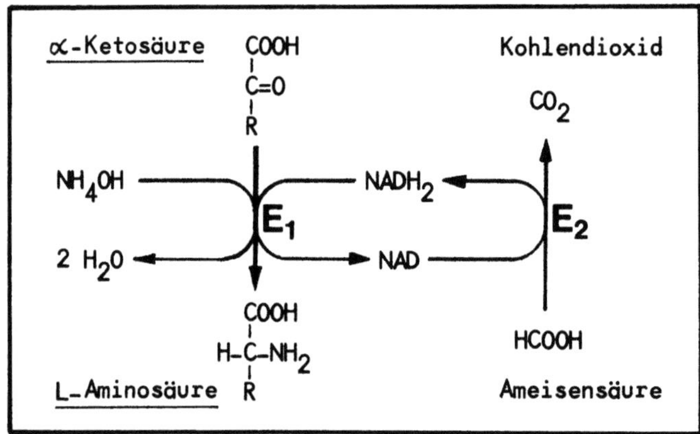

Abb. 62. Reaktionen bei der L-Aminosäureherstellung aus α-Ketosäure. E_1 = Aminosäuredehydrogenase; E_2 = Formiatdehydrogenase.

Die Herstellung der für pharmazeutische Zwecke wichtigen Aminosäuren L-Methionin, L-Valin und L-Phenylalanin erfolgt nach dem geschilderten Verfahrensprinzip bereits im Maßstab von etwa 200 Jahrestonnen. Das Verfahren im Membranreaktor soll kostengünstiger sein als das Racemat-Trennungsverfahren mit L-Aminoacylase.

Aminosäuren aus Hydroxysäuren

Eine Variante der Aminosäureherstellung aus α-Ketosäure ist die Vorschaltung einer Umwandlung von α-Hydroxysäure in α-Ketosäure. Diese Vorgehensweise erspart die Cofaktorregenerierung durch das System Formiat/Formiatdehydrogenase, weil die Regenerierung bei der oxidativen Umwandlung von Hydroxy- in Ketosäure genutzt werden kann. Das Prinzip dieses Vorgehens ist in den Abbildungen 63 und 64 am Beispiel der L-Alaningewinnung gezeigt.

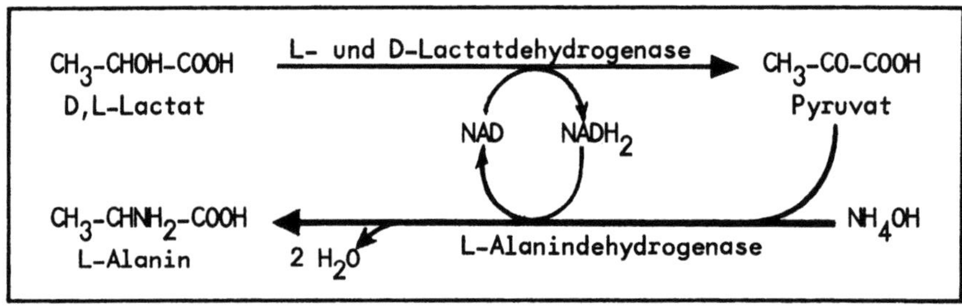

Abb. 63. Reaktionsschema zur Herstellung von L-Alanin

Als Ausgangsstoff für die L-Alaningewinnung (s. Abb. 63 und 64) dient das synthetisch preisgünstig herzustellende racemische Gemisch von D- und L-Lactat. Bei Einsatz von D- und L-Lactatdehydrogenase werden beide enantiomere Formen des Lactats unter Reduktion von NAD zu Pyruvat umgesetzt. Das volumenvergrößerte NAD wird bei der nachfolgenden, von L-Alanindehydrogenase katalysierten Umsetzung des Pyruvats zu L-Alanin regeneriert.

Neben dem Ausgangsstoff D,L-Lactat muß dem System ständig Pyruvat, in allerdings winziger Menge, zudosiert werden. Das intermediär aus Lactat entstehende Pyruvat passiert zu einem sehr kleinen Bruchteil die Ultrafiltrationsmembran, bevor es weiter zu L-Alanin umgesetzt werden kann. Mit der Zeit würde die Pyruvatkonzentration im Reaktor ohne Zugabe von außen gegen Null gehen, und die Reaktion müßte zum Stillstand kommen.

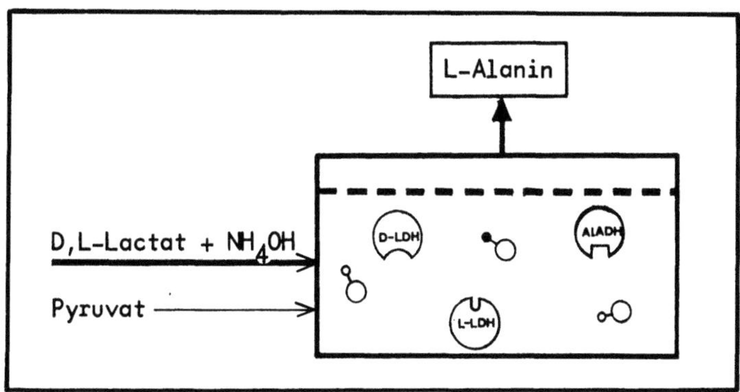

Abb. 64. Multienzym-Membranreaktor für die L-Alaninherstellung.
ALADH = Alanindehydrogenase; D-LDH = D-Lactatdehydrogenase
L-LDH = L-Lactatdehydrogenase.

Derzeit wird das relativ billige L-Alanin noch nicht in größerem Maße nach dieser Methode in Membranreaktoren hergestellt. Die Bedeutung des Verfahrens liegt zunächst in ihrem Modellcharakter für die geschickte Nutzung von membranabgetrennten Mehrenzymsystemen mit Cofaktorregenerierung.

5.4 Herstellung fructosehaltiger Sirupe

Fructose hat eine wesentlich höhere Süßkraft als Glucose. Das ist der Hauptgrund, die in riesigen Mengen aus Mais- und anderen Stärkearten produzierte Glucose zum Teil zu Fructose zu isomerisieren. Das Enzym Glucoseisomerase katalysiert die Isomerisierungsreaktion gemäß Abb. 65 bis zu einem Gleichgewicht, das bei etwa 50 % Glucose und 50 % Fructose liegt.

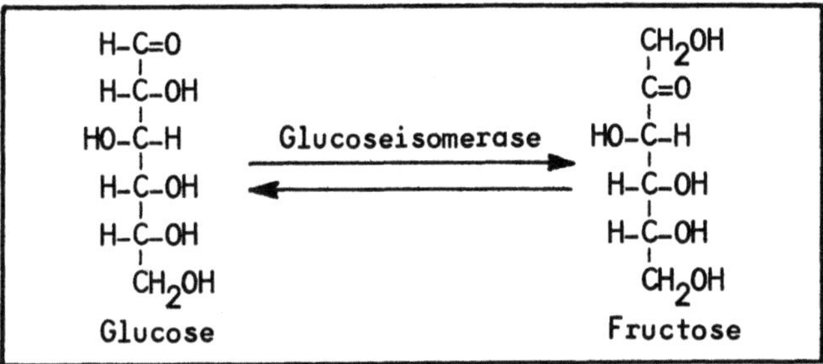

Abb. 65. Glucose-Fructose-Isomerisierung durch Glucoseisomerase

Seit Ende der 60er Jahre wird Glucoseisomerase zur industriellen Herstellung fructosehaltiger Sirupe eingesetzt. Diese Sirupe sind unter diversen Handelsnamen, als Isosirup oder unter der Abkürzung HFCS ("high fructose corn sirup") bekannt. Nachdem zunächst lösliche Glucoseisomerase verwendet wurde, wird heute fast ausschließlich die immobilisierte Enzymform eingesetzt. Sowohl die zur Herstellung der Glucoseisomerase verwendeten Organismen als auch die Verfahren zur Immobilisierung sind bei den einzelnen Firmen sehr unterschiedlich. Einige Beispiele dazu gibt Tabelle 18.

Tabelle 18. Kommerzielle immobilisierte Glucoseisomerasen

Handelsname	Produzent	Enzymquelle	Immobilisierungsverfahren
Maxazyme GI	Gist Brocades, Niederlande	*Actinoplanes missouriensis*	Co-crosslinking des Enzyms mit Gelatine
Optisweet	Miles-Kali-Chemie, Bundesrep. Deutschland	*Streptomyces rubiginosus*	Kovalente Bindung an silanisierte Keramikträger
Sweetzyme	Novo Industri, Dänemark	*Bacillus coagulans*	Vernetzung in den ganzen (toten) Zellen
Sweetase	Nagase Biochemical, Japan	*Streptomyces phaechromogenes*	Vernetzung in den ganzen (toten) Zellen

Alle bisher bekannten Glucoseisomerasen sind relativ temperaturstabil und haben ein pH-Optimum im neutralen bis schwach alkalischen Milieu. Sie benötigen 2-wertige Metallionen (Co^{++}, Mn^{++} oder Mg^{++}) als Cofaktoren. Durch andere zweiwertige Ionen, insbesondere Cu^{++}, Hg^{++} und Zn^{++}, sowie durch die Zuckeralkohole Sorbit und Xylit werden Glucoseisomerasen gehemmt. Sauerstoffzutritt verursacht eine raschere Inaktivierung.

Strenggenommen handelt es sich bei den Glucoseisomerasen um Xyloseisomerasen. Sie haben zur Aldopentose Xylose eine sehr viel höhere Affinität (niedrigerer K_m-Wert) als zur Aldohexose Glucose. Xylose ist der Glucose weitgehend ähnlich gebaut, sie enthält nur eine HCOH-Gruppierung weniger. Das Enzym verwechselt deshalb die beiden Substrate.

Die technische Anwendung (s. Abb. 66) der immobilisierten Glucoseisomerase erfolgt meist in kontinuierlich betriebenen Pack- und Fließbettreaktoren bei pH-Werten zwischen 7 und 8,5 und Temperaturen um 60 °C. Die Glucose wird in etwa 40- bis 50 %-iger Lösung eingesetzt. Das fructosehaltige Produkt wird schließlich auf 70 - 75 % Trockensubstanzgehalt eingedickt. Der Fructosegehalt der marktüblichen Sirupe liegt bei 42 % in der Trockensubstanz. Daneben sind etwa 52 % Glucose und 6 % Oligosaccharide vorhanden. Dieser Sirup hat ähnliche Süßkraft wie normaler Haushaltszucker (Saccharose).

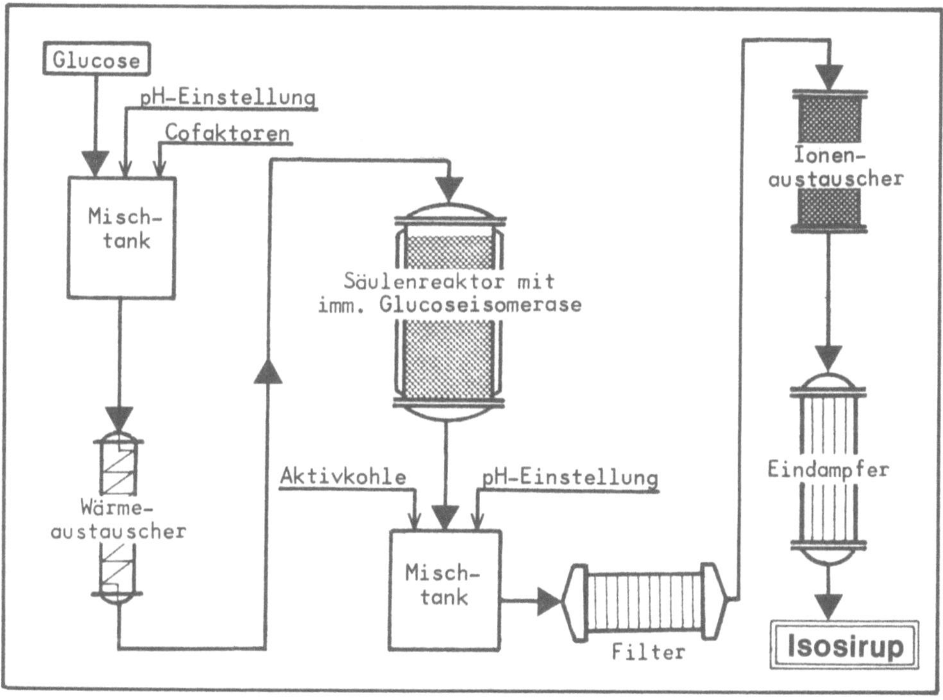

Abb. 66. Verfahrensschema zur Herstellung von fructosehaltigem Sirup

Unter den industriellen Produktionsbedingungen erreichen die immobilisierten Glucoseisomerasen Halbwertszeiten in der Größenordnung von 1000 Arbeitsstunden. Den allmählichen Aktivitätsabfall gleicht man durch eine Verringerung der Durchflußrate aus, oder man schaltet mehrere Reaktoren mit unterschiedlich alten Enzymfüllungen zusammen. Meist wird die Enzymfüllung der Reaktoren nach 2000 bis 3000 Arbeitsstunden erneuert (s. Abb. 67). Insgesamt kann mit 1 kg einer handelsüblichen immobilisierten Glucoseisomerase (s. Tab. 18) etwa 1 bis 3 Tonnen Isosirup hergestellt werden. Manche, besonders hochaktive, aber auch teurere Präparate erreichen bis über 20 Tonnen Produkt pro kg Enzym.

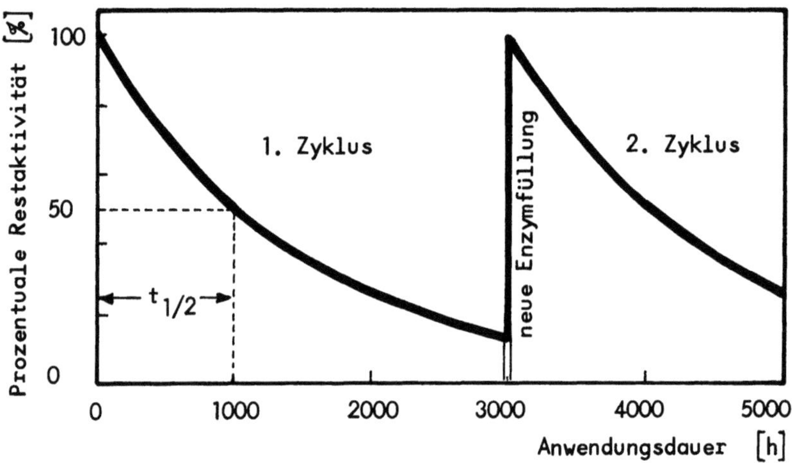

Abb. 67. Aktivität einer immobilisierten Glucoseisomerase bei industriellem Einsatz

In Europa sind fructosehaltige Sirupe, maßgeblich bedingt durch Quotierungen der EG, weitaus weniger bedeutend als in Japan und den USA. Der Weltmarkt liegt derzeit bei ca. 6 bis 7 Mio. Tonnen Isosirup pro Jahr. Zu seiner Herstellung sind etwa 1-2 Tausend Tonnen immobilisierte Glucoseisomerase erforderlich. Damit ist Glucoseisomerase das mit Abstand bedeutendste Enzym, das in immobilisierter Form eingesetzt wird.

5.5 Penicillin-Derivatisierung

Die 6-Aminopenicillansäure (= 6-APS oder 6-APA) ist Ausgangssubstanz zur Herstellung von fast zwanzig verschiedenen semisynthetischen Penicillinen. Durch mikrobielle Fermentation und auch durch chemische Seitenkettenabspaltung läßt sich 6-APS aus nativen Penicillinen nur mit unbefriedigender Ausbeute herstellen. Die mit immobilisierter Penicillinacylase (= Penicillinamidase) vorgenommene enzymatische Abspaltung der Phenylessigsäure-Seitenkette von fermentativ gewonnenem Benzylpenicillin (Penicillin G) ist deshalb heute die meistgenutzte Methode zur 6-APS-Produktion. Abb. 68 zeigt die von Penicillinacylase katalysierte hydrolytische Abspaltungsreaktion.

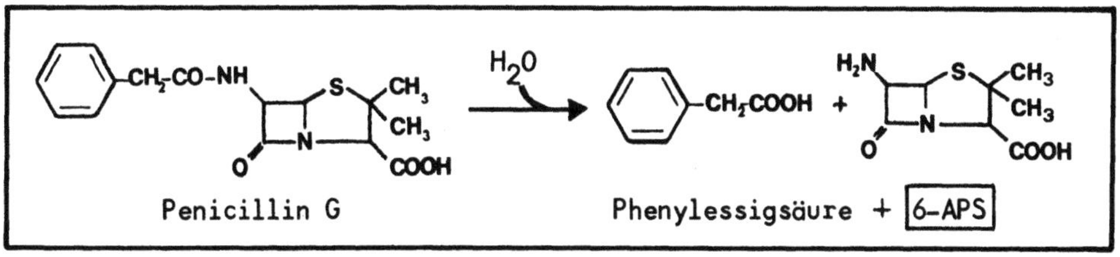

Penicillin G   Phenylessigsäure + 6-APS

Abb. 68. Seitenkettenabspaltung von Penicillin G durch Penicillinacylase

Grundsätzlich ist die in Abb. 68 dargestellte Reaktion der Penicillinacylase umkehrbar. Die Spaltungsreaktion erfolgt bei neutralen bis leicht alkalischen pH-Werten von pH 7 bis 8, während unter sauren Bedingungen, bei pH 4 bis 6, die Synthesereaktion überwiegt. Vereinzelt findet auch diese enzymatische Ankettung neuer Seitenketten an 6-APS durch Penicillinacylase Anwendung. Abb. 69 gibt dazu als Beispiel die Ampicillinherstellung, bei der D-Phenylglycinmethylester an den Penicillinnucleus angekoppelt wird. Die bei diesem Prozeß eingesetzte Penicillinacylase kann aus Pseudomonasarten gewonnen und genauer als Ampicillinacylase bezeichnet werden.

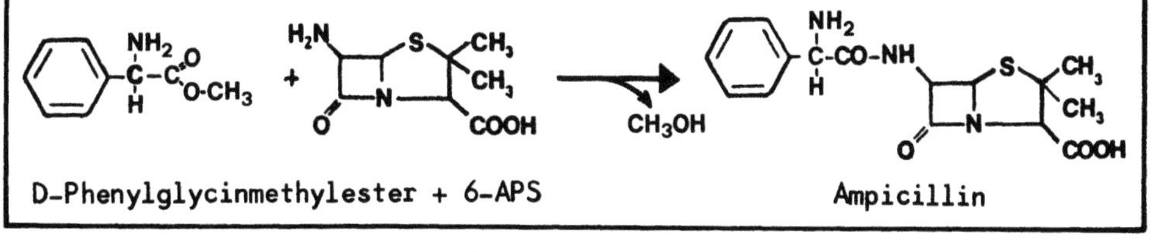

D-Phenylglycinmethylester + 6-APS   Ampicillin

Abb. 69. Ampicillinherstellung durch enzymatische Seitenkettenankopplung an 6-APS

98

Penicillinacylase kommt sowohl in einer ganzen Reihe von Pilzen als
auch in vielen Bakterien vor. Für die industrielle Herstellung von
6-APS wird meist Penicillinacylase aus Escherichia coli verwendet,
die an Sephadex oder anderen Trägern gebunden oder in intrazellulär
gebundener Form eingesetzt wird. Vereinzelt finden auch noch native
Zellen von E. coli Verwendung. Wichtig ist, daß die Präparate unbedingt frei von Penicillinase (= ß-Lactamase) sind. Penicillinase-
Nebenaktivitäten würden den ß-Lactamring sprengen und damit den
wirksamen Penicillinnucleus zerstören.

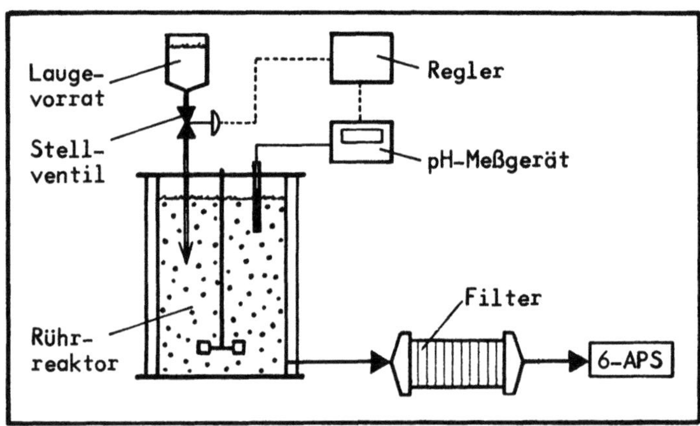

Abb. 70. Verfahrensbeispiel zur Herstellung von 6-APS

Die Umsetzung mit immobilisierter Penicillinacylase erfolgt meist
wie in Abb. 70 gezeigt, ansatzweise im Rührreaktor bei 35 bis 40 °C.
Nach der Umsetzung wird das immobilisierte Enzym abgetrennt und im
folgenden Ansatz erneut eingesetzt. Mit einem kg Enzym lassen sich
150 bis 200 kg 6-APS herstellen. Der pH-Wert muß durch gesteuerte
Zudosierung von Lauge bei pH 7 - 8 konstant gehalten werden. Ohne
Korrektur würde der pH-Wert durch die freigesetzte Phenylessigsäure
schnell absinken; das Enzym würde dann bevorzugt die Synthesereaktion katalysieren und bei stärkerem pH-Abfall inaktiviert. Aus
diesem Grunde ist auch eine Umsetzung im Packbettreaktor nicht ohne
weiteres möglich.
Eine zuweilen genutzte Möglichkeit, doch im Packbett zu arbeiten,
besteht in der Kombination von Packbett und Rührreaktor. Bei dieser
Verfahrensvariante erfolgt die pH-Korrektur im Rührreaktor. Das
Substrat wird im übrigen sehr schnell im Kreislauf durch das enzym-
befüllte Packbett gedrückt und immer wieder in den Rührreaktor
zurückgeführt. Der pH-Abfall innerhalb des Packbetts kann so in sehr
engen Grenzen gehalten und die Trennung von Enzympartikeln und
Substrat vereinfacht werden.

5.6 Asparaginsäure-Herstellung

L-Asparaginsäure wird in der Medizin und als Nahrungsmittelzusatz verwendet. Die Herstellung erfolgt durch mikrobielle Fermentation oder mit immobilisierter L-Aspartase aus Fumarsäure und Ammoniak nach der Reaktionsgleichung

$$HOOC\text{-}CH{=}CH\text{-}COOH \;+\; NH_3 \quad\xrightarrow{\text{L-Aspartase}}\quad HOOC\text{-}CH_2\text{-}\underset{NH_2}{CH}\text{-}COOH$$

Fumarsäure   Ammoniak   L-Asparaginsäure

Nach dem von I. Chibata bei Tanabe Seiyaku (Japan) entwickelten und seit 1973 genützten Prozeß werden in Polyacrylamid oder in Carrageenan eingehüllte Zellen von Escherichia coli eingesetzt, die intrazellulär L-Aspartase enthalten. Oft wird das Verfahren als das erste mit ganzen immobilisierten Zellen betriebene genannt. Man muß jedoch hinzufügen, daß keine lebenden Zellen und keine Mehrschrittreaktionen vorliegen. Vielmehr kommt nur ein einzelnes, aus wirtschaftlich-praktischen Erwägungen im Zellverband belassenes Enzym zur Anwendung.

Die Extraktion der L-Aspartase und deren anschließende Kopplung mit Trägerstoffen hat sich nicht bewährt, weil das isolierte Enzym außerhalb des Zellverbandes sehr instabil ist und erhebliche Aktivitätseinbußen bei der Enzymaufarbeitung entstehen. Eine beträchtliche Steigerung der Wirksamkeit der ganzzellgebundenen Aspartase wird durch eine Teilautolyse der Zellen erreicht. Diese führt offenbar durch Abbau von Membranbarrieren zu einem verbesserten Massentransfer und damit zu höherer Umsatzleistung.

Die industrielle L-Asparaginsäuregewinnung erfolgt mit 1-molarem Ammoniumfumaratsubstrat in Säulenreaktoren von etwa 1 m^3 Arbeitsvolumen. Die Zugabe von 0,1 mMol Mg^{++} pro 1 Substrat verbessert die Stabilität der Biokatalysatoren. Mit einer spezifischen Durchflußrate von etwa 0,6 h^{-1} arbeitet man bei pH 8,5 und 37 ^{o}C. Daraus resultiert eine Reaktor-Tagesleistung von annähernd 2 Tonnen L-Asparaginsäure. Die Aufarbeitung der Ablaufes erfolgt durch einfache pH-Wert-Absenkung auf 2,8 - den isoelektrischen Punkt der L-Asparaginsäure - und Kühlung auf ca. 7 ^{o}C. Die L-Asparaginsäure fällt dann kristallin aus und kann durch Filtration abgetrennt werden.

Bei dem Verfahren mit immobilisierten toten Zellen von E. coli werden ca. 95 % der theoretischen Ausbeute erreicht. Die Halbwertszeit der Aspartase beträgt dabei etwa 120 Tage, während native Zellen nur etwa 10 Tage Halbwertszeit haben. Dank der höheren Stabilität der immobilisierten Aspartase werden besonders die Kosten für die mikrobielle Erstellung der Enzymaktivität verringert. Insgesamt entstehen mit dem immobilisierten System nur ca. 60 % der bei Verwendung nativer Zellen anfallenden Produktionskosten.

5.7 Umsetzungen mit ß-Galactosidase

ß-Galactosidase (= Lactase) spaltet, wie in Abb. 71 gezeigt, den
Milchzucker Lactose in die Monosaccharide Glucose und Galactose, die
süßer schmecken und weniger leicht auskristallisieren als die Lactose. Für viele Menschen, besonders unter der negriden Bevölkerung,
ist Lactose unverträglich, weil diese Menschen an Lactasemangel
leiden. Sich daraus ergebende Anwendungsgebiete für ß-Galactosidase
sind die Lactosespaltung in Milch und Milchprodukten und die Herstellung süßer Sirupe aus lactosereicher Molke.

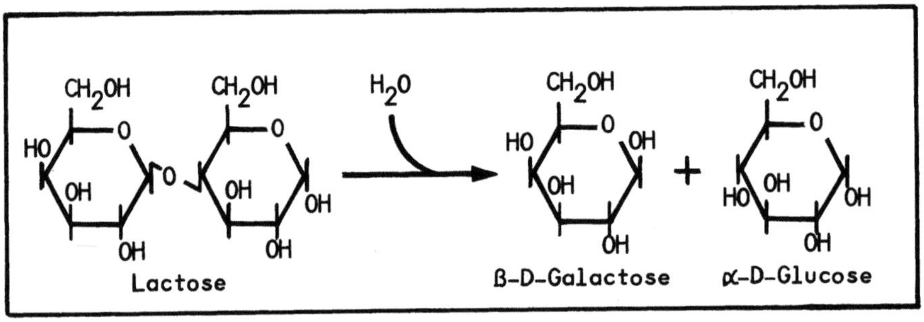

CH_2OH CH_2OH H_2O CH_2OH CH_2OH

Lactose   ß-D-Galactose   α-D-Glucose

Abb. 71. Enzymatische Lactosehydrolyse zu Glucose und Galactose

Da ß-Galactosidasen zu den relativ teuren unter den technischen
Enzymen zählen, gibt es zahlreiche Bemühungen zur industriellen Anwendung dieser Enzyme in immobilisierter Form. Erfolge sind zur Zeit
aber erst in Teilbereichen dieses potentiell riesigen Einsatzge-
bietes zu verzeichnen.

Lactosehydrolyse in Milch

Milch ist ein für die Behandlung mit immobilisierten Enzymen schwie-
riges Substrat, weil sie eine Emulsion feinster Tröpfchen von Fett
in wäßrigem Medium darstellt. Solche Emulsionen lassen sich normalerweise ohne die Gefahr der Entmischung und der Verstopfung kaum in
Packbettreaktoren behandeln. Unter Verwendung von in Celluloseacetatfasern eingesponnener Hefelactase ist jedoch von der italieni-
schen Firma Snam Progetti ein praktikables Verfahren zur Milchbehandlung in Packbettreaktoren geschaffen worden (s. Abb. 72). Die
enzymhaltigen Fasern führen auch in dichter Packung weder zu uner-
wünschtem Druckaufbau noch zu Entmischungen der Milch oder Verstopfungen des Packbetts. Das Verfahren wird im Maßstab von etwa 10
Tagestonnen (tato) in der Molkereizentrale in Mailand praktiziert.

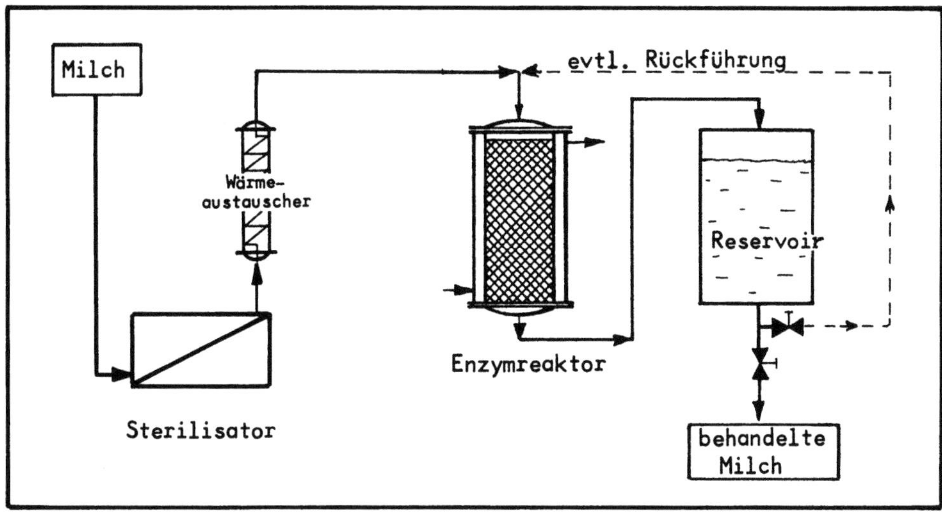

Abb. 72. Verfahrensschema zur Lactosehydrolyse in Milch

Süße Sirupe aus Molke

Es wird schon seit längerer Zeit versucht, mit immobilisierten ß-Galactosidasen Lactose aus Molkeüberschüssen zu süßen Sirupen zu verarbeiten. Meistens werden hierzu ß-Galactosidasen aus Schimmelpilzen (A. niger, A. oryzae) eingesetzt, weil diese ein der sauren Molke besser angepaßtes pH-Optimum haben als die entsprechenden Hefeenzyme. Industrielle Anwendung haben diese Verfahren bisher nur zu vereinzelten Versuchszwecken gefunden. Als Hauptgründe stehen einem durchschlagenden Erfolg der immobilisierten ß-Galactosidasen deren unbefriedigende Eigenschaften im Wege. ß-Galactosidasen werden nämlich von ihrem Reaktionsprodukt Galactose beträchtlich gehemmt und sie haben, wie Tabelle 19 ausweist, in Molke und entproteinierter Molke schlechte Halbwertszeiten.

Tabelle 19. Typische Halbwertszeiten von ß-Galactosidase in verschiedenen Medien

Substrat	Halbwertszeit
Sauermolke (original)	6 Tage
Entproteinierte Sauermolke	10 Tage
Entionisierte + entprot. Molke	60 Tage
5 %-ige Lactoselösung	90 Tage

5.8 Sonstige industrielle Einsatzmöglichkeiten

Die derzeit bedeutendsten Einsatzgebiete für immobilisierte Biokatalysatoren wurden in den vorangegangenen Kapiteln 5.1 bis 5.7 abgehandelt. Einige weitere Gebiete, die schon industrielle Bedeutung haben oder in Kürze erlangen können, sind im folgenden kurz dargestellt.

L-Äpfelsäure aus Fumarsäure

Fumarsäure, die durch chemische Synthese leicht herstellbar ist, kann nicht nur gemäß Kapitel 5.6 (s.S. 99) als Ausgangsstoff zur Produktion von L-Asparaginsäure, sondern auch zur L-Äpfelsäureherstellung verwendet werden. Die Umsetzung erfolgt durch das Enzym Fumarase nach der Reaktionsgleichung

$$HOOC-CH=CH-COOH \quad + \quad H_2O \quad \xrightarrow{\text{Fumarase}} \quad HOOC-CHOH-CH_2-COOH$$

Fumarsäure $\qquad\qquad\qquad\qquad\qquad\qquad\qquad\qquad\qquad$ L-Äpfelsäure

Der zuerst bei Tanabe Seiyaku (Japan) 1974 eingeführte Prozeß sah die Verwendung von in Polyacrylamid eingehüllten toten Zellen von Brevibacterium ammoniagenes vor. Inzwischen bevorzugt man wegen der längeren Halbwertszeit in k-Carrageenan eingehüllte Zellen von Brevibacterium flavum. Vor der Einhüllung werden die Zellen einer permeabilisierenden Behandlung mit Lösungsmitteln unterworfen. Dadurch werden die Coenzyme aus den Zellen auswaschbar, so daß eine unerwünschte Bernsteinsäurebildung durch cofaktorabhängige Nebenreaktionen verhindert werden kann.

Die industrielle Umsetzung erfolgt bei pH 7.5 und 37 $^{\circ}C$ in 1 m^3-Säulenreaktoren mit spezifischen Durchflußraten um D = 0,3 h^{-1}. Als Substrat wird 1-molares Natriumfumarat eingesetzt, das mit etwa 70 %iger Ausbeute in Äpfelsäure umgesetzt wird. Die Halbwertszeit des Systems liegt bei etwa 160 Tagen.

In neuester Zeit werden auch Pilotversuche mit gereinigter Fumarase aus Brevibacterium ammoniagenes in Enzym-Membranreaktoren unternommen. Ein in der homogenen Durchmischung der Membranreaktoren mehr als in Packbett-Säulenreaktoren störender Nachteil der Fumarasereaktion ist ihre Hemmung durch die gebildete Äpfelsäure. Zur Minderung dieser Endprodukthemmung werden zweistufige Arbeitsweisen und Teilausschleusungen der im Reaktor befindlichen Enzymmenge in Betracht gezogen.

Insgesamt sind die Aussichten der Äpfelsäureproduktion mit immobilisierten Biokatalysatoren infolge starker Konkurrenz durch die mikrobielle Fermentation und die chemische Synthese beschränkt.

Raffinosehydrolyse in Zuckerfabriken

Raffinose, die in geringen Mengen um 0,1 % in der Zuckerrübe vor-
kommt, reichert sich beim Zuckerfabrikationsprozeß an und wirkt
hemmend auf die Kristallisation der Saccharose. Durch α-Galactosi-
dase (= Melibiase) kann Raffinose, wie in Abb. 73 dargestellt, in
Saccharose und Galactose gespalten und die Rübenzuckerausbeute ge-
steigert werden. Die eingesetzte α-Galactosidase muß frei von Inver-
tase-Nebenaktivitäten sein; andernfalls würde die Saccharose, das
erwünschte Endprodukt der Zuckerfabrikation, zu Glucose und Fructose
gespalten.

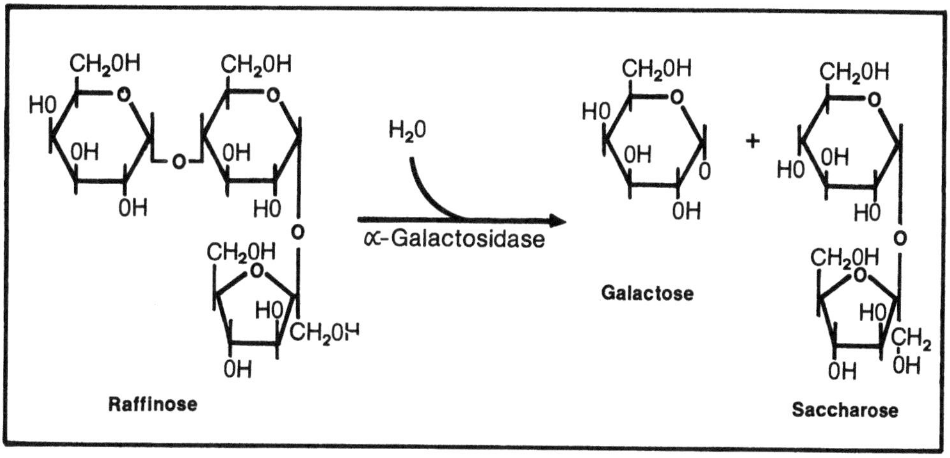

Abb. 73. Raffinosespaltung durch α-Galactosidase

Die Fähigkeit zur Bildung von α-Galactosidase ist bei einigen industriell oft eingesetzten Organismen vorhanden. α-Galactosidase
findet sich bei untergärigen Bierhefen, die heute zusammen mit den
nicht α-galactosidasebildenden Brennerei-, Wein- und Backhefen unter der Art Saccharomyces cerevisiae zusammengefaßt sind. Früher
wurden diese untergärigen Bierhefen wegen ihrer α-Galactosidasebil-
dung als eigene Art Saccharomyces uvarum geführt. Als weiterer
industriell vielfältig genutzter Mikroorganismus hat Aspergillus
niger die Fähigkeit zur Bildung von α-Galactosidase. Beide Organismen wurden als α-Galactosidasequelle mehrfach in Betracht gezogen.
Die Schwierigkeiten wegen hoher Invertase-Nebenaktivität waren jedoch beträchtlich.

Erfolgversprechendere Entwicklungen liegen von der amerikanischen
Great Western Sugar Company mit Mortierella vinacea und der japanischen Nippon Beet Sugar Company mit Absidia spec. vor. In beiden
Verfahrenskonzepten werden abgetötete quervernetzte Mycelien kontinuierlich bei Temperaturen um 50 °C angewandt.

Einsatz immobilisierter amylolytischer Enzyme

Amylolytische Enzyme haben in löslicher Form in der Stärkeindustrie
ihren festen Platz und einen bedeutenden Markt (vgl. Kap. 1.7).
Abb. 74 zeigt die drei wichtigsten in der Stärkeindustrie angewandten Enzyme. Die Glucoseisomerase hatten wir bereits in Kap. 5.4
als das wichigste in immobilisierter Form angewandte Enzym überhaupt
kennengelernt. Von den beiden anderen Enzymen kommt die α-Amylase
nur als lösliches Enzym in Betracht, weil ihre Substrate, Amylose
und Amylopectin, zu hochmolekular sind, um mit immobilisierten Enzymen zufriedenstellend hydrolysierbar zu sein.

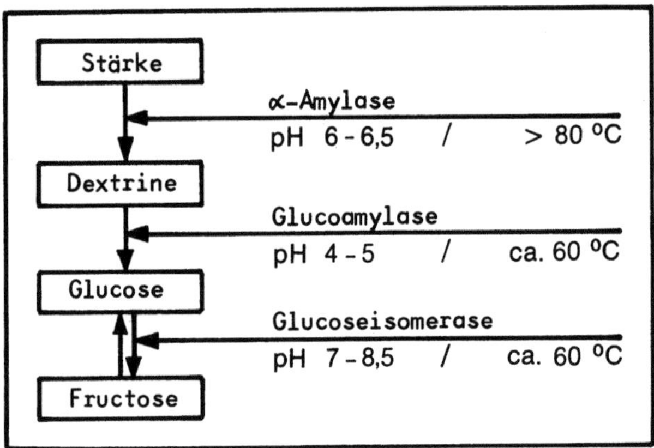

Abb. 74. Enzyme bei der Stärkeverarbeitung

An Versuchen zum Ersatz der löslichen Glucoamylase (= Amyloglucosidase) durch ein entsprechendes immobilisiertes Präparat hat es schon
wegen der Bedeutung der Stärkeverzuckerung nicht gefehlt. Dennoch
ist es zu durchschlagenden industriellen Erfolgen bisher nicht ge-
kommen. Die Gründe dafür liegen in noch unbefriedigender Hitzestabi-
lität und Wirkungscharakteristik der immobilisierten Glucoamylasen.
Es gelingt z.B. nicht, gleichhohe DE-Werte mit immobilisierter wie
mit löslicher Glucoamylase zu erreichen. Ein weiterer Grund ist die
mit löslichen Enzymen eingefahrene Prozeßtechnik. Ein großtechnischer
Erfolg mit immobilisierten amylolytischen Enzymen wird ganz entscheidend auch durch den sehr niedrigen Preis der entsprechenden
löslichen Präparate erschwert.
   Außerhalb der Stärkeindustrie können die Chancen für immobilisierte Glucoamylase möglicherweise günstiger sein, weil dort zum
Teil völlig andere Kriterien wichtig sind. Zum Beispiel könnte
immobilisierte Glucoamylase zur Diätbierherstellung schon aus Gründen der Reinhaltung des Bieres von Enzymprotein den Vorzug vor
löslichen Präparaten erhalten.

Biogasgewinnung

In der Abwassertechnologie haben immobilisierte Mikroorganismen
nicht nur in den aeroben Tropfkörperverfahren (vgl. Kap. 5.1), sondern vereinzelt auch in moderneren Verfahren der anaeroben Abwasserbehandlung nach 1970 praktische Anwendung gefunden. Abb. 75 zeigt
zwei solche Entwicklungen, die eine effektive Biogasgewinnung unter
Nutzung von im Reaktor zurückgehaltener Biomasse ermöglichen.

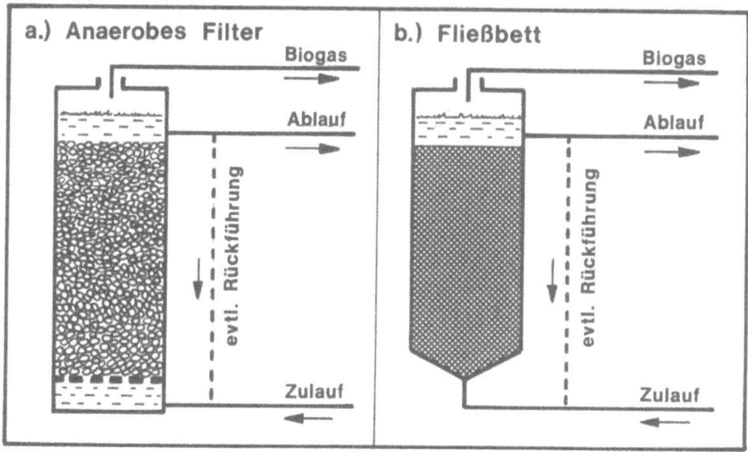

Abb. 75. Anaerobes Filter und Fließbett zur Biogasgewinnung

Beide in Abb. 75 gezeigte Reaktortypen werden von dem Abwasser von
unten nach oben durchströmt, wobei die Biogasentwicklung durch die
festkörpergebundenen Bakterien erfolgt. Eine mögliche Teilrück-
führung erlaubt die Verdünnung hochbelasteter Abwässer mit bereits
geklärtem Ablauf. Für die Behandlung von mit Feststoffteilchen be-
ladenen Abwässern sind diese Systeme wegen der damit verbundenen
allmählichen Verstopfung nicht geeignet.
  Das anaerobe Filter enthält, ähnlich wie die bekannten aeroben
Tropfkörper, grobporige Trägermaterialien, wie Koks, Schaumlava oder
poröse Kunststoffbrocken. Die methanogenen Bakterien siedeln sich in
und auf den mehrere cm großen Materialbrocken an. Anaerobe Filter
eignen sich gut für die Behandlung kohlenhydratreicher Abwässer.
Dabei kann normalerweise bis zu einem chemischen Sauerstoffbedarf
(CSB) von 10 g/l gearbeitet werden. Höhere CSB-Werte führen infolge
zu starken Biomassezuwachses leicht zu Verstopfungen. Durch Teil-
rückführung von geklärtem Abwasser wird in solchen Fällen der CSB-
Wert im Zulauf herabgesetzt. Bei einer volumetrischen CSB-Belastung
von 2-4 kg/m$^3 \cdot$d kann eine bis zu 90 %ige Entfernung des CSB erreicht werden. Bei Belastung mit Methanol, Ameisensäure und Essigsäure, den direkten Substraten der Methanbildung, kann sogar ein

90 %iger Abbau bei CSB-Raumbelastungen von bis zu 20 kg/m$^3\cdot$d erreicht werden.

Das in Teil b von Abb. 75 gezeigte Fließbett funktioniert in
ähnlicher Weise wie das anaerobe Filter. Die Partikelgröße der
Festkörper liegt jedoch bei den Fließbettreaktoren regelmäßig unterhalb von 1 mm. Daraus resultiert eine sehr große spezifische Oberfläche von etwa 300 m^2/m^3 und letztlich eine gute Leistung von bis
zu 90 %igem Abbau bei volumetrischen CSB-Belastungen bis über 10
kg/m$^3\cdot$d.

Neben den beiden in Abb. 75 gezeigten Systemen existieren noch
mehrere weitere Reaktorformen, in denen die Rückhaltung biogas-
bildender Bakterien praktiziert wird. Die industriell bedeutendste
unter diesen Entwicklungen ist der sogenannte UASB-Reaktor ("Upflow
Anaerobic Sludge Blanket"). Bei ihm durchströmt das Abwasser eine
dicke Schicht flockender Bakterien von unten nach oben. Trägermaterialien fehlen dabei. Dennoch ist es berechtigt, auch diese flocken-
den Bakterien als eine spezielle Form immobilisierter Biokatalysatoren anzusprechen. Es sind nämlich künstliche Maßnahmen, wie der
Einbau von Schikanen oder der Zusatz von Flockulationsmitteln, die
zum Zurückhalten der Biomasse (= Immobilisierung) führen.

6. Anwendung in der Analytik

6.1 Affinitätschromatographie

Die Affinitätschromatographie ist nicht nur als analytische Methode
wichtig, sondern sie findet auch zur Gewinnung hochgereinigter Substanzen aus komplexen Stoffgemischen Anwendung. Sie nutzt die spezifische Wechselwirkung (Affinität) verschiedener biologischer Reak-
tionspartner, die sich in ihrem gegenseitigen Erkennen und Binden
äußert. Solch eine Affinität besteht z.B. zwischen Antigenen und
Antikörpern oder zwischen Hormonen und Rezeptorproteinen. Auch Enzyme haben, wie Tabelle 20 ausweist, eine Reihe von Substanzen, mit
denen sie in spezifische Wechselwirkung treten.

Tabelle 20. Stoffgruppen mit Affinität zu Enzymen

- Substrate der Enzymreaktion	- Enzyminhibitoren
- Produkte der Enzymreaktion	- Enzym-Antikörper
- Coenzyme	- Allosterische Effektoren

Bei der Affinitätschromatographie wird einer der miteinander zur
Interaktion fähigen Partner als reaktiver Ligand durch Bindung an
einen Träger (Sorbens) oder durch Quervernetzung unlöslich gemacht.
Aus komplexen Stoffgemischen, die man in einer Säule über das Affi-
nitätssorbens leitet, lagern sich spezifisch nur solche Stoffe an
die Liganden an, die eine Affinität zu diesen haben. Eine z.B. mit
Partikeln immobilisierter Enzyme gefüllte Säule wird also von Stoffen ohne Affinität zu den gebundenen Enzymen ungehindert passiert.
Je stärker die Affinität zu den Liganden in der Chromatographiesäule
ist, desto länger wird die betreffende Substanz, die man auch Zielsubstanz nennt, in der Chromatographiesäule zurückgehalten (s.
Abb. 76). Durch Änderung der physikalischen Bedingungen, wie Temperatur und pH-Wert, oder durch gezielte Zugabe von weiteren Substanzen mit Affinität zum Liganden kann die Zielsubstanz wieder aus der
Säule entfernt werden.
  Da es, wie Tabelle 20 zeigt, gerade für Enzyme mehrere Stoffgruppen
gibt, die zu biologischer Wechselwirkung mit ihnen befähigt sind, können
immobilisierte Enzyme für unterschiedliche Zielsubstanzen zur analytischen oder präparativen Trennung eingesetzt werden. Umgekehrt kann

natürlich z.B. auch ein unlöslich gemachtes Substrat zur Reinigung
oder Trennung eines Enzyms aus komplexen Stoffgemischen verwendet
werden. In diesem Falle muß das Substrat allerdings so denaturiert
werden, daß es vom Enzym nicht mehr umgesetzt, aber noch als Substrat erkannt wird. Dies ist z.B. bei einigen Polysacchariden durch
Quervernetzung mit Epichlorhydrin möglich. Unproblematischer als die
Verwendung vernetzter Substrate ist der Einsatz gebundener Inhibitoren, die von den zu trennenden Enzymen nicht umgesetzt werden
können. Prinzip und typische Ablaufphasen einer affinitätschromato-
graphischen Trennung werden in Abb. 76 verdeutlicht.

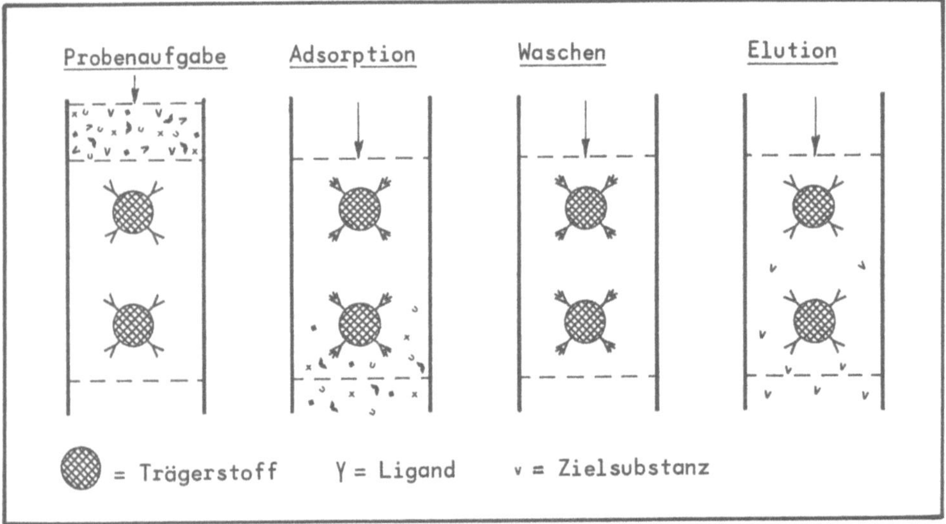

Abb. 76. Prinzip und Ablauf der Affinitätschromatographie

Besondere Ansprüche sind an die Trägerstoffe der Affinitätschromatographie zu stellen. Sie sollen neben einer hohen chemischen und
physikalischen Stabilität gute mechanische Eigenschaften, z.B. Poro-
sität und Druckstabilität, mitbringen. Mit den Liganden (z.B. Enzymen) sollen sie leicht verbunden werden können. Darüberhinaus sollen
sie keine unerwünschten Adsorptionsreaktionen eingehen. Häufig verwendete Trägerstoffe sind Agarose (Sepharose[R]), Dextran (Sephadex[R])
und Polyacrylamid (Bio-Gel[R]). Diese Substanzen gibt es auch kommerziell in aktivierter, d.h. in mit bestimmten Gruppen (z.B. NH_2-) der
Liganden leicht zu bindender Form.

6.2 Analysenautomaten

Durch Umsetzung mit immobilisierten Biokatalysatoren und die nachfolgende Detektion der durch die Biokatalysatorreaktion eingetretene Änderung lassen sich Substanzen quantitativ bestimmen. Dabei erlaubt die hohe Spezifität der Biokatalysatoren auch die Analyse sehr komplexer Stoffgemische. Im typischen Fall (s. Abb. 77) wird eine von einem Probengeber in den Analysenautomaten eingebrachte Probe über einen Minireaktor mit immobilisiertem Enzym gepumpt und anschließend - ggf. nach weiteren Umsetzungen z.B. mit Farbreagenz - mittels Spektralphotometer, Fluorometer, Polarimeter oder eines anderen Analysengerätes im Durchfluß analysiert.

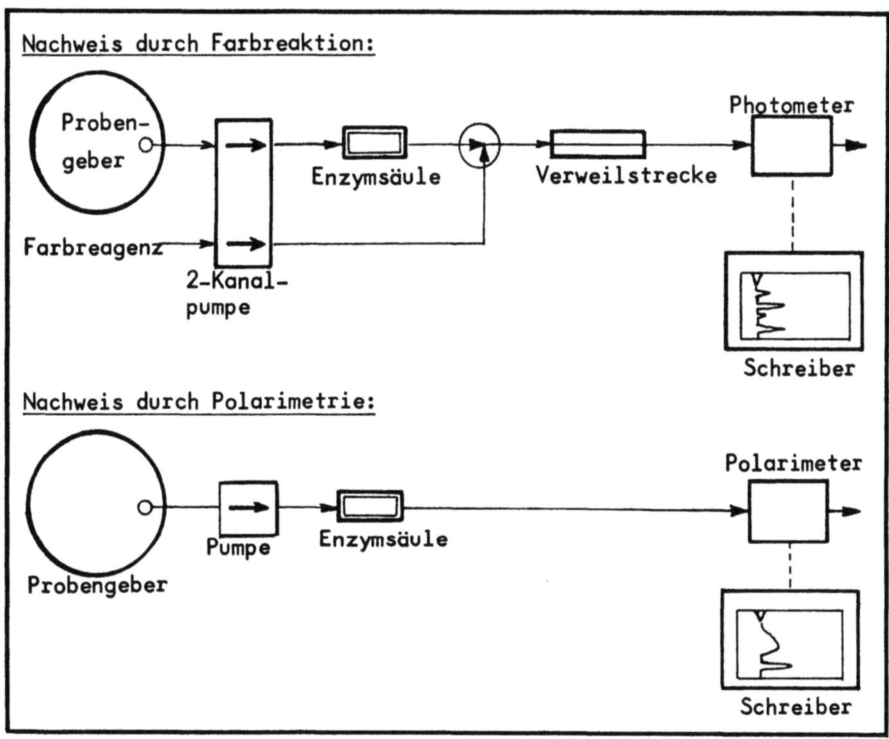

Abb. 77. Schema von zwei Analysenautomaten mit unterschiedlicher Nachweisreaktion für die enzymatische Umsetzung

Analysenautomaten, wie in Abb. 77 schematisiert dargestellt, enthalten die immobilisierten Enzyme meist partikelförmig in einer Minisäule gepackt oder kovalent an die Innenwandung von Nylon-Rohrschlangen oder Glasrohren gebunden. Die Rohrschlangen werden zur Vermeidung von Rückmischungen meist von einem luftsegmentierten Probenansatz durchflossen.

6.3 Biochemische Elektroden

Bei biochemischen Elektroden, die man auch als Biosensoren oder
Bioelektroden bezeichnet, wird der zu bestimmende Probenbestandteil
durch eine oder mehrere Enzymreaktionen spezifisch umgesetzt. Die
Biokatalysatoren fungieren als biochemisch-spezifische Empfänger
(Rezeptoren), die das Substrat in ganz bestimmter Weise verändern.
Die Änderung wird durch einen elektrischen Umformer (Transducer)
erfaßt. Meist dienen gas- oder ionensensitive Elektroden als Trans-
ducer der biochemischen Reaktionen.

Je nachdem, ob einzelne Enzyme oder ganze Zellen für die biokatalytische Umsetzung einer Komponente der zu analysierenden Probe
verwendet werden, spricht man von "Enzymelektroden" oder von "mikrobiellen Elektroden". Abb. 78 zeigt den typischen Aufbau einer solchen biochemischen Elektrode.

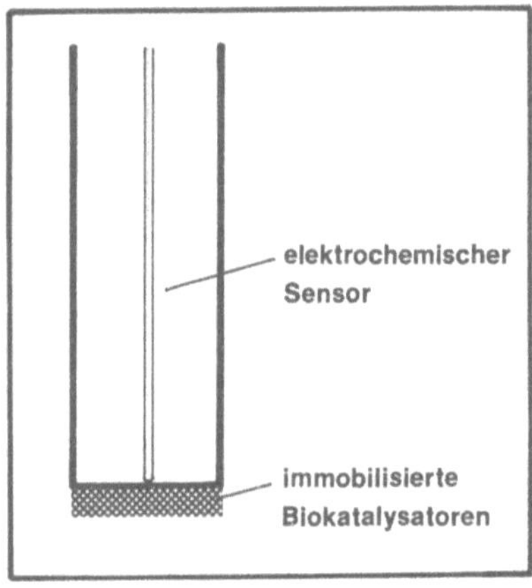

Abb.78.
Aufbau einer biochemischen Elektrode

Für die Funktionstüchtigkeit einer biochemischen Elektrode ist es
wichtig, daß die Biokatalysatoren in unmittelbarer Nähe des sensitiven Bereichs der Elektrode immobilisiert sind. Die Immobilisierung
selbst kann auf unterschiedliche Weise, z.B. durch direkte Ankopplung an die Elektrodenoberfläche, durch Einbettung in ein Gel oder
durch Einschluß in eine umhüllende Membran, erfolgen.

Als Elektroden werden oft einfache Glaselektroden verwendet, die
Veränderungen der H^+-Ionenkonzentration und damit des pH-Wertes
erfassen. Von den mehr als 20 bekannten, gegenüber unterschiedlichen
Ionen sensitiven Elektroden haben solche mit Empfindlichkeit gegenüber Ammonium- und Phosphat- oder Jodidionen größere Bedeutung für
biochemische Elektrodensysteme. Weiterhin werden auch die gassensi-
tiven Sauerstoff- und CO_2-Elektroden häufig in diesem Zusammenhang
eingesetzt. Tabelle 21 gibt einige Beispiele für durch biochemische
Elektroden bestimmbare Substanzen.

Tabelle 21. Beispiele für biochemische Elektrodensysteme

Substanz	Immobilisierter Biokatalysator	Elektrodentyp
L-Aminosäure	L-Aminosäureoxidase + Peroxidase	Jodidsensitive Elektrode
Cholesterin	Cholesterinoxidase	O_2-Elektrode
Glutaminsäure	Escherichia coli (Zellen)	CO_2-Elektrode
Harnstoff	Urease	NH_4-sensitive Elektrode
Lysin	Lysindecarboxylase	CO_2-Elektrode
Penicillin	Penicillinase (ß-Lactamase)	Glaselektrode
Phenol	Trichosporon cutaneum (Zellen)	O_2-Elektrode
Wasserstoffperoxid	Katalase	O_2-Elektrode

Tabelle 21 gibt nur eine verschwindend kleine Auswahl von bisher beschriebenen Möglichkeiten. Bei allen aufgeführten nachzuweisenden Substanzen wurde nur eine einzige Nachweismöglichkeit genannt. In Wirklichkeit existieren oft mehrere, sowohl in Hinblick auf die einsetzbaren Biokatalysatoren, als auch hinsichtlich der möglichen elektrochemischen Sensoren.

Es fehlen in Tabelle 21 vor allem die sehr wichtigen biochemischen Elektroden zur Glucosebestimmung. Die spezifische und quantitative Bestimmung von Glucose in Fermentationsbrühen, Körperflüssigkeiten u.ä. gehört zu den Problemen, zu deren Lösung besonders oft Enzymelektroden vorgeschlagen wurden. Die meisten der in diesem Zusammenhang benutzten Elektroden enthalten Glucoseoxidase als spezifisch mit ß-D-Glucose reagierendes Enzym. Auch α-D-Glucose wird erfaßt, da sich diese durch Mutarotation in ß-D-Glucose umwandelt. Die Enzymreaktion

$$\text{ß-D-Glucose} + O_2 + H_2O \longrightarrow \text{Gluconsäure} + H_2O_2$$

kann in verschiedenartiger Weise elektrochemisch nachgewiesen und quantifiziert werden. So kann zum Beispiel die aufgrund der Gluconsäurebildung erfolgende pH-Wert-Absenkung mit einer Glaselektrode erfaßt werden. Fast ebenso einfach ist es, den Sauerstoffverbrauch der Reaktion mit einer Sauerstoffelektrode zu messen. Eine häufig praktizierte Methode ist auch der weitere Umsatz des gebildeten Wasserstoffperoxids und die Detektion dieses Umsatzes. Eine Reaktion des Wasserstoffperoxids mit Jodid kann z.B. mit Peroxidase katalysiert werden.

$$H_2O_2 + 2\,J^- + 2\,H^+ \longrightarrow 2\,H_2O + J_2$$

Die durch diese Reaktion erfolgende Erniedrigung des Jodidgehaltes in der Mikroumgebung der Elektrodenspitze kann mit einer jodidsensitiven Elektrode bestimmt werden.

Ein gravierendes Problem, das universellen Anwendungen von Glucoseelektroden, aber auch von anderen Elektroden entgegensteht, ist ihre Störanfälligkeit. Die Haltbarkeit der immobilisierten Biokatalysatoren ist schon durch ihren Proteincharakter beschränkt und die Elektrodenanzeige ist in starkem Maße von anderen als der zu bestimmenden Komponente der Probelösung abhängig. Zum Beispiel ist die Glucosebestimmung via pH-Wert-Änderung nur reproduzierbar, wenn die gleiche oder zumindest eine bekannte H^+-Ionenkonzentration und Puffereigenschaft der Probelösung vorgegeben ist. Außerdem muß sichergestellt werden, daß der für die Glucoseoxidasereaktion benötigte Sauerstoff in ausreichender Menge zur Verfügung steht.

6.4 Enzymthermistoren

Bei den meisten Enzymreaktionen wird Wärme in der Größenordnung von 5 bis 100 kJ/Mol freigesetzt. Da ein Enzym in der Regel nur eine ganz bestimmte Substanz, sein Substrat, umsetzt, kann das Ausmaß der Wärmeentwicklung zur spezifischen quantitativen Bestimmung der betreffenden Substanz dienen.

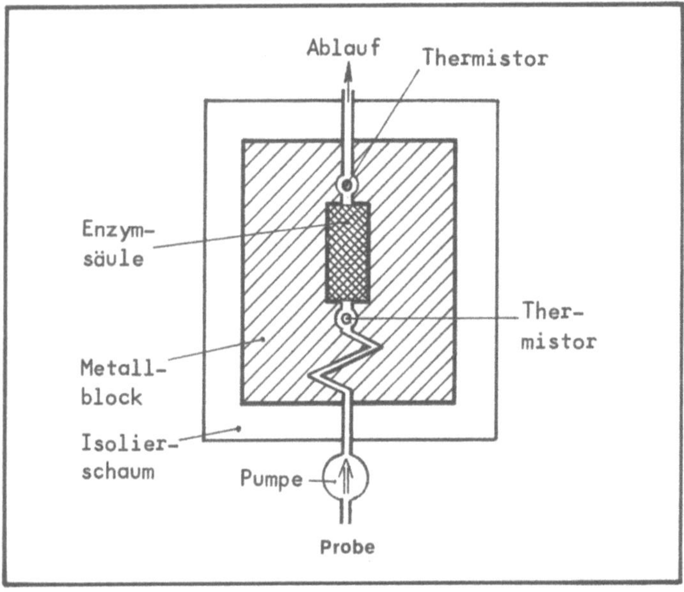

Abb. 79. Einsäulige Enzymthermistor-Meßanordnung

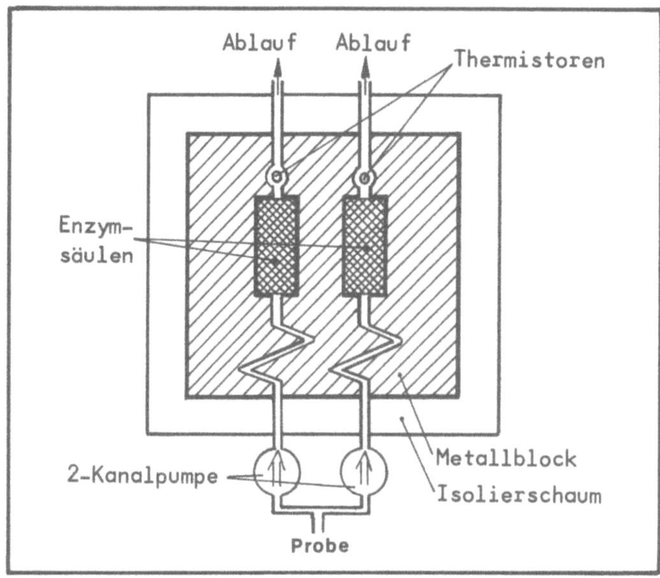

Abb. 80. Enzymthermistor-Meßanordnung mit Referenzsäule

In dem sogenannten Enzymthermistor wird mit einem Widerstands-Meßfühler (= Thermistor) die in einer Säule durch immobilisierte Enzyme hervorgerufene Temperaturänderung bei Hindurchpumpen einer Probelösung erfaßt. Durch Vergleich mit den Temperaturänderungen, die sich beim Durchpumpen von Lösungen definierter Zusammensetzung ergeben, kann eine quantitative Auswertung vorgenommen werden. Abb. 79 zeigt eine typische Enzymthermistor-Meßanordnung. Die Empfindlichkeit ist abhängig vom jeweiligen System. Je stärker die Wärmetönung einer Reaktion, desto empfindlicher wird das System. Oft geht die noch erfaßbare Substratkonzentration bis in den Bereich von einigen μMol/l herunter.

Da die in den Enzymthermistoren auftretenden Temperaturdifferenzen außerordentlich klein sind (m^{o}C-Bereich), müssen Störfaktoren möglichst ausgeschaltet oder zumindest konstant gehalten werden. Störende Schwankungen der Außentemperatur werden durch Einpacken der Anordnung in einen Metallblock und Isolierschaum sowie durch Eintauchen der Apparatur in einen Wasserbad-Ultrathermostaten weitgehend auskompensiert. Weitere Störungen, z.B. durch Reibungswärme u.ä., können durch die in Abb. 80 gezeigte Anordnung als Zweisäulen-Thermistor besser beherrscht werden als bei der einsäuligen Ausführung. Die Referenzsäule enthält dann inaktiviertes Enzym oder nur Trägermaterial.

Grundsätzlich sind Thermistoren auch in Verbindung mit ganzen Zellen denkbar, aber weniger sinnvoll als mit Einzelenzymen, weil zu viele Nebenreaktionen in Ganzzellsystemen die Analyse recht unspezifisch werden lassen.

6.5 Immunomethoden

Antikörper sind spezifische, nicht enzymatisch aktive Proteine, die von Menschen und Tieren gebildet werden, wenn hochmolekulare körperfremde Stoffe, die sogenannten Antigene, in den Körper eindringen. Durch die Antigen-Antikörper-Reaktion werden die Antigene unschädlich gemacht. Dabei wird die hohe Affinität genutzt, die zur Bildung von Komplexen zwischen Antigen und Antikörper führt.

Wegen ihrer auch in vitro hohen Spezifität und Empfindlichkeit wird die Antigen-Antikörper-Reaktion diagnostisch genutzt, um entweder Antikörper oder Antigene zu bestimmen. Durch Kopplung von Enzymen an Antikörper oder Antigene lassen sich einige Immunomethoden weiter verfeinern. Sie eignen sich grundsätzlich für die Bestimmung von Antikörpern und von Substanzen, die als Antigene fungieren können, wie hochmolekulare Proteine und Kohlenhydrate.

Mehrere der sogenannten Immunoassays basieren auf dem Prinzip von ELISA (="Enzyme Linked Sorbent Assay"). Dabei wird der zu analysierenden Probe eine bekannte Menge mit Enzym gebundener Antigene zugesetzt. Das Gemisch wird dann mit immobilisierten Antikörpern zusammengebracht. Die enzymmarkierten Antikörper konkurrieren mit den nativen Antigenen der Probe um die Bindung zum Antigen-Antikörper-Komplex. Entweder die gebundenen oder die nicht gebundenen markierten Antigene werden mit Hilfe ihrer Enzymmarkierung, z.B. durch eine einfache Enzymreaktion, quantitativ bestimmt. Aus diesem Ergebnis läßt sich auf die Menge nativer Antigene schließen.

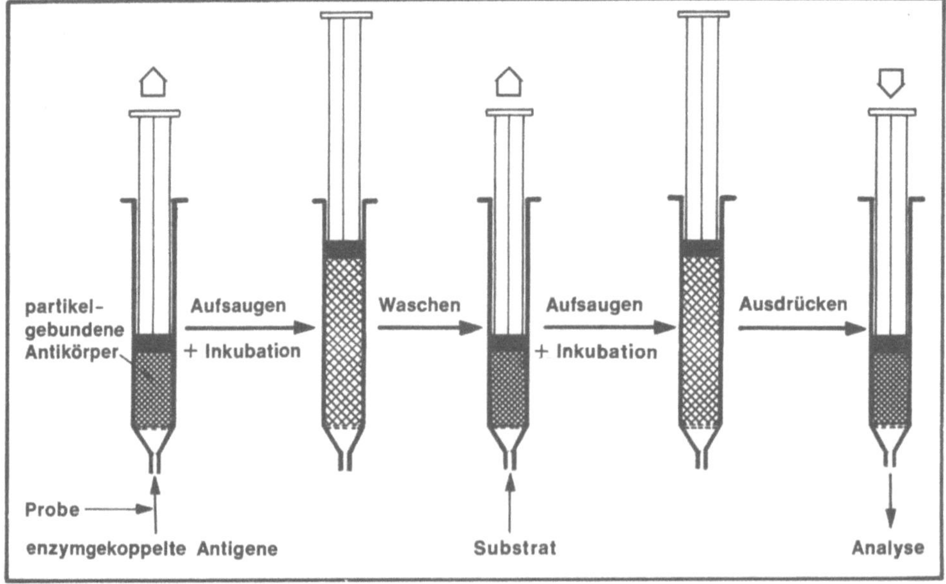

Abb. 81. Immunochemische Analyse mit enzymmarkierten Antikörpern

Eine mögliche Ausführungsform eines immunochemischen Tests nach Art von ELISA wird durch Abb. 81 verdeutlicht. Die Spritze enthält trägergebundene Antikörper. Nach Zugabe einer definierten Menge enzymmarkierter Antigene in die zur Untersuchung gelangende Probe wird die Probe in die Spritze gesogen und einige Zeit darin belassen, damit die Antigene mit den Antikörpern in Kontakt treten und sich daran binden können. Nicht gebundene Probenbestandteile werden anschließend ausgespült. Das folgende Aufsaugen einer Substratlösung und die Inkubation führt zur enzymatischen Umsetzung des Substrates, die durch eine geeignete Indikatorreaktion gemessen wird. Je stärker die Enzymumsetzung, umso weniger des gesuchten Antigens war in der Probe. Der Vergleich mit definierten Eichproben erlaubt die quantitative Bestimmung.

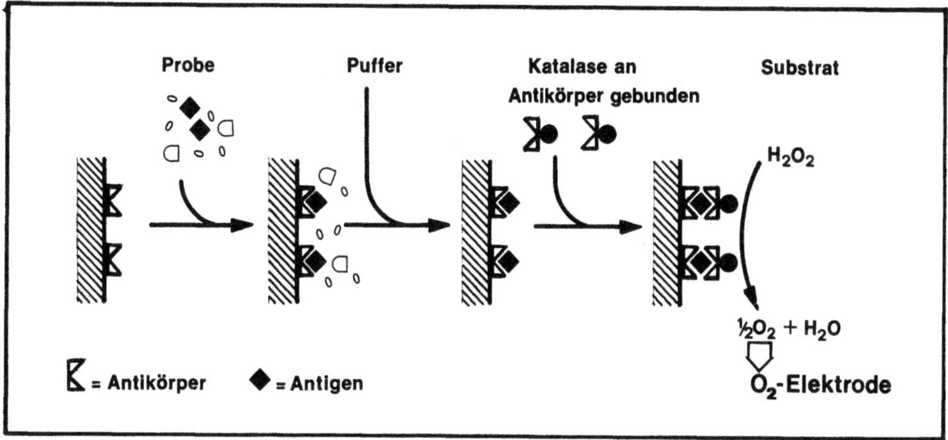

Abb. 82. Beispiel einer Antigenbestimmung unter Verwendung eines Sauerstoffsensors und antikörpergebundener Katalase

Abb. 82 zeigt ein weiteres Beispiel eines immunochemischen Analysensystems, in dem ein gebundenes Enzym zum Einsatz kommt. Die zu analysierende Probe wird mit immobilisierten Antikörpern zusammengebracht. Es kommt zur Anbindung der in der Probe enthaltenen Antigene an die trägergebundenen Antikörper. Die anschließende Waschung entfernt alle anderen Komponenten der Probe. Bei Zugabe einer überschüssigen Menge von antikörpergebundener Katalase bindet sich diese an alle schon gebundenen Antigene. Katalase wird in umso größerer Menge gebunden, je mehr Antigene in der Probe enthalten waren. Nach erneuter Waschung leitet man nunmehr Wasserstoffperoxid über die Partikel. Proportional zur Katalasemenge und damit proportional zur Antigenmenge der Probe wird Sauerstoff freigesetzt, der elektrochemisch bestimmt werden kann.

Für das in Abb. 82 dargestellte und ähnliche Systeme sind diverse

Ausführungformen vorgeschlagen worden. Die Analyse kann z.B. in einem Durchflußsystem erfolgen, das eine Säule mit partikelgebundenen Antikörpern und eine nachgeschaltete Sauerstoffelektrode umfaßt. Durch automatisierte Probenzugabe und Zupumpen der weiteren erforderlichen Lösungen an die richtigen Stellen des Systems kann eine Durchflußanalyse nach Art von Autoanalysatoren aufgebaut werden. Eine weitere elegante Lösung ist die direkte Immobilisierung der Antikörper auf eine Sauerstoffelektrode, die dann durch Eintauchen oder Vorbeipumpen nacheinander mit Probelösung, Waschlösung, Katalase-Antikörper-Lösung, Waschlösung und Peroxidlösung in Kontakt gebracht wird. Solche mit immunologisch aktiven Stoffen verbundene Elektroden, die zusammen mit Enzymen zur Analyse eingesetzt werden, bezeichnet man als Enzym-Immunosensoren.

7. Anwendung in der Medizin

Immobilisierte Enzyme finden in der medizinischen Analytik und Diagnostik bereits Anwendung. Die Grundzüge dieser Analysenmethoden wurden unter Hauptkapitel 6 bereits abgehandelt. Weiterhin dienen die in den Kapiteln 5.2 und 5.3 beschriebenen Verfahren zur Herstellung von L-Aminosäuren der Medizin, weil einige der so gewonnenen Aminosäuren in der Therapie eingesetzt werden. Außerordentlich wichtig für die Medizin sind schließlich auch die in Kapitel 5.5 erörterten Verfahren zur Derivatisierung von Penicillinen.

Im vorliegenden Hauptkapitel werden die zwar noch nicht etablierten aber doch ins Auge gefaßten und in der Forschung verfolgten Möglichkeiten, die immobilisierte Enzyme in der Therapie bieten, kurz angerissen.

7.1 Intrakorporale Enzymtherapie

In Fällen eines Enzymmangels des Körpers, bei vorhandenem Fehlmetabolismus oder zur Behandlung bestimmter Krebsformen verspricht die Anwendung von Enzymen einen Therapieerfolg. Dabei ist der Einsatz immobilisierter Enzymformen vorteilhaft, weil sie den tierischen und menschlichen Körper weniger zur Produktion von Antikörpern anregen als lösliche Enzyme. Weiterhin ist die Anfälligkeit der Enzyme gegen Abbau durch körpereigene Proteasen nach einer Immobilisierung meist deutlich herabgesetzt.

Die Mikroverkapselung - hier treffender "Nanoverkapselung" zu nennen - gehört zu den bevorzugten Immobilisierungsmethoden für Enzyme, die intrakorporal durch Injektion appliziert werden sollen. Es gelingt nämlich, derart kleine Kapseln (Nanokapseln) herzustellen, daß damit auch feinste Kapillaren des Blutkreislaufsystems passiert werden können. Das enzymumschließende Kapselmaterial läßt nur niedermolekulare Blutkomponenten passieren. Es verhindert also den direkten Kontakt der Enzymproteine mit eiweißabbauenden Enzymen, Antikörpern und antikörperbildenden Blutkomponenten. Es schafft jedoch u.U. auch Probleme bei der Beseitigung des Kapselmaterials.

L-Asparaginase

Zumindest Teilerfolge wurden bis hin zur Anwendung an Mäusen und Ratten mit L-Asparaginase in Nylon- und Polyharnstoffkapseln erzielt. Dieses Enzym desaminiert L-Asparagin nach folgender Reaktionsgleichung zu L-Asparaginsäure:

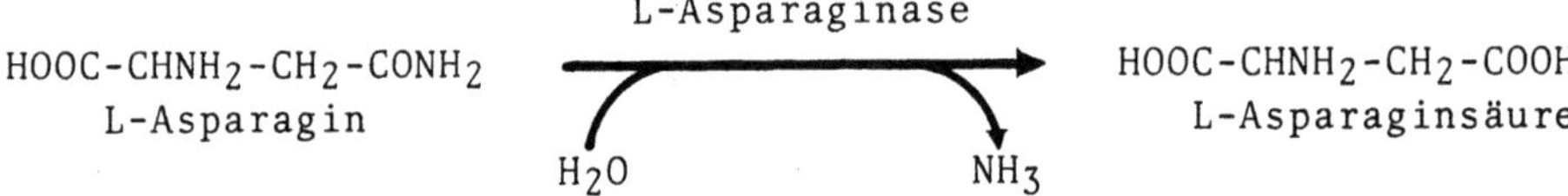

Da L-Asparagin von Lymphosarkomen als essentieller Nährstoff benötigt wird, kann seine enzymatische Beseitigung zur Behandlung dieser Leukämieform herangezogen werden. Die Tierversuche bestätigten die erwartete längere Haltbarkeit der eingekapselten L-Asparaginase. Sie blieb mehr als 7 Tage aktiv, während das lösliche Enzym nur etwa drei Tage lang wirksam war.

Katalase

Auch mit Katalase wurden bereits Anwendungsversuche an Mäusen unternommen. Normalerweise ist diese Enzym im Blut von Säugetieren hinreichend vorhanden, so daß Wasserstoffperoxide und andere Peroxide problemlos abgebaut werden können. Im Falle einer Mangelerkrankung, die man als Akatalasämie bezeichnet, fehlt die Katalase.

Die vergleichende Untersuchung mit Injektionen löslicher und verkapselter Katalase ergab, daß die verkapselte Enzymform auch bei wiederholter Anwendung von den Mäusen vertragen wurde. Die lösliche Katalase führte demgegenüber bei wiederholter Injektion zum Tod der Tiere. Die Wirksamkeit wurde durch Injektionen von Natriumperborat getestet. Dabei zeigte sich, daß lösliche Katalase eine geringfügig bessere Anfangswirkung hat. Der Perboratabbau erreichte aber in Mäusen mit Akatalasämie sowohl mit löslicher als auch mit eingekapselter Katalase annähernd die Größenordnung der Perboratspaltung gesunder Mäuse.

Perspektiven

Die laufenden Forschungen zielen auf eine bessere Aufklärung der Abbau- und Entfernungsmöglichkeiten für die Kapselhüllen und die Enzyme. Große Hoffnungen setzt man auf Enzyme, die in flüssige Membranen nach der Liposomentechnik eingekapselt sind. Es scheint möglich, den Kapselhüllen durch Auswahl geeigneter Phospholipide eine gewisse Spezifität für die Anhäufung in bestimmten Geweben oder Organen zu verleihen. Dadurch könnten Enzyme in Liposomen gezielter in der Therapie z.B. von Lymphosarkomen eingesetzt werden. In die gleiche Richtung des gezielten therapeutischen Einsatzes gehen Versuche mit an monoklonale Antikörper gebundenen Enzymen.

7.2 Extrakorporale Enzymtherapie

Neben der direkten Anwendung immobilisierter Enzyme im lebenden Körper werden auch Versuche zum Einsatz in einem Beipaß (engl.: "shunt") außerhalb des Körpers unternommen. Beipaß-Systeme sind in mancher Hinsicht leichter und mit größerer Sicherheit anzuwenden. Sie können ein- und ausgeschaltet werden, während einmal injizierte Präparate nicht mehr ohne weiteres entfernt oder unwirksam gemacht werden können. Abb. 83 zeigt das Prinzip einer Enzymtherapie mit immobilisierten Präparaten im Beipaß.

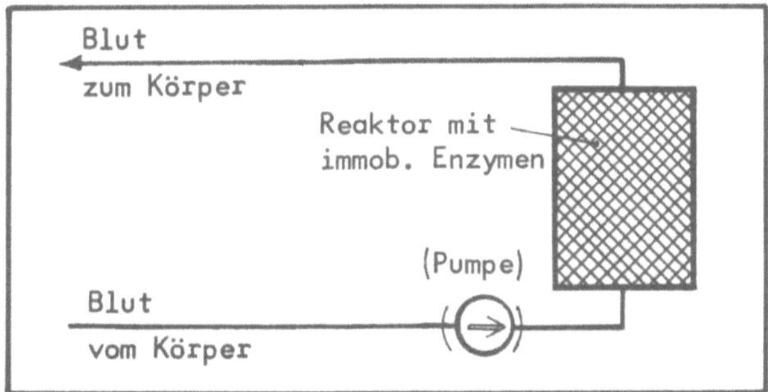

Abb. 83. Extrakorporale Enzymtherapie

Immobilisierte L-Asparaginase ist ebenso wie bei der extrakorporalen Therapie (s. Kap. 7.1, S. 117) auch in Beipaß-Systemen ein zumindest mit Teilerfolgen im Tierversuch getestetes Enzym. Dabei wurden an Polymethacrylatplatten gebundene und mikroverkapselte Enzyme eingesetzt. Auch an die Innenwandung von Nylonröhren fixierte L-Asparaginase wurde schon versuchsweise verwendet.

Neben der Abhilfe bei Enzymmangelerkrankungen und der schon angesprochenen Therapie von Lymphosarkomen hat man bei der Entwicklung von Beipaß-Systemen die Notfallbehandlung bei akuten Vergiftungsfällen im Auge. Eine Zielvorstellung dabei ist, daß für jeden denkbaren Vergiftungsfall ein passender Beipaß-Reaktor zur Entgiftung verfügbar ist.

7.3 Künstliche Organe

Unter den Organen, die man unter Verwendung immobilisierter Enzyme
künstlich nachzuahmen versucht, spielt die Niere die größte Rolle.
Die bei Nierenkranken angewandte konventionelle Dialyse zur Blut-
entgiftung hat den Nachteil, große Mengen von 100 bis 300 1 Dialyse-
flüssigkeit pro Behandlung zu verschlingen. Eine beträchtliche
Volumenverringerung könnte durch einen geeigneten Enzymreaktor
erreicht werden. Dabei wird die mit Harnstoff beladene Dialyse-
flüssigkeit, wie Abb. 84 zeigt, beim Hindurchpumpen durch den Enzymreaktor für die Wiederverwendung aufbereitet. Bei entsprechend kom-
pakter Bauweise ist auf dieser Grundlage eine tragbare künstliche
Niere denkbar.

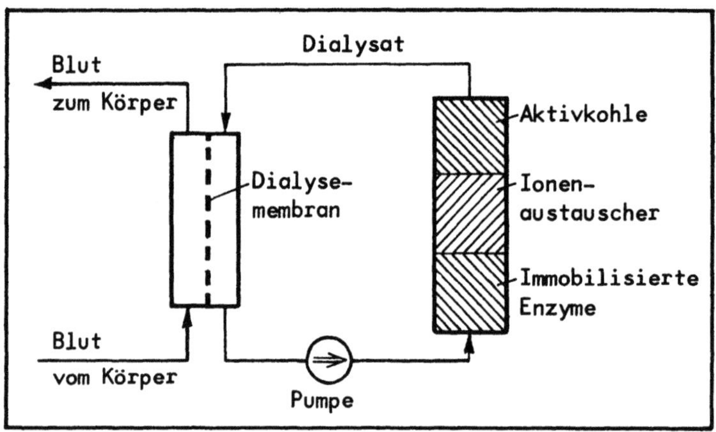

Abb. 84. Aufbauschema einer künstlichen Niere.

Die wesentliche, von einem Aufbau gemäß Abb. 84 übernehmbare Nieren-
funktion ist die durch immobilisierte Urease katalysierte Harnstoffspaltung, die nach folgender Reaktionsgleichung abläuft:

$$H_2N\text{-}CO\text{-}NH_2 \quad + \quad H_2O \quad \xrightarrow{\text{Urease}} \quad CO_2 \quad + \quad 2\ NH_3$$

Das bei der Enzymreaktion freigesetzte Ammoniak wird durch einen
geeigneten Ionenaustauscher adsorbiert. Ebenso können diverse andere
Verunreinigungen durch Adsorption an Aktivkohle entfernt werden.
Kohlendioxid, das ebenfalls durch die Enzymreaktion entsteht, kann
mit dem Blut in den Körper zurückgeführt werden. Es wird über das
Carboanhydrase-System zu H_2CO_3 hydratisiert sowie unter Bildung von

Carbaminohämoglobin durch das Blut zur Lunge befördert und dort als gasförmiges CO_2 an die Atemluft abgegeben.

Die Entwicklung einer künstlichen Niere steckt derzeit noch in ihren Anfängen. Das in Abb. 84 dargestellte System kann zwar die Funktion der Harnstoffspaltung übernehmen, nicht aber, wie es die natürliche Niere kann, die Wasserentfernung oder die Herstellung des Elektrolytgleichgewichtes.

8. Anwendung in der Grundlagenforschung

Zur Aufklärung einiger Fragestellungen der Grundlagenforschung eignen sich immobilisierte Enzyme besser als native bzw. lösliche
Enzyme. Bei den meisten der im folgenden besprochenen Beispiele ist
es die Trägerbindung der Enzyme, die es ermöglicht, diese Enzyme
problemlos nacheinander verschiedenen umgebenden Medien auszusetzen.
Bei löslichen Enzymen ist es demgegenüber außerordentlich aufwendig,
z.B. ein Reaktionsprodukt vom Enzymprotein abzutrennen. Ein weiterer
Aspekt, der eine Verwendung gebundener oder in definierte Räume
eingeschlossener Enzyme nahelegt, ist die Tatsache, daß auch in der
natürlichen Zelle vielfach membrangebundene und kompartimentierte
Enzyme vorliegen. Diese natürlichen Verhältnisse können mit immobilisierten Enzymen imitiert und dann leichter untersucht werden als
in der lebenden Zelle.

8.1 Strukturstudien

Die Ermittlung der dreidimensionalen Struktur ist selbst bei einfach
gebauten Enzymen sehr aufwendig. Die Trägerbindung eines Enzyms kann
dabei zumindest hilfreiche Beiträge liefern. Sie ermöglicht, wie in
Abb. 85 dargestellt, die schrittweise Abtrennung und Untersuchung
von abgespaltenen Kettenteilen.

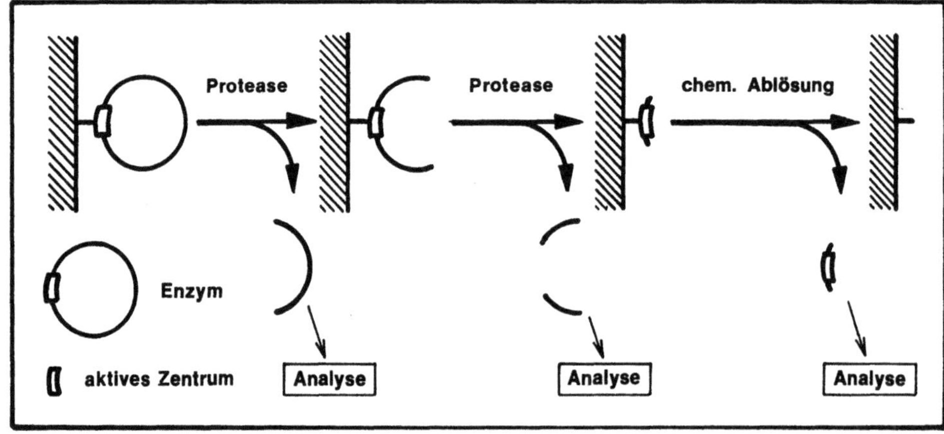

Abb. 85. Sequentieller proteolytischer Abbau und Untersuchung eines
trägergebundenen Enzyms

Die in Abb. 85 gezeigte reversible Trägerbindung des Enzyms über eine funktionelle Gruppe seines aktiven Zentrums schafft die Möglichkeit, das Enzymprotein zunächst in den weiter vom aktiven Zentrum entfernten Regionen abzubauen. Durch einfache Waschung hat man die Möglichkeit, den proteolytischen Abbau beliebig zu fraktionieren und die Bruchstücke im Waschpuffer zu untersuchen. Schließlich kann durch chemische Lösung der reversiblen Trägerbindung auch das aktive Zentrum mit seiner je nach Abbaugrad mehr oder weniger nahen Umgebung isoliert und analysiert werden.

8.2 Eigenschaften von Enzym-Untereinheiten

Einige interessante Aussagen sind durch die Immobilisierungstechnik über die Wirkung einzelner Untereinheiten sowie die Wechselwirkungen zwischen den Untereinheiten komplexer Enzyme möglich geworden. Abb. 86 zeigt, wie man eine einzelne Untereinheit eines dimeren Enzyms an einen Träger binden kann. Zunächst wird das Dimer an einen geeigneten, z.B. bromaktivierten Träger gebunden. Die reaktiven Bindungsgruppen des Trägers müssen dabei unbedingt weit auseinanderliegen. Es soll nämlich jeweils nur eine einzige Bindung zwischen jeweils einem Enzymmolekül und dem Träger entstehen; andernfalls würde die unerwünschte Anbindung beider Untereinheiten erfolgen. Die anschließende Denaturierung führt zur Trennung der beiden Monomere und zur Möglichkeit der einfachen Entfernung des nicht gebundenen Monomers durch Auswaschung. Die gebundene Untereinheit läßt man durch geeignete Bedingungen renaturieren.

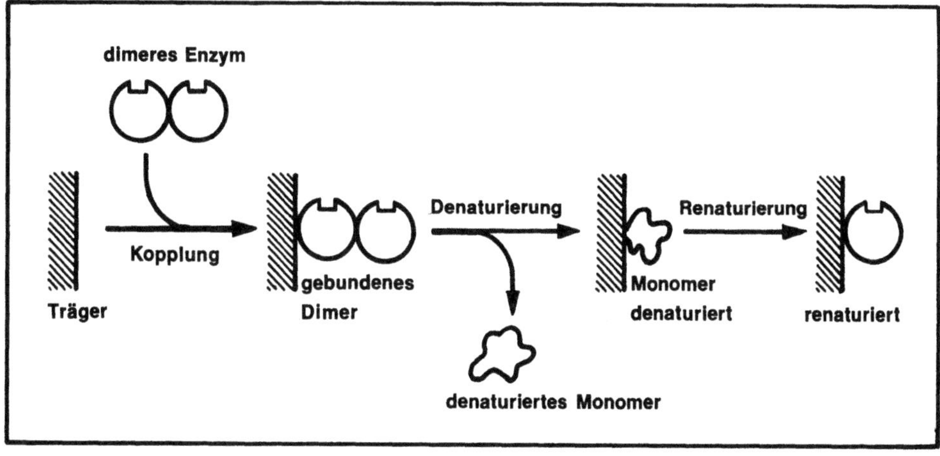

Abb. 86. Trägerbindung einer Untereinheit eines dimeren Enzyms

An trägergebundenen Enzym-Untereinheiten (Monomeren), wie sie aus
dem in Abb. 86 dargestellten Vorgehen resultieren, können deren
Eigenschaften besser untersucht werden als an nichtgebundenen Untereinheiten. Bei Monomeren besteht nämlich die Tendenz, sich bei
Kontakt immer wieder zum kompletten dimeren Enzym zusammenzu-
schließen. Untersuchungen mit den löslichen Monomeren sind deshalb
normalerweise nicht durchführbar.

Es ist weiterhin möglich, das gebundene Monomer wieder zu einem
normalen, aber trägergebundenen Dimer zu ergänzen. Eine solche Reas-
soziation zum gebundenen normalen Dimer ist weniger bedeutsam; sie
kann durch direkte Anbindung des Dimers an den Träger in einfacherer
Weise erreicht werden (vgl. Abb. 86). Von besonderem Interesse ist
hingegen die in Abb. 87 gezeigte Hybridisierung, bei der die Ergänzung mit einem am katalytischen Zentrum blockierten Monomer erfolgt, so
daß ein trägergebundenes Dimer mit einem normalen und einem inaktivierten katalytischen Zentrum entsteht. Die Bindung am katalytischen
Zentrum muß so fest sein, daß auch bei den nachfolgenden Prozeduren keine
Reaktivierung erfolgt.

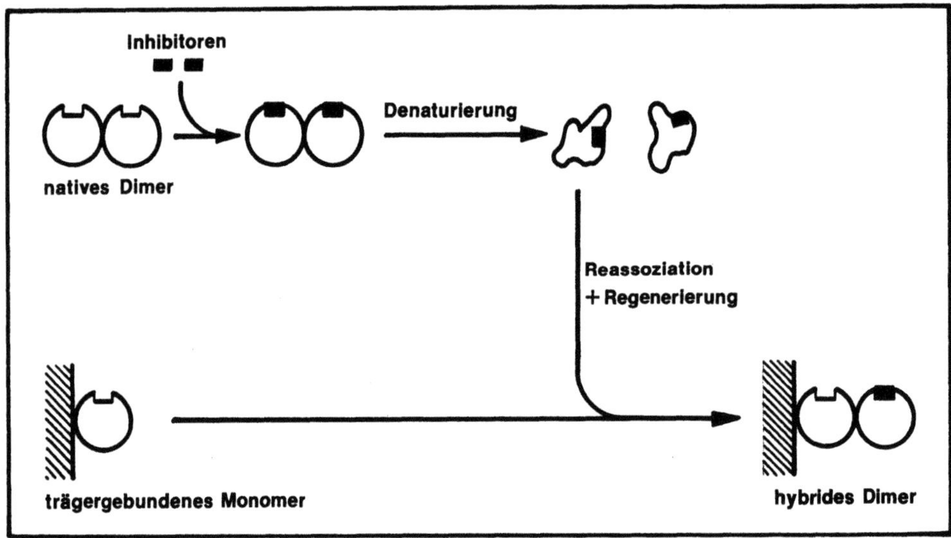

Abb. 87. Herstellung eines trägergebundenen hybriden Enzyms

Beim Aktivitätsvergleich des gebundenen Monomers sowie der normalen
und der hybriden Dimerform sind insbesondere die beiden in Tabelle 22 angegebenen Möglichkeiten gegeben. Möglichkeit A besagt, daß
das Enzym auch als Monomer aktiv ist. Möglichkeit B, die das gebundene Monomer inaktiv, nach Ergänzung zum Dimer aber wieder aktiv
zeigt, beweist, daß eine Wechselwirkung zwischen den Untereinheiten
zur Aktivierung führt.

Tabelle 22. Typische Aktivitätswerte von trägergebundenen Monomeren sowie normalen und hybriden Dimeren

Trägergebundene Enzymform		Prozentuale Aktivitätswerte	
Bezeichnung	Symboldarstellung	Möglichkeit A	Möglichkeit B
Monomer		50 %	0 %
normales Dimer		100 %	100 %
hybrides Dimer		50 %	50 %

Ausgehend von einem gebundenen hybriden Enzym kann durch Lösung der Trägerbindung ein lösliches hybrides Enzym hergestellt werden. Der Vergleich der kinetischen Daten von löslichem und gebundenem Dimer ist wichtig, um Einflüsse der Trägerbindung auf die Enzymkinetik beurteilen zu können.

Für oligomere Enzyme mit mehr als zwei Untereinheiten bestehen ebenfalls Möglichkeiten des Einsatzes der Trägerbindungsmethode zur Ermittlung von kinetischen Daten, Effektoreinflüssen oder Wechselwirkungen zwischen Untereinheiten. Wegen der einfacher zu überschauenden Verhältnisse wurden hier nur einige Möglichkeiten mit dimeren Enzymen aufgezeigt.

8.3 Denaturierung und Regenerierung

Oft eigenen sich Enzyme eher in nativer als in trägergebundener Form für Studien der Denaturierung und Regenerierung, weil viele der modernen Methoden der Strukturaufklärung, wie z.B. Fluoreszenzmessungen oder Kernresonanzuntersuchungen, durch zusätzlich vorhandene Trägermaterialien beeinträchtigt werden. Dennoch gibt es Fälle, in denen immobilisierte Enzyme für Untersuchungen der Denaturierung und Regenerierung eingesetzt werden. Meist ist dabei der Vorteil der trägergebundenen Enzymform wichtig, inaktivierende und regenerierende Agenzien leicht und schnell dem gebundenen Enzym zuführen und auch wieder entziehen zu können.

Zu einem besseren Verständnis der Regenerierung haben Versuche wie der in Abb. 88 dargestellte geführt. Am Untersuchungsobjekt kovalent gebundenen Trypsins konnte gezeigt werden, daß die normalerweise als irreversibel angesehene thermische Inaktivierung unter bestimmten Bedingungen durchaus rückgängig gemacht werden kann.

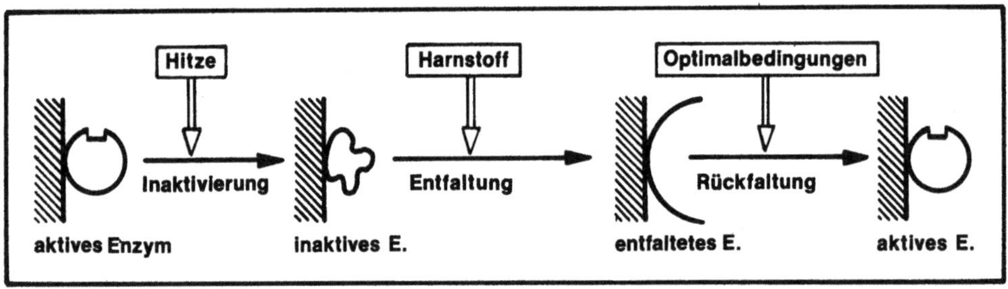

Abb. 88. Regenerierung eines thermisch inaktivierten Enzyms

Die Regenerierung von bei etwa 80 °C inaktiviertem Trypsin durch Einstellen optimaler Bedingungen nach der Hitzeinaktivierung gelingt bekanntermaßen nicht. Demgegenüber werden Regenerierungen beschrieben, bei denen, wie in Abb. 88 gezeigt, eine völlige Entfaltung der Proteinkette durch Einwirkung von Harnstoff zwischen Hitzeinaktivierung und Regenerierung eingeschaltet wurde. Weiterhin ist es notwendig, die SH-Gruppen durch Zugabe von EDTA und Cystein oder anderer SH-Gruppen-Stabilisatoren zu schützen. Offenbar bewirkt die Hitzeinaktivierung eine Fehlfaltung der Trypsinkette, die eine direkte Rückkehr in den aktiven Normalzustand unmöglich macht. Erst die völlige Entfaltung der Proteinkette, also die noch stärkere Entfernung von der nativen Enzymstruktur, ermöglicht eine Rückfaltung zum aktiven Enzym.

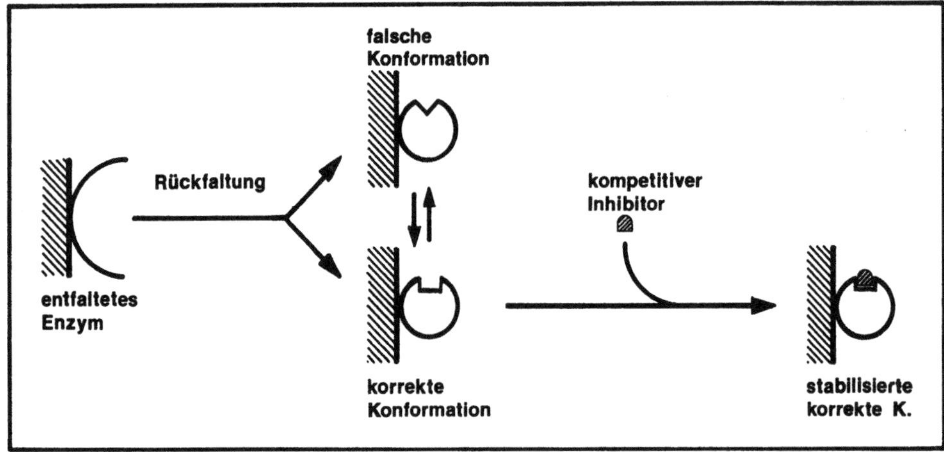

Abb. 89. Regenerierung unter Zugabe eines kompetitiven Inhibitors

Als ein Faktor, der die Regenerierung begünstigt, hat sich in einigen Fällen die Zugabe kompetitiver Inhibitoren erwiesen. Eine mögliche Deutung dieses Phänomens gibt Abb. 89. Bei der Rückfaltung sind mehrere, richtige wie falsche, Konformationen möglich, die eventuell auch miteinander im Gleichgewicht stehen. Ist ein kompetitiver Inhibitor vorhanden, so verbindet sich dieser nur mit einem korrekt geformten aktiven Zentrum. Die korrekte Konformation wird dem Gleichgewicht entzogen, und es wird mehr richtig gefaltetes Enzymprotein gebildet. Es ist auch leicht vorstellbar, daß der kompetitive Inhibitor mit seiner Substratähnlichkeit quasi als Gußform für die Gestaltung des aktiven Zentrums dient.

Leider ist es bisher nur in wenigen Ausnahmefällen möglich gewesen, die in Abb. 88 und 89 dargestellten Regenerierungen mit hoher Ausbeute zu erreichen. Es müssen noch viele Detailerkenntnisse gesammelt werden, bevor allgemeingültige und evtl. auch praxisrelevante Schlüsse gezogen werden können. Immobilisierte Enzyme werden bei der weiteren Aufklärung sicherlich verstärkt mit einbezogen werden.

Besondere Bedeutung kann die immobilisierte Enzymform bei der Aufklärung von De- und Renaturierungsvorgängen bei oligomeren Enzymen erlangen. Wie in Kap. 8.2 gezeigt, erlaubt die Trägerbindung die ansonsten schwer zugängliche Darstellung und Untersuchung einzelner Untereinheiten solcher Enzyme mit Quartärstruktur.

8.4 Simulation natürlicher Systeme

Obwohl große Vorsicht bei der Extrapolation von immobilisierten Modellsystemen auf in-vivo-Verhältnisse geboten ist, so erlauben Versuche mit immobilisierten Enzymen doch zumindest in vielen Fällen eine größere Annäherung an Zustände in der lebenden Zelle als es in-vitro-Versuche mit löslichen Enzymen zulassen. Viele Enzyme liegen bekanntlich innerhalb der Zelle in membrangebundener Form oder in membranabgegrenzten Räumen, also in natürlich immobilisierter Form, vor.

Ein interessantes Beispiel der Imitation natürlicher Gegebenheiten ist in Abb. 90 gezeigt. Bei einigen Enzymen konnte gezeigt werden, daß ein über mehrere Bindungsstellen an Nylon fixiertes Enzym auf wiederholte Dehnung und Entspannung des Nylonträgers mit abnehmender und wiederkehrender Aktivität reagiert. Bei Trypsin wird z.B. von fast 100 %iger Inaktivierung bei Dehnung des Trägers um nur wenige Prozent berichtet. Die in Abb. 90 gezeigte Erklärung, daß die Streckung des Nylons eine Deformation des aktiven Zentrums hervorruft, scheint plausibel. Zumindest eine modellhafte Annäherung an z.B. im Muskel angenommene Enzymregulationen durch mechanische Einflüsse scheint mit derart immobilisierten Systemen möglich.

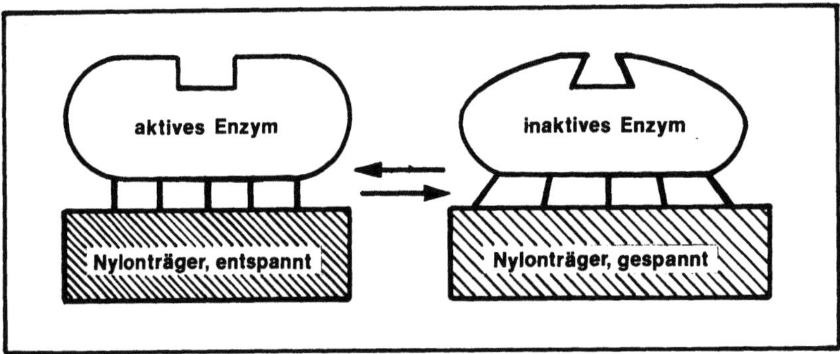

Abb. 90. Auf dehnbares Nylon gebundenes Enzym

Ansatzpunkte zum sinnvollen Einsatz immobilisierter Enzyme bieten sich auch bei der Untersuchung von Multienzymsystemen. Die Fettsäuresynthese, die Atmungskette oder die Glycolyse sind Beispiele natürlicher Multienzymsysteme. Ihre zumindest partielle in-vitro-Simulation mit gebundenen oder eingeschlossenen Enzymen verspricht, weitere wertvolle Beiträge zur Aufklärung der vielfältigen Wechselbeziehungen in solchen Systemen beizutragen.

9. Spezielle Entwicklungen und Tendenzen

Die schon fast als klassisch zu bezeichnenden Gebiete der Immobilisierung von einzelnen Enzymen einerseits und ganzen Mikroorganismen andererseits sind in jüngster Zeit in vielfältiger Weise ausgedehnt und auf pflanzliche und tierische Zellen sowie auf Zellorganellen angewandt worden. Über einige dieser speziellen Entwicklungen und Tendenzen wird im folgenden berichtet, auch wenn ihre wissenschaftliche und wirtschaftlich-technische Bedeutung noch nicht klar abzusehen ist.

9.1 Immobilisierte Pflanzenzellen

Bei den bisher industriell genutzten immobilisierten Mikroorganismen kommt es regelmäßig nur auf den Erhalt eines einzigen Enzyms (Glucoseisomerase, Penicillinacylase, Aspartase) an. Die Lebenderhaltung der Mikroorganismen ist in diesen Fällen sogar unerwünscht. Anders verhält es sich bei der Immobilisierung von Pflanzenzellen. Ziel der meisten mit pflanzlichen Zellen unternommenen Versuche ist die Synthese sekundärer Produkte. Dazu sind komplizierte Stoffwechselketten erforderlich, die nach bisherigen Kenntnissen nur unter gleichzeitiger Erhaltung der Lebensfähigkeit der betreffenden Zellen funktionsfähig bleiben.

Die Bereitstellung der zur Immobilisierung vorgesehenen Pflanzenzellen erfolgt meist durch Zellkulturen. Abb. 91 veranschaulicht das Anlegen einer Pflanzenzellkultur. Aus für die gewünschte Stoffproduktion geeigneten Gewebeteilen werden einzelne Zellen entnommen, oberflächensterilisiert und auf einen festen Nährboden explantiert. Nach einigen Wochen haben sich die wenigen Zellen zu einem Kallus vermehrt, dessen Zellen zur Immobilisierung verwendet oder submers als Suspensionskultur weitervermehrt werden.

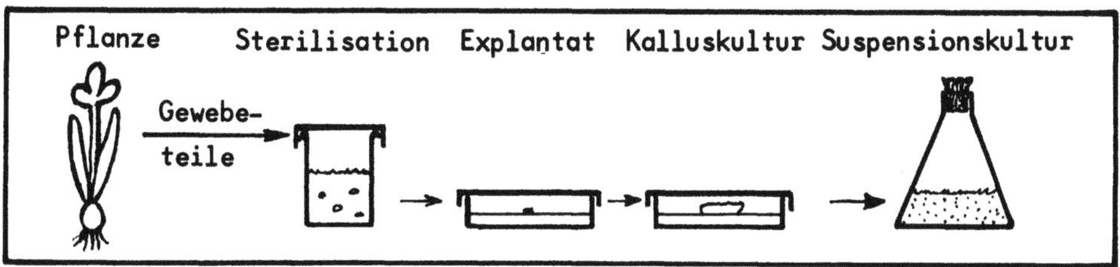

Abb. 91. Anlegen einer Pflanzenzellkultur

Die bisher zur Immobilisierung von Pflanzenzellen angewandten Methoden basieren fast ausschließlich auf der Einhüllung der Zellen in polymere Matrices. Dabei werden überwiegend natürliche Polymere, wie Alginat, Carrageenan, Pectinat, Agar, Agarose oder Gelatine als Hüllstoffe benutzt. Kunststoffe sind wegen der zu ihrer Herstellung notwendigen, oft giftigen Monomere und der unphysiologischen Härtungsbedingungen meist ungeeignet. Auch die Nachhärtung von Biopolymeren, z.B. mit Glutardialdehyd, führt zur Abtötung der Zellen und scheidet deshalb für die meisten avisierten Anwendungsgebiete (s. Tabelle 23) von immobilisierten Pflanzenzellen aus.

Ansätze zu einer ersten industriellen Nutzung von Pflanzenzellkulturen zeichnen sich in Japan ab, wo man das antibakteriell und entzündungshemmend wirkende Shikonin im Maßstab von einigen kg pro Ansatz mit Zellen von Lithospermum erythrorhizon herstellt. Es bleibt abzuwarten, ob dieser grundsätzliche Durchbruch weitere Verfahren und auch die Verwendung immobilisierter Pflanzenzellen nach sich ziehen wird.

Tabelle 23. Mögliche Einsatzgebiete für immobilisierte Pflanzenzellen

Zellart	Reaktionstyp	Ausgangsstoff(e)	Zielsubstanz
Catharanthus roseus	Neusynthese	Saccharose	Ajmalicin
Catharanthus roseus	Neusynthese	Saccharose	Serpentin
Catharanthus roseus	Synthese aus Vorstufen	Tryptamin + Secologanin	Ajmalicin
Daucus carota	Biokonversion	Gitoxigenin	Periplogenin
Digitalis lanata	Biokonversion	Digitoxin	Digoxin
Morinda citrifolia	Neusynthese	Saccharose	Anthrachinon

Für einige Anwendungsbereiche und auch zur Erforschung intrazellulärer Stoffwechselabläufe wird die zusätzliche Behandlung der immobilisierten Zellen mit plasmolysierenden Substanzen (Nystatin, Ether, Lysolecithin) erwogen. Dadurch werden die Zellmembranen ganz oder partiell permeabel. Manche Stoffwechselprodukte, die normalerweise intrazellulär angehäuft werden, können die permeabilisierten Membranen passieren und werden nach der plasmolysierenden Behandlung ins Medium abgegeben. In umgekehrter Richtung können der permeabilisierten Zelle auch diverse Stoffe leichter zugeführt werden als bei intakten Plasmamembranen.

Bei der Permeabilisierung wird der Zellstoffwechsel leider meist so stark in Mitleidenschaft gezogen, daß die Zellen absterben und für die in der Regel erwünschte Stoffproduktion ausfallen. Ein Fernziel bei der Permeabilisierung ist es, sie reversibel zu machen. Damit wäre dann ein "intermittierendes Melken", d.h. ein Abwechseln von Produktions- und Erntephasen, möglich.

9.2 Immobilisierte Säugetierzellen

Mit den Rollerflaschen und der Mikrocarrierkultur wurden bei der
künstlichen Kultivierung von tierischen Zellen Techniken eingeführt,
bei denen es zu einer Bindung (Immobilisierung) der Zellen an Fest-
stoffe (Träger, Carrier) kommt.

Die wesentlichen, bei der Anhaftung der Zellen an die
Trägerstoffe ablaufenden Vorgänge zeigt die vereinfachende Darstellung in Abb. 92. Zunächst lagern sich aus dem Kulturmedium
Glycoproteine an der Oberfläche des Carriers an. Sobald eine Zelle
mit der glycoproteinbedeckten Oberfläche in Berührung kommt, scheidet sie zur Berührungsstelle hin multivalentes Heparinsulfat aus,
das die stärkere "Verklebung" der Zelle mit dem Trägerstoff bewirkt.
Die Zelle wird bei diesem Ankleben gespreitet; sie schmiegt sich
gewissermaßen an den Trägerstoff an und ist in diesem gebundenen
Zustand zur Vermehrung fähig.

Außerhalb des natürlichen Zellverbandes ist der Kontakt zu einem
geeigneten Feststoff und die Spreitung Voraussetzung für die Vermehrung von normalen Säugetierzellen. Man nennt dieses Phänomen
Kontaktabhängigkeit (engl.: "anchorage dependence").

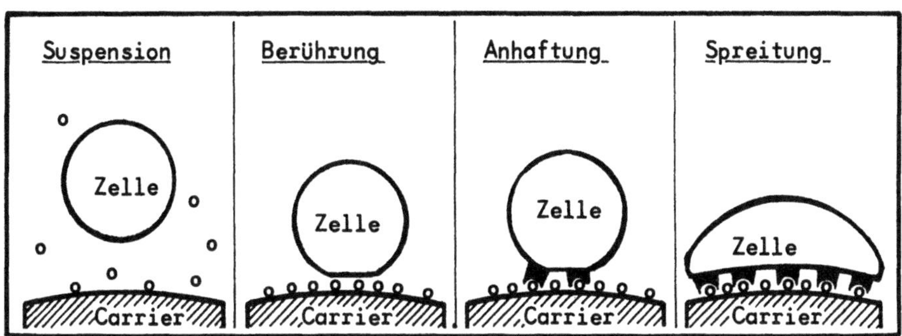

Abb. 92. Vorgänge beim Anhaften tierischer Zellen an Mikrocarrier
    o = Glycoprotein;   ▮ = multivalentes Heparinsulfat

Die an die Mikrocarrier anhaftenden Zellen bewachsen die Trägeroberfläche bis zur geschlossenen Einzell-Schicht (engl.: "monolayer"). Die
Anwendung von Mikrocarriern in einfacher Suspension oder im Packbett
führt zu Zelldichten bis zu einigen Millionen pro ml. Verglichen mit
der klassischen Rollerflaschenmethode, bei der das Wachstum auf der
Innenwand von sich drehenden Flaschen erfolgt, ist die Zelldichte
der Mikrocarrierkultur etwa um den Faktor 50 höher.

An die Oberflächenbeschaffenheit der Mikrocarrier ergeben sich
vor allem die Forderungen nach optimaler Anhaftung der Zellen,
biologischer Inertheit und Transparenz für die mikroskopische Be-

obachtung. Größe und Dichte des Trägermaterials müssen so gehalten werden, daß eine gute Suspendierung ohne viel Rühraufwand möglich ist. Nur dann können in der Suspensionskultur hohe Wachstumsraten und Zellausbeuten erreicht werden.

Als Mikrocarriermaterialien sind diverse Kunststoffe und Dextranderivate gebräuchlich. Oft werden die Trägergrundstoffe noch mit einer Polylysin- oder Collagenschicht überzogen. Glas ist bei Anwendung im Packbett ein gut geeignetes Trägermaterial, bei Einsatz in der Suspensionskultur ist es jedoch wegen seiner hohen Dichte und der damit notwendigen hohen, den Zellbewuchs störenden Rührintensität weniger geeignet.

Tabelle 24. Beispiele für die Anwendung immobilisierter tierischer Zellen

Anwendungsgebiet	Zellen
Poliomyelitisvirus	menschliche Zellen von Kindern
Herpesvirus	Affenzellen
Maul- und Klauenseuchevirus	Zellen syrischer Hamster
Sindbisvirus	Zellen chinesischer Hamster; Hühnerfibroblasten
Interferon	menschliche Fibroblasten; Hautzellen

Die Mikrocarrier-Kulturtechnik dient neben der Herstellung großer Zellmengen auch dem Studium des Zellstoffwechsels, z.B. bei Tumorzellen. Über hundert verschiedene Zelltypen konnten bisher erfolgreich auf Mikrocarriern kultiviert werden.

Der Maßstab, in denen die technische Anwendung tierischer Zellkulturen erfolgt, liegt in der Größenordnung zwischen 100 und 1.000 l Arbeitsvolumen. Die Kultivierungsdauer bis zur verwendungsfähigen Kultur beträgt meist 3 bis 8 Tage.

Die hauptsächliche industrielle Bedeutung liegt, wie die Beispiele von Tabelle 24 zeigen, in der Massenherstellung von Viren für Impfzwecke. Zu diesem Zweck wird zunächst eine Massenkultivierung der tierischen Zellen vorgenommen. Die Kultur wird dann mit den Viren infiziert, die sich in den tierischen Zellen vermehren. Die Viren werden aus der Kultur isoliert und meist in abgetöteter Form als Impfstoff genutzt. Neuerdings ist als wichtiges Gebiet mit guten Zukunftsaussichten die Herstellung von Interferonen hinzugekommen.

9.3 Immobilisierte Organellen

Organellen sind definierte, von Membranen umhüllte oder aus Membran-
systemen bestehende Zell-Untereinheiten, in denen ganz bestimmte
Enzymsysteme lokalisiert sind. In den Mitochondrien der eukaryo-
tischen Zellen finden sich z.B. die Atmungsenzyme, in den Peroxisomen (Mikrosomen) Oxidationsenzyme und in den Chloroplasten der
grünen Pflanzen die Enzyme der Photosynthese. Tabelle 25 gibt einige
Literaturbeispiele für immobilisierte Organellen und die zu ihrer
Immobilisierung verwendeten Matrices.

Tabelle 25. Beispiele matrixeingehüllter Organellen

Organellentyp	Herkunft	Matrix	Literatur
Chloroplasten	Senf	Polyacrylamidgel	Karube et al. (1979)
Chromatophoren	Bakterien	vernetztes Albumin	Garde et al. (1981)
Mitochondrien	Hefezellen	photovernetzte Harze	Tanaka et al. (1980)
Mikrosomen	Rattenleber	Agar	Aizawa et al. (1980)
Peroxisomen	Hefezellen	diverse Polymere	Tanaka et al. (1978)
Thylakoide	Kopfsalat	Carrageenan	Cocquempot et al. (1981)

Theoretisch könnten die Organellen nach Isolierung und Immobilisierung hervorragende Biokatalysatoren zur Durchführung von Mehrschrittreaktionen sein. Gegenüber den ganzen Zellen besteht der
Vorteil, daß eine Reihe unerwünschter Nebenreaktionen ausgeschaltet
ist, weil die Enzymausstattung der Organellen regelmäßig auf ganz
bestimmte Reaktionsketten beschränkt ist. Die Enzyme dieser Reaktionsketten wiederum sind in den Organellen in hoher Konzentration
vorhanden, so daß die spezifische Aktivität hoch ist.
Leider sind die Organellen außerordentlich empfindlich, so daß
ihre Isolierung, aber auch ihre anschließende Immobilisierung zu
Aktivitätseinbußen führt. Die relativ besten Ergebnisse werden, wie
schon bei den Pflanzenzellen, mit Einhüllmethoden erzielt. Die Stabilität der immobilisierten Organellen ist regelmäßig höher als die
isolierter ungebundener Organellen. Bei den komplizierteren Organellen, wie Chloroplasten oder Mitochondrien, ist die Stabilität und
Produktivität in der immobilisierten Form aber wesentlich schlechter,
als wenn man sie in der lebenden Zelle beläßt.
Mit immobilisierten Chloroplasten und Thylakoiden konnten einige
interessante photochemische in-vitro-Systeme zur Energiegewinnung
und zur Herstellung von Reduktionsäquivalenten aufgebaut werden.
Dennoch ist mit einer industriellen Anwendung dieser und anderer
immobilisierter Organellen in naher Zukunft sicher nicht zu rechnen.

9.4 Coimmobilisierung von Enzymen und Zellen

Grundgedanke der Coimmobilisierung von Enzymen mit ganzen Zellen ist
die Komplettierung der biokatalytischen Eigenschaften einer Zelle
mit zusätzlichen Enzymen, die in der Zelle nicht oder in zu geringer
Menge verfügbar sind.

Ankopplung von Enzymen an tote Zellen

Erste Coimmobilisate, die etwa Mitte der 70er Jahre in der Patentliteratur beschrieben wurden, bestanden aus toten Zellen und Enzymen. Da diese toten Zellen in der Regel nur ein wichtiges Enzym
enthalten mußten, kann auch von der Coimmobilisierung von zwei
Enzymen gesprochen werden, von denen eines aus wirtschaftlichen
Gründen innerhalb der Zellhülle belassen wurde.
Abb. 93 zeigt ein Verfahrensbeispiel zur Enzymankopplung an tote
Bakterienzellen. Die Zellen werden zunächst mit einem bi- oder mehrfunktionellen Reagenz (Toluoldiisocyanat, Epichlorhydrin, Glutardialdehyd o.ä.) behandelt. Diese Prozedur führt zum Abtöten und zur
Aktivierung der Zellen. Bei Zugabe von Enzymen binden sich diese an
freie reaktive Gruppen der bi- oder mehrfunktionellen Reagenzien,
die mit ihrem anderen reaktiven Ende an Zellwandbestandteile gebunden sind. Es entstehen tote Zellen mit einem oder mehreren noch
aktiven intrazellulären und zusätzlichen extrazellulär angekoppelten
Enzymen.

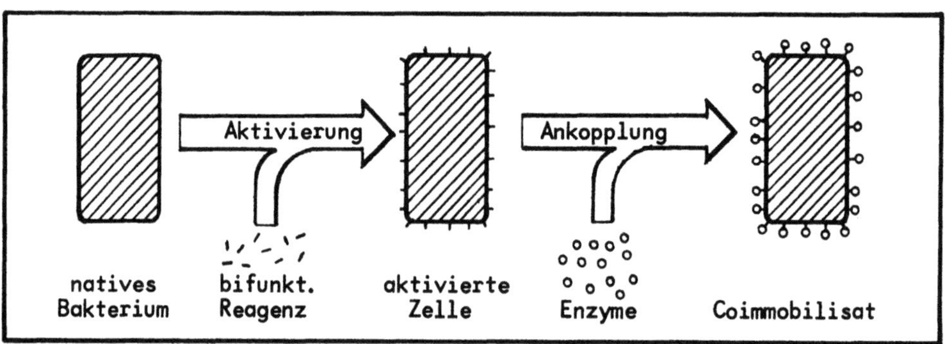

Abb. 93. Enzymankopplung an tote Bakterienzellen

Die in Abb. 93 dargestellte Methode wurde von Y. Takasaki vor allem
mit Glucoseisomerase enthaltenden Bakterienzellen konzipiert, an die
Glucoamylase angekoppelt wurde. Die entstandenen Biokatalysatoren
können Dextrine in einem einstufigen Prozeß zu Glucose-Fructose-

mischungen umsetzen. In der Praxis hat dieses Verfahren keine Bedeutung erlangt, weil Glucose, das normale Ausgangssubstrat für die
Herstellung von Glucose-Fructosemischungen, problemlos und billig
mit löslicher Glucoamylase hergestellt werden kann. Ein weiterer
gravierender Nachteil des coimmobilisierten Systems ist die mangel-
hafte Kompatibilität der Glucoseisomerase und der Glucoamylase. Die
zur optimalen Wirkungsentfaltung beider Enzyme erforderlichen Tempe-
ratur- und pH-Bedingungen sind nämlich sehr unterschiedlich.

Co-Einhüllung

Eine wegen ihrer schonenden Bedingungen ziemlich universell ein-
setzbare Methode zur Coimmobilisierung von Enzymen mit lebenden
Zellen besteht in der Einhüllung dieser Biokatalysatoren in eine
gemeinsame Matrix. Man kann diese Methode auch als Co-Einhüllung
bezeichnen. Da die üblichen Hüllstoffe für die Zurückhaltung löslicher
Enzyme zu weitmaschig sind, müssen zur Enzymzurückhaltung besondere
Maßnahmen ergriffen werden.

Das in Abb. 94 gezeigte Verfahrensbeispiel sieht die vorherige
Immobilisierung der zur Co-Einhüllung vorgesehenen Enzyme vor. Diese
Immobilisierung erfolgt meist durch kovalente Bindung an Trägerstoffe oder durch einfache Quervernetzung der Enzyme. Die immobilisierten Enzympartikel werden zusammen mit den Zellen in bekannter
Weise (vgl. Kap. 2.5) in Calciumalginat oder andere natürliche oder
synthetische Matrices eingehüllt.

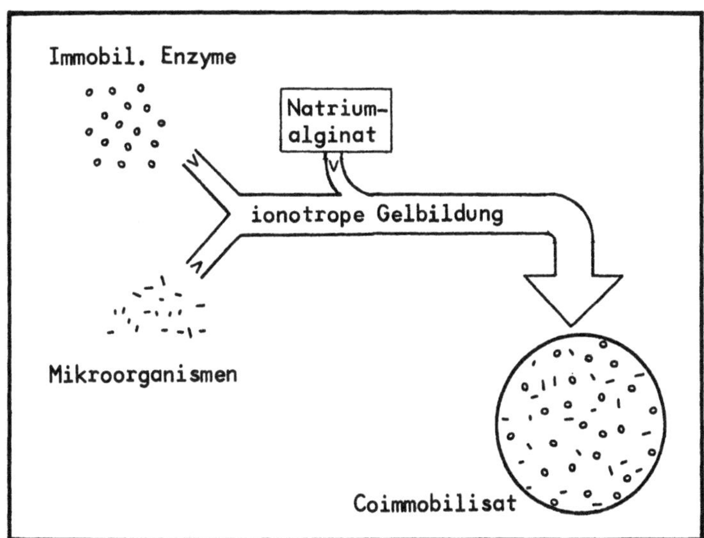

Abb. 94. Co-Einhüllung von Enzymen und lebenden Zellen

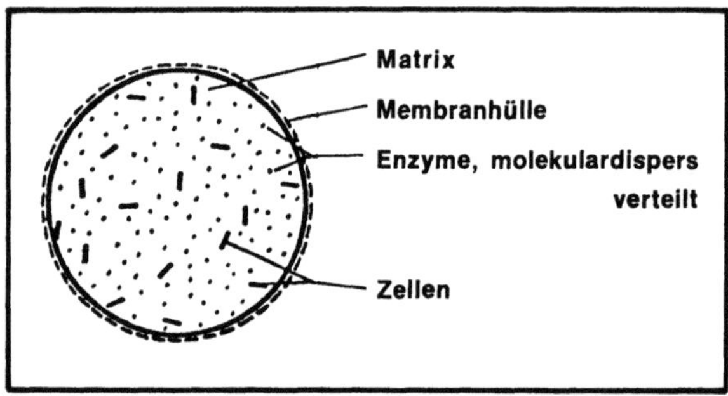

Abb. 95. Membranumhüllte Alginatkugeln mit ganzen Zellen und molekulardispers verteilten Enzymen

Bei einer interessanten Variante des in Abb. 94 gezeigten Verfahrens zur Coimmobilisierung werden zunächst die Enzyme kovalent, z.B. nach der Carbodiimidmethode an die noch löslichen Matrixmoleküle gebunden. Die enzymgekoppelte Matrix wird dann zur Einhüllung der lebenden Zellen in üblicher Weise, z.B. unter ionotroper Gelbildung, eingesetzt.

Eine weitere Modifikation der Co-Einhüllung ist in Abb. 95 dargestellt. Die polymere Matrix ist dabei mit einer zusätzlichen Membran umhüllt, die es ermöglicht, auch molekulardispers verteilte Enzyme zurückzuhalten. Eine derartige Membranbildung kann z.B. so vorgenommen werden, daß man Alginat mit anionischem Charakter in dispergiertes kationisches Acrylat-/Methacrylatpolymer einbringt. Das Alginat überzieht sich dann mit einem Film, der die Forderungen, die an eine Membranhülle gestellt werden, erfüllt.

Direktankopplung von Enzymen an lebende Zellen

Nachteil der matrixeingehüllten Biokatalysatoren ist die durch die Matrix aufgebaute Diffusionsbarriere. Besonders bei niedrigem Verhältnis von aktueller Substratkonzentration zum K_m-Wert wird die Reaktionsgeschwindigkeit diffusionsbedingt stark beeinträchtigt (vgl. Kap. 3.6).
Bei der in Abb. 96 gezeigten Coimmobilisierungsmethode treten demgegenüber keine größeren Diffusionsbarrieren auf. Die Enzyme werden als dünne Schicht direkt auf die Zellwände gebunden. Zumindest bei robusteren Hefen können die Zellen lebensfähig erhalten werden, indem sie zuerst vorsichtig angetrocknet, dann in die wäßrige Enzymlösung eingebracht und schließlich gebunden werden. Die angetrockneten Zellen saugen sich nach Eintauchen in die Enzymlösung wieder mit Flüssigkeit voll, wobei die Enzymmoleküle an die Zellwände herangesogen werden. Dort werden sie durch die Tanninzugabe gefällt und durch Glutardialdehyd vernetzt sowie mit Wandkomponenten verbunden.

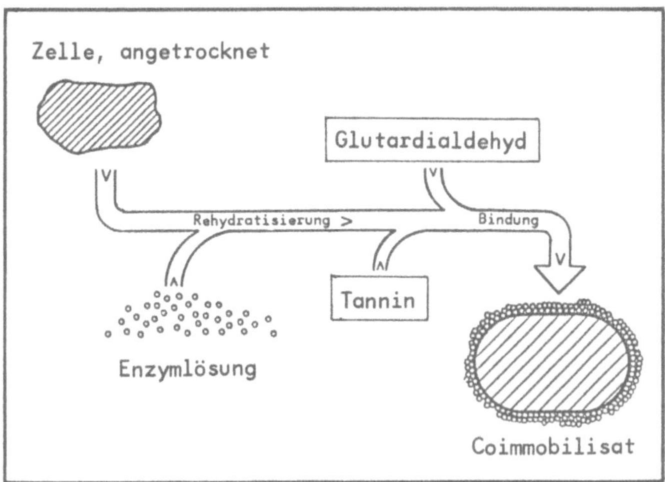

Abb. 96. Direktankopplung von Enzymen an lebende Zellen

Die in Abb. 96 gezeigten Coimmobilisate haben neben dem Vorteil der geringen Diffusionshindernisse den Nachteil, bei sich vermehrenden Zellen starken Veränderungen zu unterliegen. Im Falle enzymumhüllter Hefezellen entstehen dann nämlich durch Sprossung neue Zellen ohne Enzymhülle. Dies kann nur durch weitere Maßnahmen, wie das Arbeiten mit ruhenden Zellen oder die Anwendung in eng gepackten Bettreaktoren, verhindert werden.

Aussichten

Bei den bisherigen Untersuchungen coimmobilisierter Enzym-Zellsysteme wurden meist gärfähige Hefen eingesetzt, deren Substratspektrum durch die Coimmobilisierung mit Fremdenzymen erweitert wurde. So gelang es, Hefen der Art Saccharomyces cerevisiae gegenüber Cellobiose, Dextrinen und Lactose gärfähig zu machen. Industrielle Bedeutung haben diese Coimmobilisate aus Enzymen und ganzen Zellen bisher schon deshalb nicht erlangt, weil die untersuchten Systeme nur zu sehr billigen Endprodukten führen, die auch mit nativen Biokatalysatoren problemlos herstellbar sind. Bedeutung außerhalb der wissenschaftlichen Erkenntnisbereicherung können coimmobilisierte Systeme sicherlich nur vereinzelt erlangen, wenn z.B. eine kompliziertere Stoffproduktion (Alkaloid, Antibiotikum o.ä.) einer lebenden Zelle durch eine zusätzliche Enzymreaktion ermöglicht oder verbessert werden kann.

9.5 Andere coimmobilisierte Systeme

Hauptrichtungen der Immobilisierung waren bisher die Ankopplung
einzelner Enzyme an inaktive Trägerstoffe und die Immobilisierung
toter oder lebender Zellen. Zu diesen Hauptlinien der Forschung sind
in den letzten Jahren zahlreiche Verzweigungen und Kombinationen
getreten, von denen die Coimmobilisierung von Enzymen und ganzen
Zellen als ein Beispiel im vorangehenden Kap. 9.4 abgehandelt wurde.

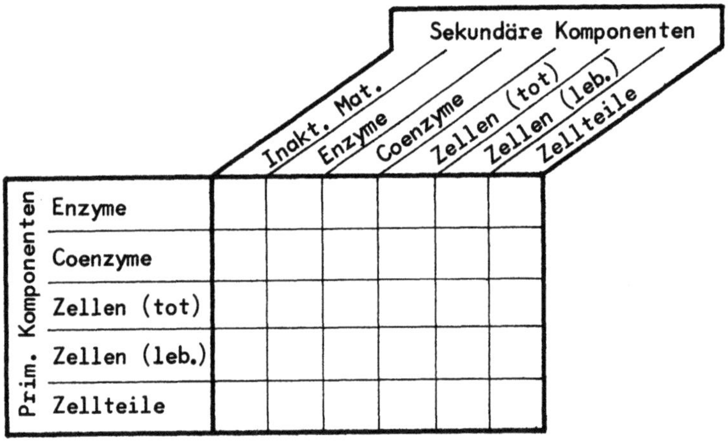

	Inakt. Mat.	Enzyme	Coenzyme	Zellen (tot)	Zellen (leb.)	Zellteile
Enzyme						
Coenzyme						
Zellen (tot)						
Zellen (leb.)						
Zellteile						

Sekundäre Komponenten (Spalten) — Prim. Komponenten (Zeilen)

Abb. 97. Mögliche Hauptkomponenten immobilisierter Biokatalysatoren

Wie in Abb. 97 vereinfacht dargestellt ist, existiert ein ganzes
Netzwerk von denkbaren Kombinationen verschiedenartiger Komponenten
bei Immobilisierungen. Alle in der Matrix von Abb. 97 möglichen
Kombinationen von primären und sekundären Komponenten sind bereits
in der Literatur beschrieben. Zwei interessante Beispiele werden im
folgenden erläutert.

Coimmobilisierung verschiedenartiger Zellen

Unter den Mischkulturen, die auf Trägerstoffen angesiedelt und auf
diese Weise immobilisiert werden, sind einige bekanntlich seit lan-
gem industriell bedeutend. Die Essigfabrikation mit auf Holzspänen
haftenden Acetobacter-Arten und die Abwasserklärung über organismen-
bewachsene Tropfkörper sind die in Kap. 5.1 schon behandelten Pa-
radebeispiele. Auch auf Feststoffen, wie z.B. Anthrazitkohle, ange-
siedelte Methanbakterien verschiedener Arten versprechen eine ver-

breitete wirtschaftlich-technische Nutzung zur verbesserten Biogasgewinnung aus bestimmten trubstoffarmen Abwässern.

Neben den schon praxisrelevanten immobilisierten Mischkultur-
systemen werden auch diverse Möglichkeiten der Coimmobilisierung
erforscht, die sicher in naher Zukunft noch nicht zur industriellen
Nutzung führen werden. Die Co-Einhüllung von einzelligen Algen und
Clostridien zur Wasserstoffproduktion aus Wasser ist ein derartiges
Beispiel, dessen Reaktionsschema in Abb. 98 wiedergegeben ist.

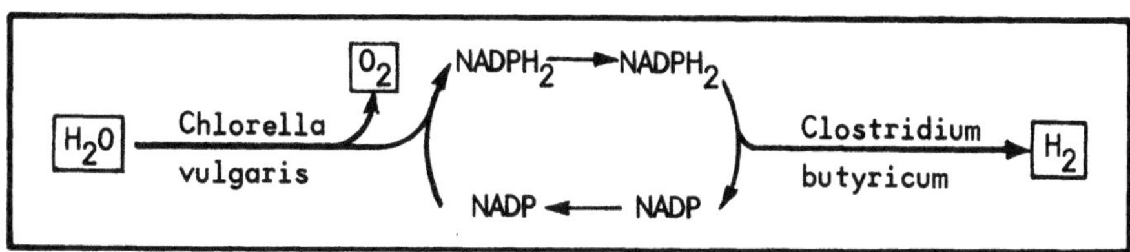

Abb. 98. Reaktionsschema der Wasserstoffproduktion mit einem
Chlorella-Clostridien-Coimmobilisat

Die in Abb. 98 genannten einzelligen Grünalgen bewirken eine Photo-
lyse des Wassers. Sie liefern Reduktionsäquivalente bevorzugt in
Form von reduziertem NADP. Von dem Hydrogenasesystem der Clostridien
wird das NAHPH₂ übernommen und der Wasserstoff daraus freigesetzt,
d.h. als molekularer Wasserstoff abgegeben. Das dabei reoxidierte
NADP wird an die Algen zurückübertragen. Das System liefert in
immobilisierter Form deutlich höhere Wasserstoffmengen als bei Verwendung der entsprechenden freien Zellen. Das normalerweise gegen
Sauerstoff sehr empfindliche Hydrogenasesystem der Clostridien wird
durch die Immobilisierung stabilisiert. Dennoch ist eine technische
Nutzung wegen des hohen Immobilisierungsaufwandes und der geringen
Produktivität nicht zu erwarten.

Coimmobilisierung von Organellen und Zellen

Die gemeinsame Immobilisierung von Organellen und ganzen Zellen wird
ebenfalls mit der Zielsetzung der Wasserstoffproduktion versucht.
Hierzu werden Chloroplasten (z.B. aus Spinat) zusammen mit Zellen
von Clostridium (z.B. Clostridium butyricum) in Agar oder andere
Matrices eingebettet. Der schematische Ablauf der Wasserstoffproduktion ist ähnlich wie in Abb. 98 für das Chlorella-Clostridiensystem
dargestellt. Anstelle von Chlorella treten die Chloroplasten und
anstelle von NADP fungiert Ferridoxin oder Bensylviologen als Elektronenakzeptor. Hauptnachteil auch dieses Systems ist seine selbst
im immobilisierten Zustand noch unbefriedigende Halbwertszeit, die
bei etwa 10 h liegt.

9.6 Kombination der Immobilisierung mit anderen Techniken

Es ist zu erwarten, daß die Nutzungschancen für immobilisierte
Biokatalysatoren durch Kombination mit anderen Entwicklungen und
Techniken der modernen Biotechnologie erheblich steigen werden.
Weitere Impulse können aus einem besseren grundlagenwissenschaft-
lichen Verständnis der molekularen Zusammenhänge zwischen Struktur
und Funktion der Biokatalysatoren erhofft werden. Sie könnten z.B.
dazu führen, Fragen der Enzymstabilität besser als bisher in den
Griff zu bekommen.

Gentechnologie

In besonderem Maße verspricht die Einbeziehung der in rapider Entwicklung befindlichen Gentechnologie neue Einsatzgebiete für immobilisierte Biokatalysatoren zu erschließen.

Mit gentechnologischen Methoden kann die Fähigkeit zur Bildung
bestimmter Enzyme über die Artgrenzen hinaus auf ganz andere Organismen übertragen werden. Ein bekanntes und industriell praktizier-
tes Beispiel ist die Übertragung der Fähigkeit zur Insulinbildung
von menschlichen Zellen auf Zellen des Bakteriums Escherichia coli.
In analoger Weise kann mit anderen Enzymen verfahren werden, die
sich so von fermentationstechnisch nicht oder nur schwer beherrschbaren
auf einfacher zu handhabende Zellen (z.B. Bakterien oder Hefen)
übertragen lassen. Es werden also künftig Enzyme fermentationstechnisch hergestellt werden können, die bisher nicht in größerem Maßstab zur Verfügung standen. Es liegt nahe, daß unter den Enzymen und
Zellen, die aus gentechnologisch manipulierten Organismen resultieren, auch solche sind, die in immobilisierter Form einer Anwendung zugeführt werden können.

Zweiphasensysteme

Eine weitere interessante Möglichkeit eröffnen Biokatalysatoren in
wäßrigen und organischen Zweiphasensystemen. Die ideale Konstel-
lation in einem solchen System ist, daß Substrat und Biokatalysatoren sich praktisch ausschließlich in einer Phase aufhalten, die
Reaktionsprodukte aber eine höhere Affinität zu der zweiten Phase
haben. Dann können, wie in Abb. 99 schematisch gezeigt, die Produkte
z.B. durch kontinuierliche Extraktion entfernt werden. Da die Produkte oft reaktionshemmend wirken, kann ihre ständige Entfernung zu
einer Reaktionsbeschleunigung beitragen. Auf der anderen Seite kann
ständig neues Substrat zugeführt werden, so daß ein kontinuierlicher
Gesamtprozeß möglich wird.

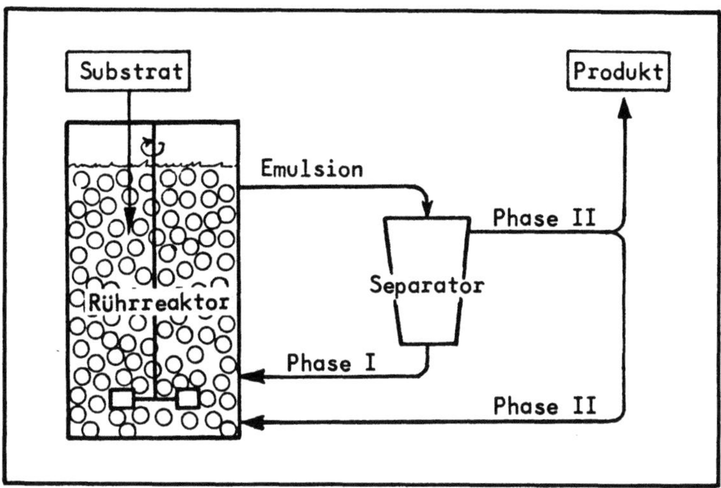

Abb. 99. Verfahrensschema zur Anwendung immobilisierter Biokatalysatoren in einem Zweiphasensystem

Perspektiven

In welchem Umfang und innerhalb welcher Zeiträume sich die zahlreichen Grundlagenerkenntnisse und anwendungsorientierten Entwicklungen in den verschiedenen Teildisziplinen der Biotechnologie zu
industriellen Verfahren umsetzen lassen, ist nur schwer abzuschätzen. Gute Ansätze und erste Erfolge bei der großtechnischen Anwendung immobilisierter Enzyme der zweiten Generation sind, wie gezeigt
wurde, durchaus vorhanden. Die allseits erstrebte, noch intensivere
Zusammenarbeit der in den verschiedenen Fachdisziplinen tätigen
Wissenschaftler und Techniker läßt Fortschritte nicht nur auf dem
Sektor der immobilisierten Biokatalysatoren, sondern auch innerhalb der
gesamten Biotechnologie erwarten. Es läßt sich aber kaum voraussagen, wie die Fortschritte genau aussehen werden.

PRAKTISCHER TEIL

Aufgabe 1

Adsorptive Bindung von Invertase an Aktivkohle

A 1.1 Einführung

Die Aufgabe soll dem Experimentierenden die älteste und einfachste Methode der Enzymbindung an einen festen Trägerstoff nahebringen (vgl. Kap. 2.1, S. 23f). Sie soll zeigen, daß die adsorptive Bindung leicht zu erreichen, aber auch leicht wieder rückgängig zu machen ist.

Invertase (ß-D-Fructofuranosidfructohydrolase, EC 3.2.1.26) katalysiert, wie Abb. 100 zeigt, die hydrolytische Spaltung der Saccharose (Sucrose, Rübenzucker, Rohrzucker) in Glucose und Fructose. Das dabei entstehende Gemisch aus gleichen Teilen Glucose und Fructose dreht die Achse des linear polarisierten Lichtes nach links, also umgekehrt zur Saccharose, die nach rechts dreht. Das Glucose-Fructosegemisch wird deshalb auch Invertzucker (von lat. "invertere" = umdrehen) genannt.

Invertzucker kristallisiert bei geringem Wassergehalt nicht so leicht aus wie der normale Haushaltszucker Saccharose. Daraus resultiert, daß Süßwaren mit invertierter Saccharose länger frisch und geschmeidig bleiben.

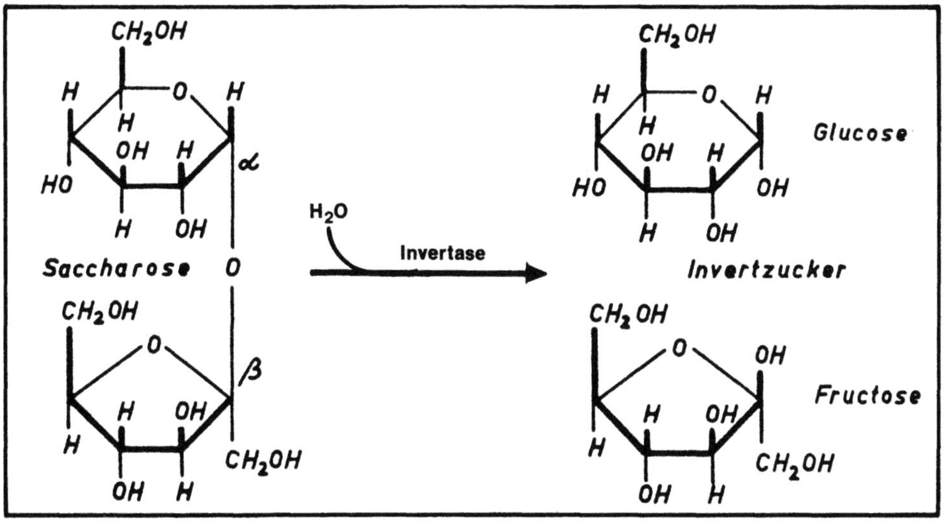

Abb. 100. Enzymatische Saccharosespaltung durch Invertase

Invertase findet in löslicher Form industrielle Anwendung bei der Süßwarenherstellung zur Erzeugung nichtkristallisierender Cremes, zur Gewinnung sich durch Inversion verflüssigender Fondantkerne von Pralinen, sowie zur Verbesserung der Geschmeidigkeit von Marzipan. In der Konfitürenindustrie wird Invertase zur Kunsthonigherstellung verwendet. Weiterhin wird bei der industriellen Flüssigzuckerherstellung zuweilen mit Invertase gearbeitet.

Der europäische Markt für Invertase liegt bei einer Größe von ca. 5 Mio. DM pro Jahr. In den USA hat Invertase kaum Bedeutung. Praxisüblich sind flüssige Invertasepräparate mit einer Aktivität von 2400 Sumner-Einheiten (oder 0,8 Weidenhagen-Einheiten) pro ml.

Großtechnisch wird Invertase ausschließlich aus Hefen, meist der Art Saccharomyces cerevisiae, gewonnen. Da es sich bei Invertase um ein fest an die Hefezellwand gebundenes Enzym handelt, muß zunächst eine Freilegung durch Autolyse oder zellwandabbauende Enzyme erfolgen, bevor die weitere Aufarbeitung zum üblichen flüssigen Handelsprodukt vorgenommen werden kann.

In immobilisierter Form wird Invertase bisher nur versuchsweise eingesetzt. Da es sich bei dem Enzym um ein billiges Produkt handelt, bringt der kontinuierliche und wiederholte Einsatz immobilisierter Invertase keine entscheidenden wirtschaftlichen Vorteile. Es bleibt aber abzuwarten, ob nicht in Zukunft die abwasserintensiven Ionenaustauscherverfahren zur Saccharosespaltung z.T. durch Verfahren mit immobilisierter Invertase ersetzt werden.

A 1.2 Versuchsbeschreibung

Adsorption von Invertase an Aktivkohle

In ein Zentrifugenglas werden genau 0,5 g Aktivkohle eingewogen. Dann werden, entsprechend untenstehender Versuchsaufstellung unterschiedliche Mengen Invertaselösung (Bioinvert L07, Biocon GmbH, D-8208 Kolbermoor), 0,5 ml eines 0,2-molaren Acetatpuffers mit pH 4,5 und 5 ml dest. Wasser zugesetzt. Das Zentrifugenglas wird gut verschlossen und liegend auf einer Schüttelmaschine 20 min bei 25 °C geschüttelt.

Durch 10-minütiges Zentrifugieren wird die Aktivkohle mit den daran adsorbierten Enzymen abgetrennt. Der Rückstand wird mit verdünntem Puffer[1] (0,5 ml des o.g. 0,2-molaren Acetatpuffers plus 5 ml dest. Wasser) aufgerührt (gewaschen) und nochmals zentrifugiert. Diese

---

[1] Anstelle der ersten Waschung mit verdünntem Puffer soll bei einem Versuch (Variante Nr.5) mit 20 %iger NaCl-Lösung, der 0,5 ml Puffer zugesetzt werden, gewaschen werden.

Waschprozedur wird noch einmal wiederholt, also insgesamt zweimal
vorgenommen. Der Überstand ist jeweils zu verwerfen. Der invertase-
haltige Rückstand wird anschließend mit 5,5 ml verdünntem Puffer
(wie oben) versetzt und wie unten beschrieben auf saccharosespalten-
de Aktivität untersucht.

Tabelle 26. Versuchsvarianten bei der Adsorption an Aktivkohle

Variante	Invertasemenge	Waschungen mit
Nr. 1	0,2 ml	2x Puffer
Nr. 2	0,5 ml	2x Puffer
Nr. 3	1,0 ml	2x Puffer
Nr. 4	1,5 ml	2x Puffer
Nr. 5	1,5 ml	1x NaCl + 1x Puffer

Saccharose-Spaltungsansätze

5,0 g Saccharose werden mit 5 ml Acetatpuffer (0,2-molar, pH 4,5)
und dest. Wasser auf 50 ml gelöst und im geschüttelten Erlenmeyerkolben bei 30 $^\circ$C als Substrat verwendet.

Für die Spaltungsansätze werden jeweils 50 ml Substrat und die
gesamte an Aktivkohle adsorbierte Invertase der Varianten 1 bis 5
eingesetzt. Außerdem wird ein Spaltungsansatz mit 0,1 ml löslicher
Ausgangsinvertase (anstelle der adsorbierten Invertase) angesetzt.

Jeweils nach 0, 5, 10, 15, 20, 25 und 30 min wird aus dem Spaltungsansatz eine Probe von ca. 3 ml gezogen, sofort in ein bereits
im siedenden Wasserbad stehendes Reagenzglas pipettiert, so daß die
Invertase inaktiviert wird. Nach 2 min wird die Probe wieder gekühlt
und mit Dinitrosalycylsäure-Reagenz auf reduzierende Zucker untersucht.

Bestimmung der reduzierenden Zucker

Dinitrosalicylsäure-Reagenz wird hergestellt, indem zunächst 5,0 g
3,5-Dinitrosalicylsäure mit 100 ml 2 n NaOH versetzt und unter
Erhitzen gelöst werden. Parallel dazu werden 150 g Kaliumnatrium-
tartrat mit ca. 250 ml dest. Wasser ebenfalls unter Erwärmen gelöst.
Nach dem Abkühlen werden die beiden Lösungen vereinigt und auf genau
500 ml mit dest. Wasser aufgefüllt.

Zur Durchführung der Bestimmung wird 1 ml der gezogenen Probe
(ggf. vorher verdünnt!) mit 2 ml Dinitrosalicylsäure-Reagenz im

Reagenzglas gemischt und genau 5 min lang in ein kochendes Wasserbad
gestellt. Nach Ablauf dieser Zeit wird durch Einstellen in ein
kaltes Wasserbad 3 min lang gekühlt. Die Lösung wird dann 1 auf 10
verdünnt und die Extinktion bei 530 nm und 1 cm Schichtdicke gegen
eine Blindprobe (mit Ausgangs-Saccharoselösung + Puffer + Dinitro-
salicylsäurereagenz etc.) gemessen. Aus einer anzulegenden Eichkurve
wird die dem Extinktionswert entsprechende Menge reduzierender
Zucker (= Summe von Glucose + Fructose) in der eingesetzten 1 ml-
Probe entnommen.

In der Probe sollen nicht mehr als 3 mg reduzierende Zucker pro
ml enthalten sein; andernfalls ist die Bestimmung mit einer stärker
verdünnten Probelösung zu wiederholen.

Die Menge reduzierender Zucker in 100 ml ergibt sich, indem der
aus der Eichkurve entnommene Wert mit 100 und gegebenenfalls mit dem
Verdünnungsfaktor der Probe multipliziert wird. Wurde die Probe z.B.
im Verhältnis von 1 Teil Probe und 2 Teilen Puffer (= 1 auf 3)
verdünnt, so ist der Verdünnungsfaktor 3 einzusetzen.

A 1.3 Ergebnisse und Auswertung

Gemessene Werte

Tabelle 27 gibt typische, bei Praktikumsversuchen erhaltene Werte
wieder, die also Beispielcharakter haben. Die Werte hängen in starkem
Maße von den speziellen Bedingungen der Versuche und den eingesetzten Materialien (Waschintensität, Invertase, Aktivkohle) ab.

Tabelle 27. Werte aus Praktikumsversuchen

	Nummer der Versuchsvariante					
	0	1	2	3	4	5
Invertase-Einsatzmenge, ml	0,1	0,2	0,5	1,0	1,5	1,5
NaCl-Waschung	nein	nein	nein	nein	nein	ja
Reduzierende Zucker, mg/ml						
nach 0 min	1,9	0,7	1,2	1,6	1,8	0,0
nach 5 min	7,8	2,1	5,4	4,0	8,0	0,0
nach 10 min	13,4	2,7	8,0	9,2	15,2	0,2
nach 15 min	20,6	7,5	12,4	15,2	23,1	0,5
nach 20 min	24,6	8,3	16,4	20,0	26,9	0,4
nach 25 min	29,4	10,8	20,3	24,8	29,2	0,7
nach 30 min	33,4	12,0	24,0	28,8	33,0	0,8

Bei den in Tabelle 27 wiedergegebenen Werten fällt auf, daß bei
Versuchsvariante 5 fast keine reduzierenden Zucker im Spaltungsansatz mehr freigesetzt werden. Bei diesem Versuch wurde im
Gegensatz zur sonst gleichen Variante 4 mit 20 %iger NaCl-Lösung
gewaschen. Die NaCl-Waschung hat also zur fast vollständigen Ablösung (Desorption) der adsorbierten Invertase geführt.

Es kann weiter erkannt werden, daß mit steigender zum Adsorp-
tionsansatz zugesetzter Invertasemenge (Versuchsvarianten 1 bis 4)
die adsorbierte Invertasemenge, allerdings unterproportional zur
angebotenen Invertasemenge ansteigt. Ein genaueres Bild dazu gibt
die weitere Auswertung.

Weitere Auswertung

Eine graphische Auswertung, wie sie in Abb. 101 für die Versuchsvarianten 0, 1, 2 und 3 gezeigt ist, hat den Vorteil, Unregelmäßig-
keiten im Anstieg der reduzierenden Zucker besser erkennen zu lassen
als Tabelle 27. Aus den (idealisierten) Geraden können für die
Zunahmerate an reduzierenden Zuckern, die ein Maß für die Enzymaktivität darstellt, Werte entnommen werden. In Tabelle 28 sind die
derart ermittelten Werte als Grundlage für die Aktivitätsbetrachtung
zugrunde gelegt.

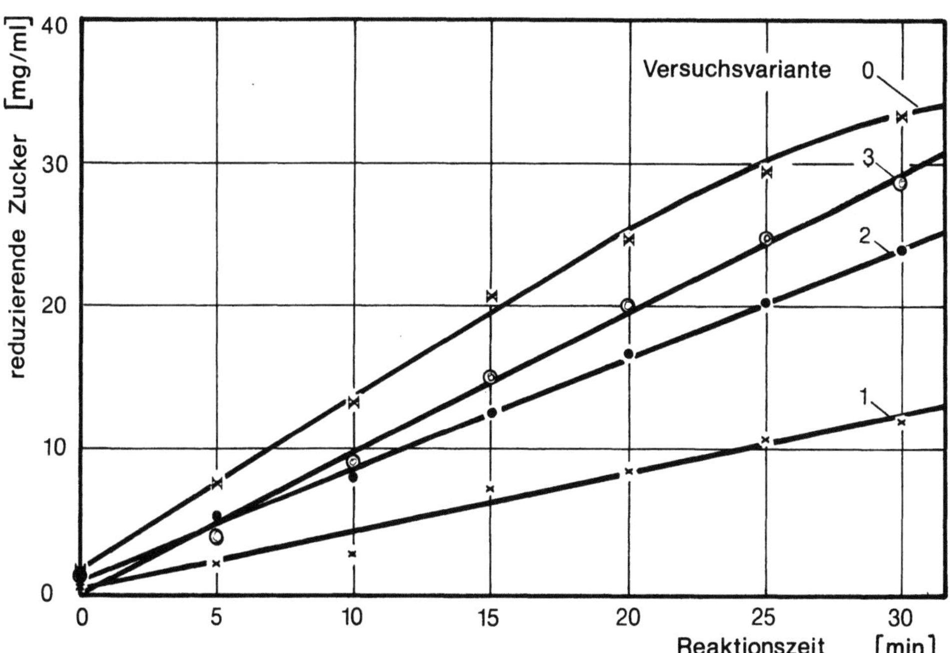

Abb. 101. Zunahme der reduzierenden Zucker über der Zeit

Tabelle 28. Aktivitätsbetrachtung zu Aufgabe 1

Variante Nr.	Zunahme an red. Zuckern mg/ml·min	Eingesetzte Menge Ausgangsinvertase ml	Zunahme red. Zucker pro Ausgangsinvertase mg/ml·min·ml	Relative Aktivität %
0	1,153	0,1	11,530	100,0
1	0,413	0,2	2,065	17,9
2	0,760	0,5	1,520	13,2
3	0,986	1,0	0,986	8,6
4	1,270	1,5	0,847	7,3
5	0,026	1,5	0,017	0,1

Aus der letzten Vertikalspalte von Tabelle 28 wird deutlich, daß die relative Aktivität (bezogen auf die zur Bindung angebotene Aktivität) mit steigender Invertasemenge absinkt. Absolut wird jedoch, wie die vorletzte Spalte von Tabelle 28 verdeutlicht, mit steigendem Invertaseangebot auch mehr Invertase an die Aktivkohle gebunden. Die Adsorption der Invertase strebt, wie allgemein für Adsorptionen bekannt, einer Sättigung zu, oberhalb der keine weitere Invertase mehr adsorbiert wird.

Mit maximal 17,9 % gebundener von der angebotenen Aktivität ist die Bindungseffektivität recht schlecht. Dies dürfte auch auf die aus Gründen der Zeitersparnis extrem kurz bemessene Adsorptionszeit von nur 20 min zurückzuführen sein.

Es wurde im vorliegenden Fall nicht untersucht, aber es kann angenommen werden, daß die Invertase durch die Bindungsprozedur nicht inaktiviert wird. Die Aktivität, die nicht an Aktivkohle gebunden ist, kann, wie aus anderen Versuchen bekannt ist, im Waschwasser wiedergefunden werden.

Aufgabe 2

Ionische Bindung von Katalase an CM-Cellulose

A 2.1 Einführung

Die Aufgabe soll mit der ionischen Bindung eines Enzyms an einen Träger vertraut machen (vgl. Kap. 2.2, S. 25f). Es soll gezeigt werden, daß die Enzymkopplung an handelsübliche Ionenaustauscher leicht und bei Katalase mit hoher Effektivität ausführbar ist. Des weiteren soll aber auch klar werden, daß die Enzym-Trägerbindung durch andere Ionen gestört werden kann.

Über die Immobilisierung eines Enzyms durch ionische Bindung wurde erstmals 1956 durch Mitz berichtet. Er erhielt immobilisierte Katalase, indem er eine Katalaselösung über eine mit DEAE-Cellulose gepackte Ionenaustauschersäule laufenließ. Als anschließend Wasserstoffperoxid durch die Säule durchgedrückt wurde, konnte im Ablauf kein Peroxid mehr nachgewiesen werden.

Die einfache Ausführbarkeit der Enzymbindung an Kationenaustauscher hat dazu geführt, daß L-Aminoacylase als ionisch gebundenes Enzym 1969 als erstes immobilisiertes Enzym industrielle Anwendung fand (vgl. Kap. 5.2, S. 89f). Trotz der verglichen mit kovalenter Ankopplung relativ schwachen ionischen Bindung können derartige Ionenaustauscher-gebundene Enzyme über Wochen und Monate kontinuierlich angewandt werden, weil die Umsatzbedingungen, insbesondere bezüglich ihrer Ionenkonzentration, sehr konstant gehalten werden können.

Die oft als Nachteil betrachtete Aufhebung der Bindung zwischen Enzym und Trägermaterial durch Fremdionen kann durchaus auch als Vorteil genutzt werden. Durch Behandlung mit konzentrierter Kochsalzlösung kann z.B. im Falle teilweise inaktivierter Enzyme deren vollständige Ablösung vom Träger und die anschließende Wiederbeladung mit aktiven Enzymen vorgenommen werden. Diese Möglichkeit zur Regenerierung trägt wesentlich dazu bei, Verfahren mit Enzymen, die an Ionenaustauscher gebunden sind, wirtschaftlich zu machen. Die teuren Ionenaustauschermaterialien werden dadurch wiederholt einsetzbar.

In der vorliegenden Aufgabe wird anstelle des von Mitz verwendeten Anionenaustauschers der Kationenaustauscher Carboxymethylcellulose (CM-Cellulose) verwendet. Da Katalase einen relativ hohen isoelektrischen Punkt (IEP) um pH 7 hat, liegt sie bei den für den vorliegenden Versuch gewählten pH-Werten um 4,5 überwiegend protoniert, also in kationischer Form vor. Die Bindung an einen Kationenaustauscher wird unter diesen Bedingungen sehr viel effektiver als die Bindung an einen Anionenaustauscher.

A 2.2 Versuchsbeschreibung

Bindung von Katalase an CM-Cellulose

0,5 g CM-Cellulose (Servacel Typ CM 23, Serva Feinbiochemika, D-6900
Heidelberg) werden in einem verschraubbaren Zentrifugenröhrchen
zuerst mit 6 ml dest. Wasser aufgeschlämmt und dann mit 0,1 ml 0,1 m
Citrat-Phosphatpuffer (pH 4,5) und einer gemäß Tabelle 29 gestaffel-
ten Katalasemenge (Schimmelpilzkatalase L 43, John & E. Sturge Ltd.,
Selby, GB) versetzt. Der Ansatz wird 60 min bei 25 °C geschüttelt
und dann abzentrifugiert. Der Rückstand wird zweimal mit jeweils 10
ml verdünnter Pufferlösung (0,1 ml 0,1 m Citrat-Phosphatpuffer auf
10 ml mit dest. Wasser) gewaschen und zentrifugiert. Bei den Varianten 5 bis 8 (s. Tabelle 29) wird einmal mit 20 %iger NaCl-Lösung und
einmal mit verdünntem Puffer gewaschen. Der gewaschene Rückstand
(CM-Cellulose mit ionisch gebundener Katalase) wird im nachfolgend
beschriebenen Testansatz eingesetzt.

Tabelle 29. Versuchsvarianten bei der ionischen Bindung

Variante	Katalasemenge	Waschungen mit
Nr. 1	0,5 ml	2x Puffer
Nr. 2	1,0 ml	2x Puffer
Nr. 3	1,5 ml	2x Puffer
Nr. 4	2,0 ml	2x Puffer
Nr. 5	0,5 ml	1x NaCl + 1x Puffer
Nr. 6	1,0 ml	1x NaCl + 1x Puffer
Nr. 7	1,5 ml	1x NaCl + 1x Puffer
Nr. 8	2,0 ml	1x NaCl + 1x Puffer

Testansätze

0,1 ml 30 %ige Wasserstoffperoxidlösung + 1 ml 0,1 m Citrat-Phosphatpuffer (pH 4,5) werden mit dest. Wasser auf 100 ml aufgefüllt
und bei 25 °C gerührt. Die Reaktion startet mit Zugabe des katalase-
haltigen Materials. Dabei ist eine Stoppuhr in Gang zu setzen. Pro
Testansatz werden nur 2/5 des hergestellten immobilisierten Präparates eingesetzt, indem das Präparat auf 25 ml mit verdünntem Puffer
(wie oben) suspendiert und davon 10 ml eingesetzt werden. Es wird
die Zeit ermittelt, bis der Peroxidgehalt auf 1 mg/l abgesunken ist.
Dazu wird in geeigneten Abständen (z.B. alle 30 s) der Peroxidgehalt

mit Peroxid-Teststäbchen (Merckoquant Peroxid-Test, E. Merck, D-6100 Darmstadt) geprüft.

Zu Vergleichszwecken werden neben den Ansätzen mit den immobilisierten Präparaten auch Tests mit 0,05, 0,1 und 0,2 ml nativer Katalase angesetzt, die als Versuchsvarianten 9, 10 und 11 geführt werden. Die zugesetzte Katalase wird jeweils mit verdünntem Puffer (wie oben) auf 10 ml ergänzt.

A 2.3 Ergebnisse und Auswertung

Die in Tabelle 30 wiedergegebenen Ergebnisse können nur beschränkt aussagekräftig sein. Es wurde nämlich mit einem sehr einfachen Aktivitätstest durch halbquantitative Peroxid-Teststäbchen statt einer exakten Aktivitätsbestimmung gearbeitet. Im übrigen besteht bei allen Messungen mit Katalase die grundsätzliche Schwierigkeit der Enzyminaktivierung durch das eigene Substrat Wasserstoffperoxid. Dennoch werden einige wichtige Tendenzen, die für die Enzymbindung durch elektrostatische Kräfte Allgemeingültigkeit haben, aus den Ergebnissen deutlich.

Tabelle 30. Gemessene und abgeleitete Werte

Var. Nr. -	Menge Ausg.-katalase bei Immob. ml/0,5g Tr.	gemess. im Test ml	gemess. Zeit min	rez. Zeit min^{-1}	Katalaseaktivität pro ml Kat. $min^{-1} \cdot ml^{-1}$	pro g Tr.* $min^{-1} \cdot g^{-1}$	Relative Ausbeute %
1	0,5	0,2	5,5	0,182	0,910	0,91	76,5
2	1,0	0,4	5,3	0,189	0,473	0,95	39,7
3	1,5	0,6	4,5	0,222	0,370	1,11	31,1
4	2,0	0,8	4,0	0,250	0,313	1,25	26,3
5	0,5	0,2	8,5	0,118	0,590	0,59	49,5
6	1,0	0,4	7,5	0,133	0,333	0,67	28,0
7	1,5	0,6	7,0	0,143	0,238	0,72	20,0
8	2,0	0,8	6,0	0,167	0,209	0,84	17,6
9	-	0,05	17,5	0,057	1,140	-	$\emptyset$
10	-	0,1	8,5	0,118	1,180	-	100,0
11	-	0,2	4,0	0,250	1,250	-	

* Die Menge Träger, die im Testansatz eingesetzt war, betrug in allen Fällen 0,2 g (= zwei Fünftel der Gesamtmenge von 0,5 g).

Bei der Berechnung der relativen Ausbeute in Tabelle 30 wurde für
das lösliche Ausgangsenzym der aus den Varianten Nr. 9-11 zu entneh-
mende Mittelwert von 1,19 $min^{-1} \cdot ml^{-1}$ zugrundegelegt und als 100%
angenommen.

Beim Testansatz wurde die Zeit bis zur Abnahme der Peroxidkonzen-
tration von ursprünglich 300 auf 1 mg/l gemessen und in der 4.
Vertikalspalte von Tabelle 30 angegeben. Der Reziprokwert der gemessenen Zeit (5. Vertikalspalte) ist also ein Maß für die pro Zeit
umgesetzte Peroxidmenge. Zu einer relativen spezifischen Aktivität
pro ml eingesetzter Ausgangskatalase gelangt man, indem die Umsatz-
menge auf die Menge der eingesetzten Katalase (Vertikalspalte 5)
oder der eingesetzten Trägermenge (Vertikalspalte 6) bezogen wird.

Tabelle 30 weist für die mit NaCl gewaschenen Präparate (Varianten 5-8) deutlich niedrigere Aktivitätswerte aus als für die nur mit
Puffer gewaschenen Präparate (Varianten 1-4). Der Aktivitätsverlust
ist jedoch geringer, als es in Aufgabe 1 bei adsorptiv gebundenem
Enzym festgestellt wurde.
Wie schon bei der adsorptiven Bindung festgestellt wurde (vgl. Aufgabe 1), nimmt die Menge gebundenen Enzyms auch bei der vorliegenden
ionischen Bindung bis zu einer Sättigung mit der Enzym-Einsatzmenge
zu (s. Abb. 102). Die Aufnahmefähigkeit des Trägers ist erschöpft,
sobald seine Oberfläche total von einer monomolekularen Enzymschicht
bedeckt ist. Umgekehrt zum Verhalten der spezifischen Aktivität
sinkt die auf die angebotene Enzymmenge bezogene Ausbeute an träger-
gebundenem Enzym.

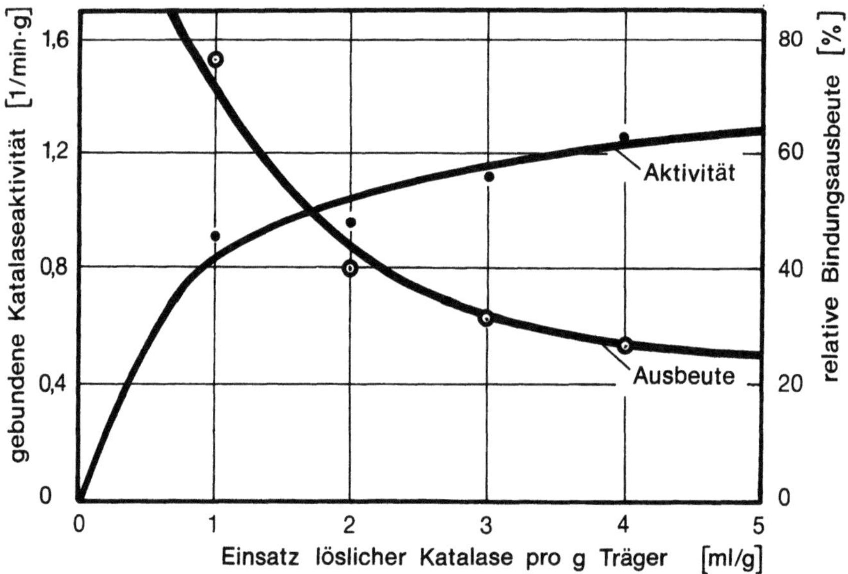

Abb. 102. Ausbeute und Aktivität der gebundenen Katalase als Funktion der dem Träger angebotenen löslichen Katalase

Die Ergebnisse machen deutlich, daß mit sehr einfachen Mitteln hohe Aktivitätswerte durch elektrostatische Wechselwirkung auf Trägerstoffe gebunden werden können. Ob eine wirtschaftliche technische Nutzung solcher Präparate möglich ist, hängt in starkem Maße davon ab, ob störende Ionen und Konzentrationsschwankungen eliminiert werden können.

Die relative Minderausbeute bei höherem Angebot an löslichem Enzym wirkt bei industrieller Anwendung kaum wirtschaftlichkeitsmindernd, weil die nicht gebundenen Enzyme in der Regel aktiv bleiben. Die Beladung der Ionenaustauscher mit Enzymen erfolgt in der Praxis durch Verrühren der Austauscher mit Enzymlösung, oder die Enzymlösung wird durch eine mit dem Austauscher gefüllte Säule gepumpt. In beiden Fällen kann das in der wäßrigen Lösung verbleibende, nicht gebundene Enzym wiederverwendet oder solange im Kreislauf über die Ionenaustauscher geleitet werden, bis eine fast vollständige Ankopplung stattgefunden hat.

Aufgabe 3

Kovalente Bindung von Glucoamylase an einen Träger mit Oxirangruppen

A 3.1 Einführung

Die für die Bindung einzelner Enzyme an Träger sehr wichtige Methode
der kovalenten Bindung soll am Beispiel der Glucoamylasekopplung an
einen aktivierten Träger verdeutlicht werden. Gleichzeitig soll die
Aufgabe den Experimentierenden mit dem industriell, zumindest in
löslicher Form, sehr wichtigen Enzym Glucoamylase (= Amyloglucosidase) bekannt machen.

Glucoamylase spaltet Glucoseeinheiten vom nichtreduzierenden
Kettenende der Amylose, des Amylopectins und anderer α-Glucane ab,
indem die α-1,4-Bindungen zwischen den Glucosemolekülen der Glucose-
oligo- und -polymere hydrolysiert werden. Mit allerdings sehr kleiner Reaktionsgeschwindigkeit werden von der Glucoamylase auch α-1,6-
Bindungen in verzweigtkettigen α-Glucanen, wie z.B. Amylopectin,
gespalten.

In der Stärkeindustrie findet Glucoamylase aufgrund ihrer Eigen-
schaft der Glucoseabspaltung von Glucosepolymeren breiteste Anwendung zur Herstellung von Glucose und glucosehaltigen Produkten. In
der stärkehaltige Rohstoffe verarbeitenden Brennerei dient Glucoamylase zur Verzuckerung der durch Hitze und α-Amylase dextrinier-
ten Maischen.

Die Immobilisierung von Glucoamylase auf verschiedene Trägerstoffe sowie durch Quervernetzung und durch Anwendung in Membranreaktoren ist vielfach versucht und zum Teil bis in den halbtech-
nischen Maßstab entwickelt worden. Industrielle Bedeutung hat immobilisierte Glucoamylase jedoch bisher nicht erlangt. Hauptgründe
dafür dürften die problemlose Anwendungstechnik und vor allem die
Preiswürdigkeit der löslichen Glucoamylase sein. Glucoamylase gehört
zu den ausgesprochen billigen Enzymen. Sie wird als extrazelluläres
Enzym mit Schimmelpilzen, insbesondere Aspergillus- und Rhizopus-
arten, hergestellt.

Aus der Vielzahl von Möglichkeiten der kovalenten Kopplung von
Glucoamylase an Träger wird in der vorliegenden Aufgabe die Bindung
an Träger praktiziert, die reaktive Oxirangruppen tragen. (vgl. Kap.
2.3, S. 27ff). Derartige Träger sind ebenso wie bromcyanaktivierte
Trägerstoffe kommerziell erhältlich. Wegen ihres hohen Preises kom-
men diese hochwertigen Träger in größerem Maßstab nur für teurere
Enzyme und damit für die Herstellung teurerer Produkte als z.B. Glucose in
Betracht.

A 3.2 Versuchsbeschreibung

Kopplungsansätze

50 mg Glucoamylase (Gluczyme 8000, Amano Pharmaceuticals, Nagoya,
Japan) werden in 5 ml 1 m Kaliumphosphatpuffer (pH 6,0) in verschraubbaren Zentrifugenröhrchen gelöst. Hierzu werden verschiedene
Mengen (s. Tabelle 31) Trägermaterial (Eupergit C, Röhm GmbH, D-6100
Darmstadt) gegeben und anschließend liegend 24 h bei 25 °C geschüttelt. Nach Sedimentation und vorsichtigem Abpipettieren des Überstandes (aufbewahren!) mit einer Pasteur-Pipette wird der Rückstand
(= immobilisiertes Präparat) bei den vorgesehenen Versuchsvarianten
1-4 noch fünfmal mit 0,1 m Citratpuffer (pH 4,5) gewaschen.

Die Überstände werden, getrennt nach Immobilisierungsansätzen
(Varianten 1-4), vereinigt und jeweils mit 0,1 m Citratpuffer (pH
4,5) auf 50 ml aufgefüllt. Diese Überstände werden in gleicher Weise
wie die Rückstände auf Aktivität untersucht. Die Rückstände (=Immo-
bilisate) werden, ebenfalls getrennt nach Versuchsvarianten, mit
0,1 m Citratpuffer (pH 4,5) auf genau 25 ml suspendiert.

Tabelle 31. Versuchsvarianten bei der kovalenten Bindung
von Glucoamylase an Eupergit

Versuchs-Variante	Glucoamylase-Menge	Eupergit-Menge	Verhälnis Enzym:Träger
Nr. 1	0,050 g	0,25 g	0,200 g/g
Nr. 2	0,050 g	0,50 g	0,100 g/g
Nr. 3	0,050 g	0,75 g	0,067 g/g
Nr. 4	0,050 g	1,00 g	0,050 g/g

Testansätze

50 ml 2,5 %ige Maltodextrinlösung (Snowflake Maltodextrin Typ 01911,
Maizena GmbH, D-2000 Hamburg) in 0,1 m Citratpuffer (pH 4,5) werden
bei 40 °C auf einer Schüttelmaschine temperiert und mit jeweils 5 ml der
auf Aktivität zu prüfenden Lösung bzw. Suspension versetzt. Parallel
dazu ist eine Blindprobe anzusetzen, bei der 5 ml dest. Wasser
anstelle des enzymhaltigen Zusatzes zugegeben werden. Die Ansätze
werden nach der Enzym- bzw. Wasserzugabe bei 40 °C genau 5 min lang
unter Schütteln weiter inkubiert. Dann wird aus jedem Ansatz eine
ca. 2 ml große Probe entnommen und zur Enzyminaktivierung schnell in

ein bereits im siedenen Wasserbad stehendes, vorerhitztes Reagenzglas gegeben.

Der Glucosegehalt der hitzeinaktivierten Probe wird mit der Hexokinasemethode (Glucose-Testkombination Nr. 716.251, Boehringer Mannheim GmbH, D-6800 Mannheim) bestimmt. Ebenso wird die Glucosekonzentration in der Blindprobe bestimmt.

Für die Aktivitätsbestimmung des löslichen Enzyms werden 20 mg Glucoamylase auf 50 ml mit 0,1 m Citratpuffer (pH 4,5) gelöst und im Testansatz eingesetzt. Dieser Testansatz wird als Versuchsvariante 5 geführt. Er dient als Bezugsansatz für Aktivitäts- und Ausbeutebetrachtungen.

A 3.3 Ergebnisse und Auswertung

In Tabelle 32 sind die Meß- bzw. Rechenergebnisse einer typischen Versuchsreihe zusammengestellt.

Rechnet man die in den Immobilisaten und Überständen der einzelnen Versuchsvarianten gefundenen Aktivitätswerte zusammen, so ergeben sich Summen zwischen 9.533 und 11.321 μMol/g·min (units/g). Das sind zwischen 65 und 77 % der in löslicher Form eingesetzten Aktivität, die 14.758 units/g betrug. Der Verlust kann aus einer Enzyminaktivierung bei der Immobilisierungsprozedur herrühren, wie es bei kovalenten Bindungsmethoden üblich ist. Möglicherweise ist die Glucoamylase nach Ankopplung an den Träger aber auch weniger wirksam als im nativen Zustand, weil der Zugang des nicht gerade niedermolekularen Dextrinsubstrates zum aktiven Zentrum der gebundenen Glucoamylase sterisch behindert sein kann.

Es wird aus Tabelle 32 deutlich, daß die Bindungseffektivität, die den Prozentsatz der gebundenen von der gesamten angebotenen Aktivität angibt, mit steigendem Verhältnis von Träger- zu Enzymmenge zunimmt. Bei 0,20 g Enzym pro 1 g Träger betrug sie 17 %, während bei einem Einsatz von 0,05 g Enzym pro g Träger eine Bindungseffektivität von ca. 38 % erreicht wurde. Die auf 1 g Träger gebundene Enzymmenge nimmt zwar mit steigender Enzym-Einsatzmenge zu, Enzymaktivität, die dem Träger zusätzlich zu bereits gebundener angeboten wird, wird aber erwartungsgemäß immer schlechter genutzt. Es kommt zu einer Sättigung der Bindungsstellen des Trägers mit Enzym. Für den vorliegenden Fall ist aber diese Sättigung bei ca. 600 units pro g Träger möglicherweise noch nicht erreicht. Anzahl und Aussagekraft der untersuchten Varianten reichen zwar aus, grobe Tendenzen zu erkennen, nicht aber, um exakte Abhängigkeiten zu ermitteln.

Tabelle 32. Ergebnisse der Testansätze mit löslicher und an Eupergit gebundener Glucoamylase

| Versuchsvariante | | Enzymmenge im Ansatz g/55ml | Glucosekonzentration | | Glucosezunahme | Aktivität pro Enzym |
Nr.	Teil		Blindwert g/l	Hauptwert g/l	μMol/55ml·5min	μMol/min·g
1	Immobilisat	0,010	0,381	0,803	128,9	2.579
1	Überstand	0,005	0,381	1,045	202,8	8.116
2	Immobilisat	0,010	0,381	0,941	171,1	3.422
2	Überstand	0,005	0,381	0,881	152,8	6.111
3	Immobilisat	0,010	0,381	1,244	263,7	5.274
3	Überstand	0,005	0,381	0,864	147,6	5.903
4	Immobilisat	0,010	0,381	1,313	281,9	5.638
4	Überstand	0,005	0,381	0,846	142,1	5.683
5	lösl. Enzym	0,002	0,381	0,864	147,6	14.758

Aufgabe 4

Immobilisierung von ß-Galactosidase durch Quervernetzung

A 4.1 Einführung

Die Aufgabe soll zeigen, daß mit der in Kap. 2.4 (s. S. 34ff) abgehandelten Quervernetzung von Enzymen immobilisierte Präparate mit hoher Aktivität gegenüber niedermolekularen Substraten hergestellt werden können. Des weiteren soll die Aufgabe mit der ß-Galactosidase (= Lactase) bekanntmachen, der von manchen Fachleuten eine wachsende industrielle Bedeutung vorausgesagt wird (vgl. Kap. 5.7, S. 100f).

ß-Galactosidasen für die industrielle Anwendung werden meist aus Hefen, insbesondere Kluyveromyces marxianus, oder aus Schimmelpilzen, vor allem Aspergillus niger und oryzae, gewonnen. Mit Preisen um 200 DM/kg gehören lösliche ß-Galactosidasen zu den teuersten unter den technischen Enzymen. Aus diesem Grunde bietet sich bei ihnen eine Immobilisierung und damit die Ausschöpfung der Möglichkeit zu wiederholtem oder kontinuierlichem Einsatz an. Derzeit stehen immobilisierte Lactasen bei verschiedenen Firmen in der Erprobungsphase.

Ähnlich wie die kovalente Trägerbindung von Enzymen ist auch die Quervernetzung eine relativ rauhe Methode, bei der es zu erheblichen Konformationsänderungen und Aktivitätsverlusten kommen kann. Bei der Verwendung von Glutardialdehyd als Vernetzungsreagenz erfolgt die Bindung überwiegend über freie $\mathcal{E}$-Aminogruppen des Lysins. Wenn Lysin im aktiven Zentrum des Enzyms oder in dessen unmittelbarer Nähe vorhanden ist, kommt es durch die Reaktion mit Glutardialdehyd zur Inaktivierung.

Hefe-ß-Galactosidasen gehören zu den relativ wenigen Enzymen, die aus dem angeführten Grund der Bindung essentieller Lysinreste durch Quervernetzung mit Glutardialdehyd nicht sinnvoll immobilisiert werden können. Dafür besteht aber die auch industriell genutzte Möglichkeit, ß-Galactosidasen aus Hefen mit gutem Erfolg in Celluloseacetatfasern einzuspinnen (s. Aufgabe 8).

ß-Galactosidasen aus Schimmelpilzen können im Gegensatz zu den Hefe-ß-Galactosidasen, wie die vorliegende Aufgabe zeigen soll, mit gutem Erfolg durch Glutardialdehyd quervernetzt werden. In einer Variante der Aufgabe wird neben den Enzymmolekülen noch Eieralbumin mit in die Präparate eingebunden. Dadurch kommt es zu einer Auflockerung der Immobilisatpartikel. Die Enzymmoleküle liegen nicht so dicht aufeinander, und es kann u.U. mehr Aktivität nach der Quervernetzung erhalten bleiben.

A 4.2 Versuchsbeschreibung

Quervernetzung

600 mg ß-Galactosidase aus Aspergillus oryzae (Lactase F, Amano
Pharmaceuticals, Nagoya, Japan) werden mit 15 ml dest. Wasser
gelöst. Unter Rühren im Eisbad werden langsam 30 ml eiskaltes Aceton
und anschließend 2 ml 25 %ige Glutardialdehydlösung zugesetzt. Der
Ansatz wird dann 60 min bei 30 $^{\circ}$C geschüttelt. Nach Abzentrifugieren
wird der Überstand verworfen. Der Rückstand wird mit 40 ml dest.
Wasser aufgerührt und mit einem Ultra-Turrax homogenisiert. Nach
nochmaligem Abzentrifugieren und Verwerfen des Überstandes wird der
Rückstand nochmals mit 40 ml dest. Wasser gewaschen. Schließlich
wird das gesamte quervernetzte Präparat auf 100 ml suspendiert und
zur Verhinderung von Infektionen mit einigen Tropfen Natriumazid
versetzt. Das Präparat wird als Variante 1 auf Aktivität untersucht.

Co-Crosslinking

Es wird grundsätzlich wie bei der oben dargestellten reinen Quervernetzung vorgegangen. Zusätzlich zu den 600 mg ß-Galactosidase werden
jedoch noch 150 mg Albumin (Albumin aus Eiern, Best.-Nr. 18801,
Riedel de Haen, D-3016 Seelze) in den Ansatz gelöst. Das aus dem Co-
Crosslinking resultierende Präparat wird als Variante 2 auf Aktivität untersucht.

Aktivitätsbestimmung

Die Methode der Aktivitätsbestimmung auf ONPG (o-Nitrophenyl-ß-D-
Galactopyranosid) basiert auf der in Abb. 103 dargestellten Reaktion, bei der durch die ß-Galactosidase gelbes Nitrophenol aus dem
farblosen ONPG freigesetzt wird. Durch spektralphotometrische Messung kann die Umsetzung quantifiziert werden. Zu ONPG haben ß-
Galactosidasen eine höhere Affinität, erkennbar am niedrigeren K_m-
Wert, als gegenüber Lactose.

370 mg ONPG werden mit 0,1 m Acetatpuffer (pH 4,5) gelöst und auf
100 ml aufgefüllt. Von dieser Substratlösung werden 4 ml in einem
kleinen Erlenmeyerkolben bei 37 $^{\circ}$C im Schüttelwasserbad temperiert. Dann wird unter Ingangsetzung einer Stoppuhr 1 ml verdünnte
enzymhaltige Lösung bzw. Suspension zugegeben. Nach genau 15-minüti-
ger Inkubation unter Schütteln wird 1 ml des Ansatzes in ein Reagenzglas pipettiert, das bereits 1 ml 10 %ige Na_2CO_3-Lösung enthält.
Es wird schnell gemischt und mit 8 ml Wasser verdünnt. Die Ex-

tinktion dieser Lösung wird bei 420 nm und 1 cm Schichtdicke gegen eine Blindprobe (mit vorher inaktivierter Probelösung bzw. -suspension) gemessen. Die Extinktionsdifferenz zwischen Haupt- und Blindprobe sollte zwischen 0,1 und 0,5 liegen. Andernfalls ist die Bestimmung mit konzentrierterer oder stärker verdünnter Probe zu wiederholen.

Die jeweils auf 100 ml suspendierten quervernetzten Enzympartikel der Immobilisierungsansätze müssen in der Regel nochmals 1 auf 200 verdünnt werden. Davon wird jeweils 1 ml pro Aktivitäts-Bestimmungsansatz eingesetzt. Das heißt, von den ursprünglich zur Immobilisierung eingesetzten 600 mg ß-Galactosidase gelangen rechnerisch 0,030 mg (0,00003 g) in einen Bestimmungsansatz.

Neben den Testansätzen mit den quervernetzten Präparaten wird als Versuchsvariante 3 auch eine Bestimmung mit dem löslichen Ausgangsenzym durchgeführt. Dazu werden 60 mg ß-Galactosidase (Lactase F) auf 100 ml gelöst. Davon wird nochmals 1 ml auf 50 ml verdünnt und davon schließlich wird 1 ml zur Aktivitätsbestimmung eingesetzt. Bei diesem Vorgehen gelangen also 0,012 mg (0,000012 g) in den Bestimmungsansatz.

Die Aktivität wird in Lactase-Einheiten (LU) angegeben. Eine Lactase-Einheit ist definiert als die Enzymmenge, die 1 µMol o-Nitrophenol pro min unter den Testbedingungen (37 °C und pH 4,5) freisetzt. Die Aktivität ergibt sich aus der Beziehung

$$\text{Aktivität in LU/g} \;=\; \frac{\Delta E \times 50}{\mathcal{E} \times 15 \times W}$$

Darin ist ΔE die Extinktionsdifferenz zwischen Haupt- und Blindprobe, $\mathcal{E}$ der Extinktionskoeffizient und W die Enzymmenge in Gramm, die mit 1 ml Probelösung dem Reaktionsansatz zugesetzt wurde. Der Extinktionskoeffizient liegt bei 4,27; er sollte mit o-Nitrophenol als Testsubstanz überprüft bzw. neu bestimmt werden.

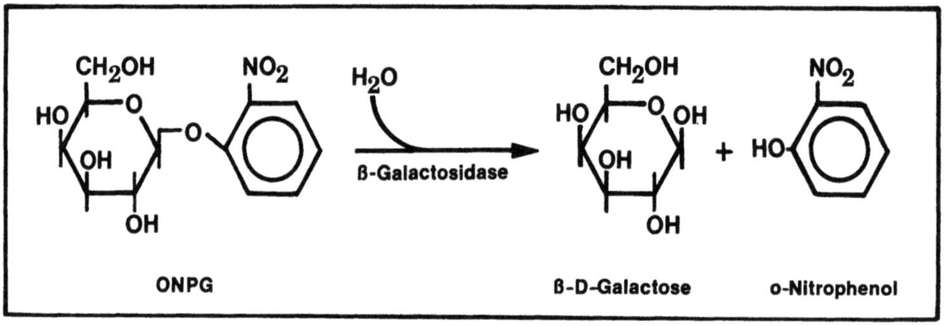

Abb. 103. ONPG-Spaltung durch ß-Galactosidase

A 4.3 Ergebnisse und Auswertung

Die ß-Galactosidase konnte mit Ausbeuten in der Größenordnung von 35
bis 40 % der zur Immobilisierung eingesetzten Aktivität quervernetzt
werden. Die in Tabelle 33 wiedergegebenen Ergebnisse zeigen, daß
durch die Miteinbindung von lysinreichem Albumin in das quervernetzte Präparat ein geringfügig höherer Aktivitätswert von der eingesetzten ß-Galactosidaseaktivität erhalten werden kann als bei
reiner Quervernetzung des Enzyms.

Tabelle 33. Meß- und Rechenergebnisse

Var. Nr.	Art der ß-Galac- tosidase im Test	Einsatzmenge im Test	Extinktions- differenz	Aktivität*	Bindungs- ausbeute*
1	quervernetzt ohne Albumin	0,000030 g	0,178	4.632 LU/g	35,6 %
2	co-quervernetzt mit Albumin	0,000030 g	0,204	5.308 LU/g	40,8 %
3	lösliches Ausgangsenzym	0,000012 g	0,200	13.010 LU/g	-

* Aktivität und Bindungsausbeute sind auf das im Vernetzungsansatz
  eingesetzte Ausgangsenzym bezogen.

Die hohen Bindungsausbeuten, wie sie in der vorliegenden Aufgabe
erreicht wurden, sind für quervernetzte Enzyme mit niedermolekularen
Substraten keine Seltenheit. Die hohe Aktivität der hergestellten
quervernetzten Präparate reicht aber meist allein nicht aus, derartige Präparate auch industriell einsatzfähig zu machen. Ein gravierendes Problem stellt die gelatinöse Beschaffenheit der Immobilisatpartikel dar. Sie ist in der Regel ungeeignet, um in höheren Schicht-
dicken in Packbettreaktoren eingesetzt zu werden.

Aufgabe 5

Alginateinhüllung von Hefezellen und Co-Einhüllung mit immobilisierter ß-Galactosidase

A 5.1 Einführung

Die Aufgabe soll in die bei der Immobilisierung ganzer Zellen sehr verbreitete Technik der Einhüllung in polymere Matrices einführen. Darüberhinaus soll eine Co-Einhüllung von Zellen mit einem immobilisierten Enzym vorgenommen werden, durch die das Substratspektrum der Zellen erweitert wird.

Als grundsätzlicher Unterschied zu den in den Aufgaben 1-4 praktizierten Kopplungen der Biokatalysatoren an feste Träger oder untereinander treten bei den Einhüllungsmethoden normalerweise keine Bindungsreaktionen der Matrix mit den Biokatalysatoren auf. Dadurch sind die Methoden der Matrixeinhüllung in der Regel sehr schonend, so daß sie sich besonders gut für die Immobilisierung lebender Organismen eignen. Für die Einhüllung moleculardispers verteilter Enzyme eignen sich die meisten Matrices wegen ihrer großen Porenweite nicht. Eine mögliche Abhilfe durch eine der Einhüllung vorgeschaltete Quervernetzung der Enzyme wird in der vorliegenden Aufgabe als Variante 2 praktiziert.

Unter den in Frage kommenden Matrices sind diejenigen biologischen Ursprungs von besonderer Bedeutung, wofür das in diesem Versuch verwendete Alginat ein typisches Beispiel ist. Dieses aus Braunalgen gewonnene Polyuronid (MG 12.000 bis 120.000) hat den Vorteil, daß es auch für empfindliche Zellen unschädlich ist und durch ionotrope Gelbildung auf einfache Weise aus einer löslichen in eine wasserunlösliche Form gebracht werden kann. Die aus α-1,4-glycosidisch verknüpften Einheiten von ß-D-Mannuronsäure und α-D-Guluronsäure aufgebaute Alginsäure ist als Natriumsalz wasserlöslich. Bei Einbringen in eine Calciumchloridlösung werden die Na-Ionen gegen Ca-Ionen ausgetauscht und das Alginat geliert. Je höher der Guluronsäureanteil eines Alginates, desto stärker ist die Härtung bei dieser ionotropen Gelbildung.

Die bei den Versuchen eingesetzte Hefeart Saccharomyces cerevisiae hat als Wein-, Bier-, Brennerei- und Backhefe schon seit Jahrtausenden eine überragende Bedeutung bei der Herstellung klassischer Gärungsprodukte. Die Immobilisierung der Hefe und ihr Einsatz in immobilisierter Form ist vielfach untersucht worden, hat sich aber bisher nicht durchsetzen können, weil die native Hefe unproblematisch und in den erforderlichen Mengen billig hergestellt werden kann. Zur Demonstration von Möglichkeiten der Immobilisierung eignet sich Hefe besonders gut, weil sie ohne viel Kultivierungsaufwand in großen Mengen verfügbar ist. Außerdem ist ihr Stoffwechsel bestens bekannt und ihre wichtigste Stoffwechselleistung, die Bildung von Ethanol, ist leicht und genau meßbar.

In einer Variante der Aufgabe soll die Hefe mit immobilisierter ß-Galactosidase aus Schimmelpilzen gemeinsam eingehüllt werden. Dadurch soll der Hefe die zusätzliche Fähigkeit zur Lactosespaltung und damit zur Lactosevergärung verliehen werden.

A 5.2   Versuchsbeschreibung

Einhüllung

1,0 g Natriumalginat (Manugel DJX, Alginate Industrie GmbH, D-2000 Hamburg 11) wird mit 35 ml dest. Wasser gelöst und mit 10 g frischer Bäckerhefe (Preßhefe) gründlich verrührt. Die Mischung wird durch einen Trichter mit engem Auslauf oder durch eine Injektionsspritze ohne Kanüle in 200 ml gerührte 2 %ige $CaCl_2$-Lösung eintropfen gelassen. Die $CaCl_2$-Lösung muß während des Eintropfens ständig, aber nicht zu heftig, auf einem Magnetrührer gerührt werden. Um eine ausreichende Härtung der Alginatkugeln zu erreichen, werden diese 1 h lang in der 2 %igen $CaCl_2$-Lösung belassen. Danach werden die Kugeln bis zum Einsatz in Gärversuchen in 0,5 %iger $CaCl_2$-Lösung im Kühlschrank aufbewahrt.

Es ist auf quantitative Arbeitsweise zu achten, d.h. es sollten keine Hefe-Alginatreste in der Zutropfvorrichtung verbleiben. Pro Gärversuch wird genau die Hälfte der Alginatkugeln, entsprechend 5 g Ausgangshefe, eingesetzt.

Co-Einhüllung

Die Hälfte der bei Aufgabe 4 (s. S. 161) gemeinsam mit Albumin quervernetzten ß-Galactosidase wird mehrmals gründlich mit dest. Wasser gewaschen, so daß das zugesetzte Natriumazid vollständig entfernt wird. Der gewaschene Rückstand wird mit 1,0 g Natriumalginat, 10 g frischer Bäckerhefe und 35 ml dest. Wasser zu einem homogenen Brei vermischt. Die Mischung wird durch einen Trichter mit engem Auslauf oder durch eine Injektionsspritze ohne Kanüle in 200 ml gerührte 2 %ige $CaCl_2$-Lösung eintropfen gelassen. Zur genügenden Härtung der Alginatkugeln werden diese 1 h lang in der 2 %igen $CaCl_2$-Lösung belassen und dann bis zum Einsatz in den Gärversuchen in 0,5 %iger $CaCl_2$-Lösung im Kühlschrank aufbewahrt.

Gärversuche

In einer Versuchsanordnung, wie in Abb. 104 dargestellt, werden die
hergestellten Alginatkugeln sowie die frische Ausgangshefe auf Gäraktivität gegenüber Glucose- und Lactosesubstrat geprüft.

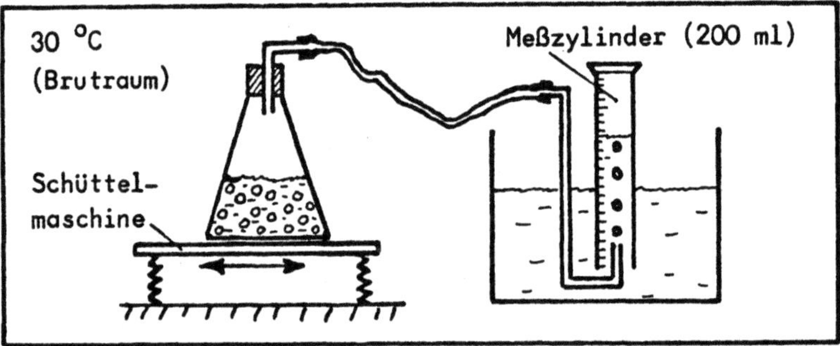

Abb. 104. Versuchsanordnung zur Bestimmung der Gäraktivität

Die Gärversuche erfolgen jeweils mit der Hälfte der insgesamt hergestellten Immobilisat- bzw. Co-Immobilisatmenge (entsprechend 5 g
Ausgangspreßhefe) in 50 ml 8 %iger Glucose- bzw. Lactoselösung in
0,5 %igem $CaCl_2$. Weiterhin wird jeweils ein Gärversuch mit 5 g der
frischen Ausgangshefe auf Glucose- und auf Lactosesubstrat vorgenommen. Tabelle 34 gibt eine Übersicht über die anzusetzenden Gärversuche. Die gebildeten CO_2-Mengen werden 4 h lang alle 15 min abge-
lesen und notiert. Zur Ablesung wird der Meßzylinder jeweils soweit
in das Wasserbad eingetaucht, daß der Flüssigkeitsspiegel innerhalb
und außerhalb des Zylinders gleich hoch ist.

Tabelle 34. Varianten der anzusetzenden Gärversuche

Var.Nr.	Substrat	Biokatalysator(en)
1 G	Glucose	Hefe, eingehüllt
1 L	Lactose	Hefe, eingehüllt
2 G	Glucose	Hefe + ß-Galactosidase, co-eingehüllt
2 L	Lactose	Hefe + ß-Galactosidase, co-eingehüllt
3 G	Glucose	Hefe, nativ
3 L	Lactose	Hefe, nativ

A 5.3 Ergebnisse und Auswertung

Meßdaten

Erwartungsgemäß war weder die native noch die in Alginat eingehüllte
Hefe fähig, Lactose zu vergären. Dagegen konnte die Hefe in allen
geprüften Einsatzformen mehr oder weniger schnell Glucose vergären.
Die in Tabelle 35 wiedergegebenen Meßdaten aus einem Praktikumsver-
such machen neben diesen Befunden auch deutlich, daß die zusammen
mit ß-Galactosidase co-eingehüllte Hefe Lactose vergären kann.

Tabelle 35. Meßdaten aus den Gärversuchen. Alle Angaben in ml CO_2
bei 30 °C.

Gär-dauer min	Eingehüllte Präparate		Co-eingehüllte Präparate		Native Hefe	
	auf Glucose Var. 1 G	auf Lactose Var. 1 L	auf Glucose Var. 2 G	auf Lactose Var. 2 L	auf Glucose Var. 3 G	auf Lactose Var. 3 L
0	0 ml	0 ml	0 ml	0 ml	0 ml	0 ml
15	5 ml	0 ml	5 ml	5 ml	15 ml	0 ml
30	45 ml	0 ml	35 ml	30 ml	70 ml	0 ml
45	80 ml	0 ml	80 ml	75 ml	115 ml	0 ml
60	120 ml	0 ml	115 ml	105 ml	160 ml	0 ml
75	160 ml	0 ml	150 ml	125 ml	210 ml	0 ml
90	205 ml	0 ml	180 ml	145 ml	255 ml	0 ml
105	230 ml	0 ml	230 ml	160 ml	290 ml	0 ml
120	280 ml	0 ml	260 ml	170 ml	350 ml	0 ml
135	315 ml	0 ml	305 ml	175 ml	385 ml	0 ml
150	345 ml	0 ml	320 ml	185 ml	425 ml	0 ml
165	370 ml	0 ml	350 ml	195 ml	465 ml	0 ml
180	400 ml	0 ml	375 ml	200 ml	495 ml	0 ml
195	420 ml	0 ml	400 ml	205 ml	525 ml	0 ml
210	430 ml	0 ml	415 ml	215 ml	525 ml	0 ml
125	440 ml	0 ml	430 ml	220 ml	530 ml	0 ml
240	450 ml	0 ml	440 ml	225 ml	530 ml	0 ml

Auswertung und Diskussion

Anschaulicher als die Datenzusammenstellung von Tabelle 35 ist eine
graphische Auswertung, wie sie in Abb. 105 für alle Ansätze mit
Ethanolbildung vorgenommen wurde. Die ansonsten in wissenschaftlichen Publikationen nicht zulässige Doppeldarstellung in Tabelle

und Abbildung hat im Rahmen dieser Einführung die Funktion, dem Studierenden Beispiele für den üblichen Gang der Aufgabenauswertung und nicht eine Anleitung zur Veröffentlichung zu geben.

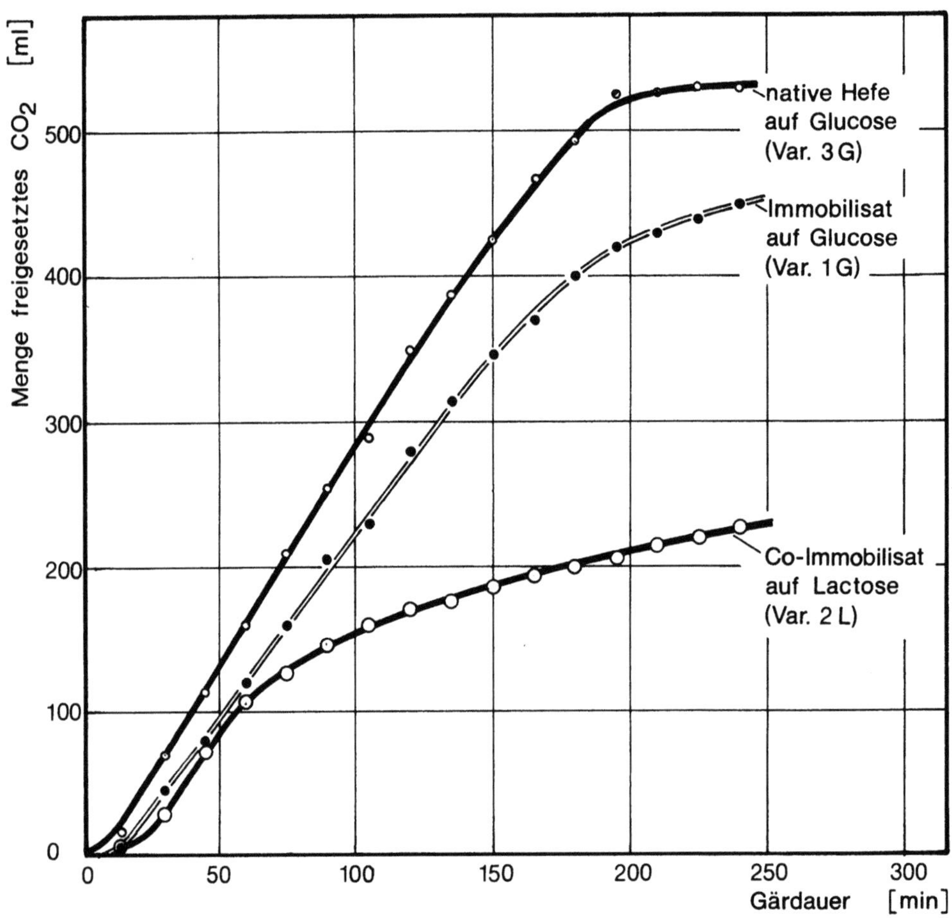

Abb. 105. Freigesetzte CO_2-Menge als Funktion der Gärdauer

Wie der Vergleich der Gärkurven der nativen (Var. 3G) und der eingehüllten Zellen (Var. 1G) auf Glucose zeigt, wird die Gäraktivität durch die Einhüllung geringfügig herabgesetzt. Dafür können verschiedene Gründe maßgebend sein. Durch die Alginatmatrix entstehen Diffusionsbarrieren, die jedoch selbst bei dem hier gegebenen Kugeldurchmesser von 4-5 mm nur wenig ins Gewicht fallen, weil die Substratkonzentration außerhalb der Kugeln mit 80 g/l sehr hoch und der K_S-Wert für Glucose mit nur wenigen mg/l sehr niedrig ist. Selbst ein starker Konzentrationsabfall zum Kugelinneren hin gewährleistet dort immer noch Glucosekonzentrationen, die beträchtlich über dem K_S-Wert liegen und damit eine hohe Gärgeschwindigkeit zulassen.

Grundsätzlich kann für eine Gäraktivitätsminderung auch eine partielle Zellschädigung durch die Einhüllungsmethode in Betracht kommen. Dieser Fall ist aber bei der Alginateinhüllung von Hefe sicherlich nicht gegeben. Eher schon fallen Verluste ins Gewicht, die durch nicht quantitative Überführung der Einhüllungsmischungen in Alginatkugeln entstehen. Immer nämlich werden Reste der zähflüssigen Natriumalginat-Hefemasse in den Gerätschaften (Becherglas, Zutropftrichter u.ä.) haftenbleiben.

Es fällt auf, daß die Lactosevergärung mit dem co-eingehüllten Präparat (Var. 2L) zunächst recht zügig erfolgt, sich dann aber zunehmend verlangsamt. Hauptgrund dafür könnte die kompetitive Hemmung der ß-Galactosidase durch aus der Lactose freigesetzte Galactose sein. Galactose wird von Saccharomyces cerevisiae nicht vergoren, solange Glucose im Medium vorhanden ist. Die Verstoffwechselung der Galactose ist katabolisch reprimiert. Sie erfolgt erst nach einer Adaptationsphase, wenn Glucose aus dem Medium vollständig vergoren ist.

Grundsätzlich kann aus den gemessenen Mengen CO_2 auf die gebildete Menge Ethanol geschlossen werden, weil unterstellt werden kann, daß die alkoholische Gärung unter den gewählten Bedingungen der einzige CO_2-freisetzende Stoffwechselweg der Hefe ist. Dabei sind die bekannte Gärungsgleichung und die daraus zu entnehmenden Mengenverhältnisse zugrunde zu legen.

$$C_6H_{12}O_6 \longrightarrow 2\ C_2H_5OH \quad + \quad 2\ CO_2$$
$$180\ g \qquad\qquad 2 \times 46\ g \qquad 2 \times 22,4\ 1$$

Als Beispiel ist die spezifische und volumetrische Produktivität für die native und die in Alginat eingehüllte Hefe auf Glucosesubstrat in Tabelle 36 schrittweise errechnet. Dabei wurde von den in Abb 105 aufgezeichneten CO_2-Freisetzungskurven (Var. 1G und Var. 3G) mit ihrem steilsten Steigungsteil, der etwa zwischen 30 und 150 min Gärdauer lag, ausgegangen.

Tabelle 36. Errechnung der spezifischen Produktivität der nativen und der eingehüllten Hefe auf Glucosesubstrat

			Native Hefe	Eingehüllte Hefe
①	CO_2-Entwicklung im Gärversuch	ml/h	180	154
②	Umrechnung von 30 auf 0 °C	ml/h	162	138
③	Umrechnung auf Ethanol	g/h	0,33	0,28
④	Spezifische Produktivität	g/g·h	0,22	0,19
⑤	Volumetrische Produktivität	g/l·h	4,7	4,0

Zu den in Tabelle 36 angegebenen Werten gelangt man wie folgt:

① wird als Steigung aus dem steilsten Teil der betreffenden Gärkurven (Abb. 105) entnommen.

② ist das Normal-Gasvolumen bei 0 °C (273 K), das aus dem bei
30 °C (303 K) angefallenen Wert errechnet wird, indem mit 273 multi-
ziert und durch 303 geteilt wird.

③ ergibt sich aus ② und der aus der Gärungsgleichung bekannten
Beziehung zwischen gebildeter CO_2- und Ethanolmenge.

④ wird aus ③ errechnet, indem durch die im Gärversuch vorhandene
Menge Hefetrockensubstanz von 1,5 g dividiert wird. Diese 1,5 g sind
aus den 5 g eingesetzter Preßhefe bei einem üblichen Trockensubstanzgehalt von 30 % angenommen.

⑤ ergibt sich aus ③ dividiert durch 0,07 1, das ist das aus
50 ml Substrat und 20 ml Alginatkugelvolumen zusammengesetzte
Gesamtvolumen beim Gärversuch.

Eine Reihe von Ungenauigkeiten macht die Werte von Tabelle 36 nur
zu Anhaltswerten. Die Einsatzmenge an Hefetrockensubstanz
wurde nur geschätzt. Das Gasvolumen müßte streng genommen noch einer
Druckkorrektur unterworfen werden, durch die vom aktuellen auf
den Normaldruck umgerechnet wird. Die Abweichung durch unterlassene
Druckkorektur ist aber sicher unbedeutend verglichen mit dem Fehler,
der durch Lösung von CO_2 im Substrat und in der Sperrwasserschicht
am Gas-Meßzylinder entsteht.
Trotz dieser und weiterer Ungenauigkeiten lassen die Versuchs-
ergebnisse doch sinnvolle Vergleiche zu. Die spezifische Produktivität der nativen und der in Alginat eingehüllten Hefe ist nur
schwach bis mäßig, wenn man gute Brennereihefen gegenüberstellt.
Diese erreichen Werte bis etwa 1 g/g·h. Die volumetrischen Produkti-
vitätswerte in Tabelle 36 sind hingegen wesentlich höher als bei
klassischen ansatzweisen Hefegärungen, weil die Zelldichten hier
sehr hoch sind. Derart hohe Zelldichten können mit nativen Zellen in
der Regel nicht aufrechterhalten werden, sie sind als Charakteristikum und Vorteil der Immobilisierung zu sehen.

Aufgabe 6

Herstellung und Anwendung einer biochemischen Elektrode zur Glucosebestimmung

A 6.1 Einführung

Unter Einsatz von Glucoseoxidase und Katalase und einer handelsüblichen Glaselektrode (pH-Elektrode) soll eine biochemische Elektrode
zur Glucosebestimmung hergestellt werden. Durch einige Meßreihen mit
der Glucosekonzentration und der Meßzeit als Parameter sollen orien-
tierende Werte über den Empfindlichkeitsbereich und die Ansprechzeit
der Enzymelektrode gesammelt werden.

Die Funktionsweise biochemischer Elektroden im allgemeinen und
der Enzymelektroden zur Glucosebestimmung im besonderen wurde bereits in Kap. 6.3 (s. S. 110ff) besprochen. Die in der vorliegenden
Aufgabe gewählte Ausführung ist bewußt einfach, vermag aber modell-
haft die Möglichkeiten und Probleme bei der Anwendung von Biosensoren zu verdeutlichen.

Das eingesetzte Enzymgemisch von Glucoseoxidase (GOD) und
Katalase (KAT) katalysiert die folgenden Reaktionen:

$$\text{Glucose} + O_2 + H_2O \xrightarrow{\text{GOD}} \text{Gluconsäure} + H_2O_2$$

$$H_2O_2 \xrightarrow{\text{KAT}} H_2O + 1/2\ O_2$$

$$\text{Glucose} + 1/2\ O_2 \xrightarrow{\text{GOD+KAT}} \text{Gluconsäure}$$

Üblicherweise wird katalasehaltige Glucoseoxidase in der Analytik
seltener als katalasefreie Glucoseoxidase verwendet. Meist wird das
bei Abwesenheit von Katalase entstehende Wasserstoffperoxid in einer
nachgeschalteten Detektionsreaktion z.B. mit Redoxfarbstoffen bestimmt. Für die hier anstehende Kopplung mit einer pH-Elektrode ist
das Enzymgemisch jedoch besser geeignet als katalasefreies Enzym,
weil der Peroxidabbau die Enzyminaktivierung durch H_2O_2 verhindert
oder zumindest verringert.

Industrielle Anwendung findet lösliche Glucoseoxidase in der
Lebensmittelindustrie zur Entfernung von Sauerstoff aus Getränken
und Konserven sowie zur Glucoseentfernung aus Eiprodukten. Die
Anwesenheit von Katalase ist bei diesen Prozessen notwendig, um eine
Anhäufung von Wasserstoffperoxid im Lebensmittel zu verhindern.

A 6.2 Versuchsbeschreibung

Herstellung der Enzymelektrode

In eine flache Schale (z.B. Petrischale) werden 10 ml einer handelsüblichen Lösung von Glucoseoxidase mit Katalasegehalt (Glucox RF, John & E. Sturge Ltd., Selby, GB) pipettiert. Ein Membranfilter wird in diese Enzymlösung etwa 1 min lang eingetaucht, abtropfen gelassen und dann in einen 300 ml Erlenmeyerkolben überführt, der ein Gemisch aus 35 ml i-Propanol, 20 ml dest. Wasser und 2 ml 25 %igem Glutardialdehyd enthält. Dieser Erlenmeyerkolben mit Reaktionsmischung und Membran wird 60 min lang bei 25 °C geschüttelt. Die Membran wird gut mit dest. Wasser gespült und bis zur Aufbringung auf eine Elektrode in Aufbewahrungslösung im Kühlschrank aufbewahrt.

Zur Herstellung der Aufbewahrungslösung werden 60 g Glycerin, 18 g Flüssigsorbit (Karion F, E. Merck, D-6100 Darmstadt) und 0,2 ml eines Desinfektionsmittels auf Basis quaternärer Ammoniumverbindungen (Absonal, Boehringer Ingelheim KG, D-6507 Ingelheim) mit 0,05 m-Citrat-0,1m-Phosphatpuffer (pH 5,0) auf 100 ml aufgefüllt.

Unmittelbar vor Aufbringung auf eine pH-Elektrode mit flacher Spitze muß die Membran sehr sorgfältig mit dest. Wasser und dann mit Puffer (0,0001 m Natriumphosphatpuffer mit 0,1 m Na_2SO_4, pH 6,9) gespült werden. Es ist darauf zu achten, daß die Membran unbeschädigt bleibt und im protonensensitiven Bereich der Elektrode faltenfrei aufliegt (vgl. Abb. 106). Abschließend wird ein Gummiring zur Befestigung über die Membran gezogen. Dazu wird der Gummi zunächst nahe dem offenen Ende auf ein Reagenzglas aufgebracht, das einen glatten Rand und einen so großen Innendurchmesser haben soll, daß die Elektrode samt Membranüberzug hineingeschoben werden kann. Die Elektrode wird in das Reagenzglas hinein- und der Gummi vom Reagenzglas so über die Membran geschoben, daß die in Abb. 106 gezeigte Anordnung entsteht.

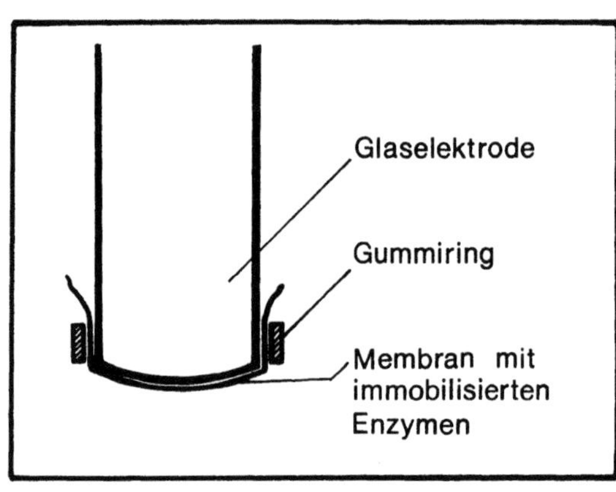

Abb. 106.
Elektrodenspitze mit enzymhaltiger Membran

Meßansätze

Die Messungen müssen unter folgenden genauestens einzuhaltenden
Bedingungen vorgenommen werden:

- konstante Magnetrührer-Drehzahl von 200 min^{-1},
- stets gleiche Eintauchtiefe der Elektrode,
- stets gleiches Probenvolumen von 100 ml,
- gleiche Ionenstärke der zur Untersuchung gelangenden Lösungen,
- günstiger pH-Wert für die Glucoseoxidase.

Glucoselösungen der Molaritäten 1, 2, 3 und 5 mMol/l werden in
0,001 m Natriumphosphatpuffer mit 0,1 mNa_2SO_4 (pH 6,9) angesetzt.
Vor der Messung wird die Glucoselösung gut an der Luft geschüttelt,
damit sich genügend Sauerstoff löst und die Reaktion nicht durch
Sauerstoffmangel limitiert wird. Mit dem Eintauchen der Enzymelektrode in die gerührte Probelösung wird eine Stoppuhr in Gang
gesetzt. In geeigneten Abständen von 1 bis 5 min wird der pH-Wert 15
min lang verfolgt und notiert. Nach Beendigung einer und vor Beginn
der nächsten Meßserie wird die Enzymelektrode zum Äquilibrieren mindestens 10 min in gerührten reinen Puffer (pH 6,9) eingehängt.

A 6.3 Ergebnisse und Auswertung

Meßdaten

Die Meßwerte schwanken je nach Enzymelektrode sehr stark, so daß nur
die immer mit derselben Elektrode vorgenommenen Eichungen und
Messungen vergleichbar sind.

Tabelle 37. Gemessene pH-Werte und pH-Wertänderungen

Zeit min	0,001 m Glucose		0,002 m Glucose		0,003 m Glucose		0,005 m Glucose	
	pH-Wert	Δ pH	pH-Wert	Δ pH	pH-Wert	Δ pH	pH-Wert	Δ pH
0	6,64	–	6,65	–	6,63	–	6,62	–
1	6,45	0,19	6,45	0,20	6,20	0,43	6,10	0,52
2	6,31	0,33	6,11	0,54	5,70	0,93	5,55	1,07
3	6,22	0,42	5,81	0,84	5,40	1,23	5,21	1,41
4	6,17	0,47	5,73	0,92	5,26	1,37	5,12	1,50
5	6,14	0,50	5,58	1,07	5,15	1,48	5,01	1,61
8	6,09	0,55	5,48	1,17	5,08	1,55	4,89	1,73
10	6,08	0,56	5,44	1,21	5,06	1,57	4,80	1,82
15	6,07	0,57	5,43	1,22	5,01	1,62	4,73	1,89

Graphische Auswertung

Schon aus Tabelle 37 wird deutlich, daß eine zunehmende pH-Wert-
änderung mit steigender Glucosekonzentration eintritt. Die graphische Auswertung in Abb. 107 zeigt, daß zumindest annähernd Propor-
tionalität zwischen der Glucosekonzentration und der pH-Wertänderung
im Bereich zwischen 0 und 3 mMol/l gegeben ist.

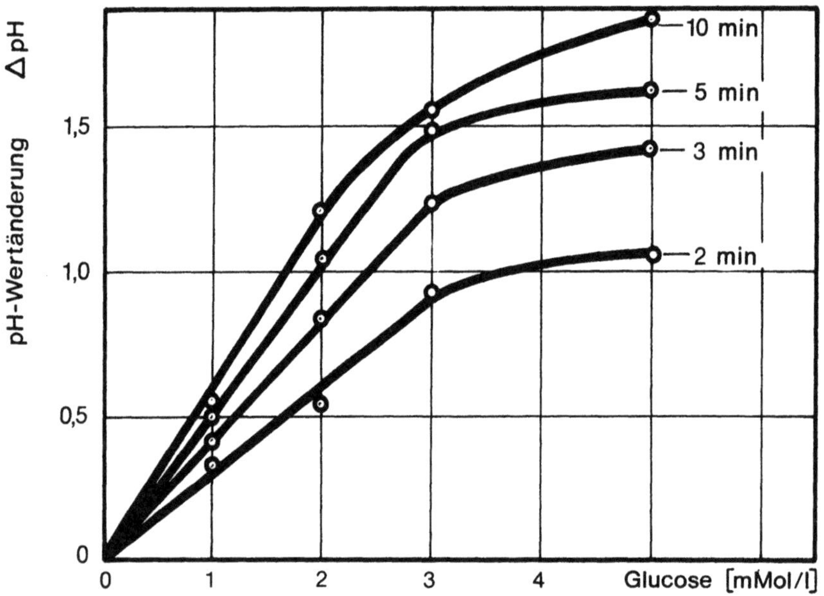

Abb. 107. pH-Wertänderung als Funktion der Glucosekonzentration mit
der Meßzeit als Parameter

Es wird deutlich, daß die in Rahmen dieser Aufgabe hergestellte
Enzymelektrode sehr träge reagiert. Bei Glucosekonzentrationen zwischen 1 und 3 mMol/l war erst nach etwa 10 min ein einigermaßen
konstanter Wert erreicht. Dies dürfte auf die relativ dicke Membranschicht zurückzuführen sein. Für Messungen mit der Enzymelektrode
hat dies zur Konsequenz, daß entweder sehr lange Meßzeiten in Kauf
genommen oder mit genormten Zeiten gearbeitet werden muß.

Die Möglichkeit des Aufbaus einer Enzymelektrode hat das vorliegende relativ primitive Aufgabenbeispiel wohl klar gemacht. Die
zutage getretenen Grenzen sind sicherlich mit ausgefeilteren Meßauf-
bauten und besserer Systemwahl z.T. eliminierbar. Die Problemlosig-
keit einer einfachen pH- oder Sauerstoffelektrode darf aber von
biochemischen Elektroden grundsätzlich nicht erwartet werden.

Aufgabe 7

Einspinnen von Hefe-ß-Galactosidase in Celluloseacetatfäden

A 7.1 Einführung

Die Aufgabe soll den Experimentierenden mit der Methode der Enzymeinspinnung, einer speziellen Technik der Matrixeinhüllung, vertraut machen (s. Kap. 2.5, S. 37ff). Als Beispiel dient die auch industriell in beschränktem Umfang wichtige Einspinnung von ß-Galactosidase (Lactase) aus Hefe.

Bei der Immobilisierung durch Einspinnen werden die wäßrig gelösten Enzyme als Tröpfchen in die Mikrokavernen semipermeabler Fasern eingeschlossen. Damit unterscheiden sich die eingesponnenen von den meisten matrixeingehüllten Enzymen, die moleculardispers in der Matrix verteilt sind. Das Fasermaterial muß einerseits so dicht sein, daß die Enzyme darin zurückgehalten werden und nicht "ausbluten". Andererseits muß das Material aber weitporig genug sein, Substrate und Produkte ohne größere Behinderung hinein- und herausdiffundieren zu lassen. Für die Umsetzung hochmolekularer Substrate, wie Protein oder Stärke, sind eingesponnene Enzyme grundsätzlich nicht geeignet.

Alle bisher angewandten Einspinnungsmethoden beginnen mit der Lösung eines zur Faserbildung geeigneten organischen Polymers, das in Wasser unlöslich ist, in einem nicht wassermischbaren organischen Lösungsmittel. In das organisch gelöste Polymer werden wäßrig gelöste Enzyme oder suspendierte Zellen emulgiert. Die Emulsion wird aus einer feinen Düse heraus durch ein Fällbad gezogen, wobei das Polymer in Faserform gehärtet wird.

Durch Einspinnung konnte bereits eine ganze Reihe verschiedener Enzyme erfolgreich immobilisiert werden. Industrielle Bedeutung hat jedoch bisher nur eingesponnene Hefe-ß-Galactosidase erlangt (s. Kap. 5.7, S. 100f). Die Lactosespaltung in die Monosaccharide Glucose und Galactose macht Milch auch für Bevölkerungskreise verträglich, die an ß-Galactosidasemangel und daraus resultierender Lactoseintoleranz leiden. Dies ist bisher der Hauptgrund für die Verwendung eingesponnener ß-Galactosidase aus Hefe.

ß-Galactosidase aus Schimmelpilzen wurde bereits in Aufgabe 4 durch Quervernetzung immobilisiert (vgl. S. 160ff). Das Schimmelpilzenzym hat ein pH-Optimum bei pH 4 bis 5. Dies entspricht dem pH-Bereich von Sauermolke, die in großen Mengen bei der Käseherstellung abfällt. Die hier eingesetzte Hefe-ß-Galactosidase hat demgegenüber ihr Optimum bei pH 6 bis 6,5 und eignet sich deshalb besonders gut für die Behandlung von Milch, die ähnliche pH-Werte aufweist.

A 7.2 Versuchsbeschreibung

Spinnapparatur

In Abb. 108 ist die Einspinnapparatur schematisch dargestellt. Das
Gefäß, in dem die Emulsion erzeugt wird, ist ein doppelwandiger,
kühlbarer Rundkolben aus Glas mit 7,5 cm Innendurchmesser. Der Rühraufsatz ist ganz aus Edelstahl. Die Rührwelle ist durch zwei Edelstahlkugellager gelagert. Als Dichtungsmaterial dient ausschließlich
Teflon. Über einen Gummiring wird der Rührer durch einen in der
Drehzahl von 0-2000 min^{-1} variierbaren Motor angetrieben. Das Fällbad ist kühlbar. Zum Aufrollen der extrudierten Faser dient eine aus
Edelstahl gefertigte Walze mit 13 cm Durchmesser und 5,3 cm Breite.
Sie ist über éinen Gummiring mit dem Motor verbunden und in der Drehzahl
zwischen 0 und 200 min^{-1} variierbar. Zur besseren Haftung der aufzuwickelnden Spinnfaser ist die Walze mit Teflonspray beschichtet.
Der Aufbau der Spinndüse geht ebenfalls aus Abb. 108 hervor. Der
verschraubbare Überwurf zur Halterung der beiden Teflon-Dichtungsringe, des Edelstahlgewebes und der Düse ist aus Edelstahl. Die Düse
besteht aus einem dünnen Edelstahlplättchen (6 mm Durchmesser; 0,06
mm Dicke) mit einem zentralen Loch von 100 µm Durchmesser.

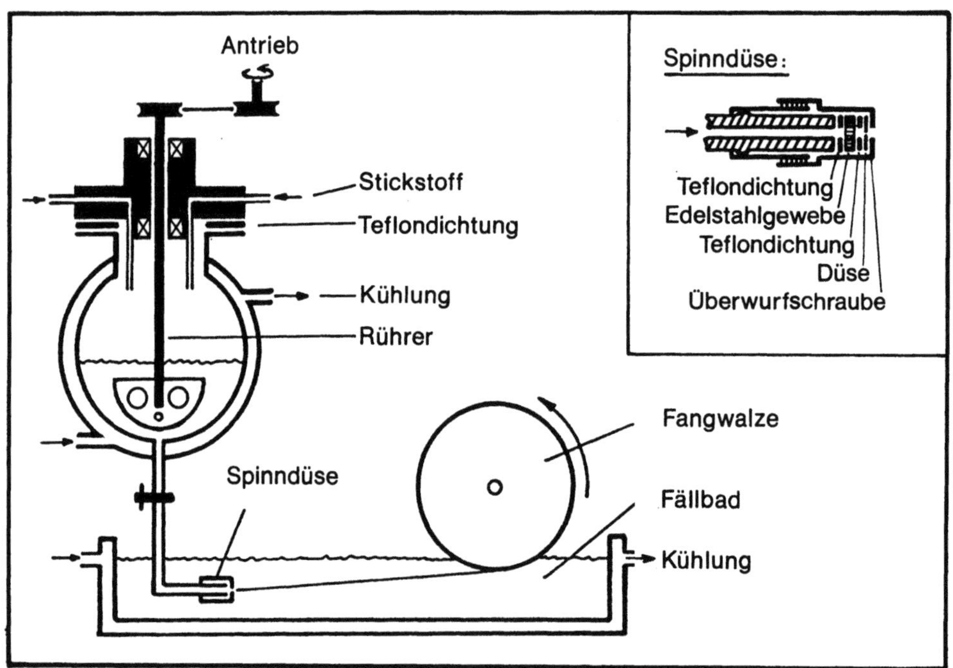

Abb. 108. Apparatur zur Enzymeinspinnung

Einspinnprozedur

4 g Cellulosetriacetat und 50 ml Methylenchlorid werden in den
offenen Reaktionskolben eingefüllt. Die Teflondichtung wird aufge-
legt und der Rühraufsatz aufgeschraubt. Bis zur vollständigen Lösung
des Cellulosetriacetats wird langsam gerührt. Nach Kühlung des Kol-
bens auf 0 °C werden 8 ml einer handelsüblichen Hefe-ß-Galactosidase
(Hydrolact L 50, John & E. Sturge Ltd., Selby, GB) über den Einfüll-
stutzen mit Hilfe einer Spritze zugefügt. Nach Verschließen aller
Öffnungen wird 5 min intensiv (2000 Umdr./min) gerührt. Dabei bildet
sich eine feine milchige Emulsion. Zur Entfernung der eingerührten
Luftblasen wird anschließend 20 min stehen gelassen.

Zum eigentlichen Spinnvorgang wird der Reaktionskolben mit einem
Stickstoffdruck von 3000 Pa (0,3 bar) beaufschlagt und die Reaktionsmischung über die Spinndüse in das mit Toluol gefüllte Fällbad
gedrückt. Der aus der Düse austretende Polymerfaden wird mit einer
Pinzette gefaßt und auf die mit ca. 35 Umdrehungen/min drehende
Fangwalze geheftet. Im folgenden sind Stickstoffdruck und Drehzahl
der Walze so aufeinander abzustimmen, daß der Faden gleichmäßig
aufgespult wird.

Nach Beendigung des Spinnvorgangs wird der Faden von der Walze
genommen und an der Luft trocknen gelassen. Die Apparatur wird nach
Zerlegung in ihre Einzelteile sorgfältig mit Aceton gereinigt.

Einsatz des Präparates

Das enzymhaltige Fasermaterial wird in etwa 2 cm lange Stücke zer-
schnitten und in einem temperierbaren Säulenreaktor aus Glas, wie in
Abb. 109 gezeigt, dicht gepackt.

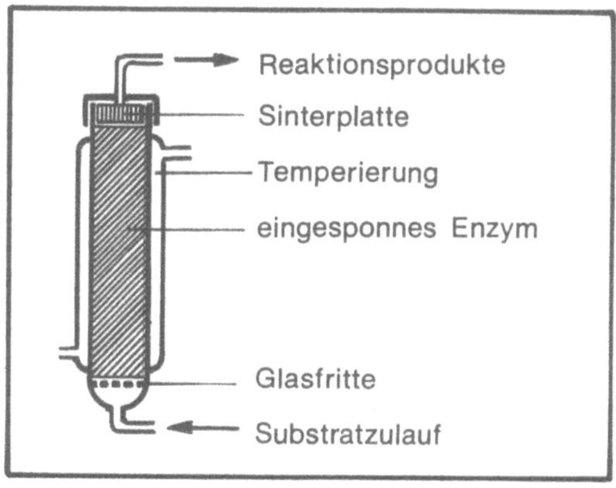

Abb. 109. Säulenreaktor mit eingesponnener ß-Galactosidase

Der Säulenreaktor hat einen Innendurchmesser von 1 cm und eine Höhe
von 10 cm. Bei einer Temperatur von 35 ^{o}C wird 4 %ige Lactoselösung
in 0,1 m Phosphatpuffer (pH 6,2) von unten nach oben durch den
Reaktor gepumpt. Die Pumprate (= Fließrate) wird jeweils für etwa
1 h lang auf einen bestimmten Wert (z.B. 20, 50, 100 und 200 ml/h)
eingestellt. Jeweils kurz vor Umstellung auf eine neue Pumprate wird
eine Probe der ablaufenden Flüssigkeit entnommen und nach der Hexokinasemethode (Glucose-Testkombination Nr. 716.251, Boehringer Mannheim GmbH, D-6800 Mannheim) auf Glucose untersucht.

A 7.3 Ergebnisse und Auswertung

Die zu erwartende Abnahme der Lactosehydrolyse bei zuneh-
mender Fließrate wird aus den Ergebnissen (s. Tabelle 38) deutlich.
Bei der eingesetzten 4 %igen Lactoselösung können bei vollständiger
Hydrolyse maximal 2 % Glucose im Ablauf erwartet werden. 1,8 %
Glucose und damit eine 90 %ige Lactosehydrolyse wurden bei einer
Fließrate von 10 ml/h erreicht. Der 90 %ige Hydrolysegrad wird auch
bei industrieller Milchbehandlung als ausreichend zur Verhinderung
von Erscheinungen der Lactoseintoleranz betrachtet.

Die sehr niedrig erscheinenden Fließraten müssen relativiert werden, indem man sie auf das Reaktorvolumen von 7,85 ml bezieht. Es
resultieren dann die in der mittleren Spalte von Tabelle 38 angegebenen spezifischen Durchflußraten, die in einer für immobilisierte
Biokatalysatoren durchaus üblichen Größenordnung liegen.

Tabelle 38. Meßdaten mit eingesponnener ß-Galactosidase

Fließrate	Spez. Durchflußrate	Glucosegehalt im Ablauf
10 ml/h	1,27 h^{-1}	1,80 g/100 ml
20 ml/h	2,55 h^{-1}	1,62 g/100 ml
50 ml/h	6,37 h^{-1}	0,83 g/100 ml
100 ml/h	12,74 h^{-1}	0,41 g/100 ml

Für weitergehende Folgerungen sind die hier ausgeführten Untersuchungen nur beschränkt geeignet, weil nur sehr wenige Meßdaten und
diese in synthetischer Lactoselösung ermittelt wurden. Es steht aber
natürlich dem Untersuchenden frei, eine Komplettierung durch weitere
Messungen und durch die Einbeziehung von Milch als Substrat zu
schaffen.

Aufgabe 8

Einschluß von L-Asparaginase in Mikrokapseln aus Nylon

A 8.1 Einführung

Die Aufgabe soll mit der interessanten Technik der Mikroverkapselung
von Enzymen bekannt machen. Sie soll am Beispiel der Verkapselung
von L-Asparaginase durch Grenzschichtpolymerisation zeigen, daß die
Methode zu durchaus zufriedenstellenden Aktivitätsausbeuten führen
kann. Andererseits soll aber auch klar werden, daß die vergleichs-
weise schwierige Verkapselungsprozedur und die Empfindlichkeit der
Mikrokapseln ihre verbreitete großtechnische Anwendung zumindest
stark erschweren.

Technisch bedeutsam ist die Mikroverkapselung von Farbstoffen
geworden. Seit Mitte der 50er Jahre werden mikroverkapselte Farb-
stoffe für Durchschreibepapier verwendet. Dabei werden die farb-
stoffhaltigen Mikrokapseln in das betreffende Papier eingearbeitet.
Führt man einen Stift über das Papier oder auch über darüberliegende
Blätter, so werden die Farbstoffkapseln zerstört und das Papier wird
an den Druckstellen gefärbt.

Anwendungsmöglichkeiten für mikroverkapselte Enzyme werden kaum
im industriellen Bereich, sondern eher auf dem analytischen und
medizinischen Sektor gesehen. Man denkt z.B. an die Entwicklung
künstlicher Nieren, in denen mikroverkapselte Urease die Harnstoffspaltung in CO_2 und Ammoniak bewirkt (vgl. Kap. 7.3, S. 120f).
Weitere Bemühungen zielen auf den Einsatz verkapselter Asparaginase
zur Behandlung bestimmter Krebsformen, wie Lymphosarkomen (vgl. Kap.
7.1, S. 117f).

Auch in der vorliegenden Aufgabe soll L-Asparaginase als ein Beispiel eines Enzyms mit möglicher medizinischer Bedeutung mikrover-
kapselt werden. Das Enzym katalysiert die hydrolytische Spaltung von
L-Asparagin zu L-Asparaginsäure und Ammoniak. Es ist also grundsätzlich in der Lage, das für die Entwicklung von Lymphosarkomen essen-
tielle L-Asparagin zu beseitigen und den Sarkomen so den Nährboden
zu entziehen.

Methodische Varianten der Mikroverkapselung wurden in Kap. 2.6
(s.S. 41ff) dargestellt. Die Grenzschichtpolymerisation, eine bevorzugte Technik, wird im Rahmen dieser Aufgabe praktiziert. Bei ihr
erfolgt die Kapselbildung nach Emulgierung einer wäßrigen Enzymlösung in einem organischen, nicht wasserlöslichen Lösungsmittel an
der Phasengrenze. Ein in der wäßrigen Phase gelöstes Monomer und ein
in der Lösungmittelphase gelöstes weiteres Monomer verbinden sich an
ihrer Berührungsstelle zum Kapselpolymer.

A 8.2 Versuchsbeschreibung

Mikroverkapselung

Die für den Versuch einzusetzende L-Asparaginaselösung (Best.-Nr.
102.903, Boehringer Mannheim GmbH, D-6800 Mannheim) enthält 5 mg L-
Asparaginase aus E. coli auf 1 ml Glycerinlösung. Diese
Originallösung (1 ml) wird durch Zugabe von 4 ml eiskaltem dest.
Wasser auf insgesamt 5 ml verdünnt. Im folgenden wird diese
verdünnte L-Asparaginaselösung (mit 1 mg L-Asparaginase pro ml)
eingesetzt.

Folgende Lösungen werden zunächst getrennt im Eisbad angesetzt
und für den Verkapselungsansatz bereitgehalten:

Lösung 1
1 ml verdünnte L-Asparaginsäurelösung (1 mg/ml), 10 mg Casein nach
Hammarsten, 7 mg Asparaginsäure und 93 mg Hexamethylendiamin (= 1,6-
Diaminohexan) werden mit 2,5 ml 0,45 m Boratpuffer (pH 8,4) gelöst.

Lösung 2
16 ml Cyclohexan, 4 ml Chloroform und 2 Tropfen Span 85 werden
vermischt.

Lösung 3
0,1 ml Sebacoylchlorid (= Sebacinsäuredichlorid), 12 ml Cyclohexan
und 3 ml Chloroform werden vermischt.

Im Eisbad werden die Lösungen 1 und 2 zusammengegossen und 3-4 min
lang so kräftig auf einem Magnetrührer gerührt, daß eine Emulsion
mit ca 1-2 μm Tröpfchengröße entsteht (mikroskopische Kontrolle).
Unter weiterem Rühren wird Lösung 3 sehr langsam mit einer Pipette
innerhalb von 8-10 min am Gefäßrand entlang zulaufen gelassen. Nach
beendetem Zulauf wird noch ca. 2 min lang weitergerührt.

Die entstandenen Mikrokapseln werden auf einer Nutsche abgetrennt, wobei nie ganz trockengesaugt werden darf. Weiter werden die
Mikrokapseln mit Ethanol und dann sehr gründlich mit dest. Wasser
gewaschen. Die Mikrokapseln werden in 10 ml 0,02 m Phosphatpuffer
(pH 6,5) suspendiert. Ein Tropfen der Suspension wird zur Fest-
stellung von Form und Größe der Kapseln mikroskopiert. Die übrige
Suspension wird bis zur Aktivitätsbestimmung im Kühlschrank aufbewahrt.

Bestimmung der L-Asparaginaseaktivität

Die Aktivitätsbestimmung erfolgt gemäß dem in Tabelle 39

wiedergegebenen Schema, das im wesentlichen entnommen wurde aus H.U. Bergmeyer (Hrsg.): Methoden der enzymatischen Analyse, 3. Auflage, Band 1, S. 464-465; Verlag Chemie, Weinheim 1974.

Tabelle 39. Schema zur Bestimmung der L-Asparaginaseaktivität

	Vergleichsstandard		Enzympräparat	
	Leerwert	Standard	Leerwert	Präparat
Tris-Puffer (0,2 m; pH 8,6)	1,00 ml	1,00 ml	1,00 ml	1,00 ml
L-Asparagin (25,5 mg/ml)	-	-	0,10 ml	0,10 ml
dest. Wasser	1,00 ml	-	0,90 ml	0,80 ml
$(NH_4)_2SO_4$-Standard (161 µg/ml)	-	1,00 ml	-	-
Präparatlösung bzw. -suspension	-	-	-	0,10 ml

mischen + 30 min bei 37 °C inkubieren

	Vergleichsstandard		Enzympräparat	
Trichloressigsäure (1,5 m)	0,10 ml	0,10 ml	0,10 ml	0,10 ml
dest. Wasser	-	-	-	0,10 ml
Präparatlösung bzw. -suspension	0,10 ml	0,10 ml	0,10 ml	-

mischen und Überstand dieser Mischung
im folgenden Testansatz einsetzen

	Vergleichsstandard		Enzympräparat	
dest. Wasser	4,25 ml	4,25 ml	4,25 ml	4,25 ml
Überstand	0,25 ml	0,25 ml	0,25 ml	0,25 ml
Neßlers Reagenz	0,50 ml	0,50 ml	0,50 ml	0,50 ml

mischen und nach genau 1 min Extinktion bei 436 nm und 1 cm Schichtdicke ablesen

Die Aktivitätsbestimmung soll mit dem hergestellten eingekapselten Enzym und mit dem nativen Enzym durchgeführt werden.

Von dem eingekapselten Enzym werden 0,10 ml der im Kühlschrank aufbewahrten Suspension (entsprechend 10 µg Enzymprotein) eingesetzt.

Vom löslichen (nativen) Enzym wird eine 1 auf 100 Verdünnung der bereits auf 1 mg/ml verdünnten Lösung (s.S. 180) hergestellt; davon werden 0,10 ml (entsprechend 1 µg Enzymprotein) pro Ansatz eingesetzt.

A 8.3 Ergebnisse und Auswertung

Tabelle 40 gibt die Meßwerte und die daraus errechneten Enzymakti-
vitätswerte wieder. Da das Ausrechnen dem in enzymatischen Aktivi-
tätsbestimmungen weniger Erfahrenen keineswegs selbstverständlich
sein wird, ist dies im folgenden detailliert beschrieben.

Tabelle 40. Enzymaktivität der nativen und der eingekapselten
L-Asparaginase

		Native L-Asparaginase	Eingekapselte L-Asparaginase
Extinktion mit dem Standard		0,144	0,144
Extinktion mit dem Enzympräparat		0,153	0,223
Proteinmenge im Ansatz	mg	0,001	0,010
Aktivität	u/mg	86,3	12,6
Immobilisierungsausbeute	%	–	14,6

Gesucht ist die Aktivität in units/mg (u/mg). Dabei ist eine unit
(u) die Aktivität, die zur Freisetzung von 1 μmol NH_4^+ pro min
führt.

Als Standard wurde $(NH_4)_2SO_4$ (MG 132,14) verwendet. Die Einwaage
von 161 μg entspricht 1,2184 μMol $(NH_4)_2SO_4$ bzw 2,4368 μMol NH_4^+.

Die freigesetzte Menge NH_4^+ in μMol pro 30 min ergibt sich aus
den für das Präparat und den Standard gemessenen Extinktionswerten
nach

$$c \; = \; \frac{E_{Präp.}}{E_{Stand.}} \cdot \; 2,4368 \quad \mu Mol \; NH_4^+/30 \; min$$

Die freigesetzte NH_4^+-Menge in μMol/min ergibt sich, indem der Wert
durch 30 geteilt wird. Weiterhin muß auf ein mg Enzymeinwaage umgerechnet werden, indem durch die in den Ansatz gelangende Einwaage
(in mg) geteilt wird. Im Falle des nativen Präparates war das 1 μg
(entsprechend 0,001 mg). Die Aktivität des nativen Präparates ergibt
sich also aus der Beziehung

$$A \; [u/mg] \; = \; \frac{E_{Präp.}}{E_{Stand.}} \cdot \; \frac{2,4368}{30 \cdot 0,001}$$

Im Falle des mikroverkapselten Enzyms wurden 10 μg (entsprechend 0,010 mg) pro Ansatz verwendet, so daß die Aktivität sich aus folgender Beziehung ergibt:

$$A \; [u/mg] \; = \; \frac{E_{Präp.}}{E_{Stand.}} \cdot \frac{2,4368}{30 \cdot 0,010}$$

Die bei der Einkapselung erreichte Aktivitätsausbeute von knapp 15 % der eingesetzten Aktivität ist durchaus zufriedenstellend und in der Größenordnung von auch in der Literatur berichteten Werten. Allerdings waren die bei der Mikroverkapselung ergriffenen Maßnahmen zum Schutz des Enzyms (kurze Verweilzeit mit den Monomeren, Eisbad u.ä.) erheblich aufwendiger als bei den in den bisherigen Aufgaben praktizierten anderen Immobilisierungsmethoden.

ANHANG

Abkürzungen und Formelzeichen

Abkürzungen

ADP	Adenosindiphosphat
Ala	Alanin
6-APS	(oder 6-APA) 6-Aminopenicillansäure
Arg	Arginin
Asn	Asparagin
Asp	Asparaginsäure
ATP	Adenosintriphosphat
BIS	Bis(N,N´)-Methylenbisacrylamid
CM-	Carboxymethyl-
CoA	Coenzym A
Cys	Cystein
DEAE-	Diethylaminoethyl-
EC	Enzyme Commission
EDTA	Ethylendiamintetraessigsäure
FAD	Flavinadenindinucleotid
Gln	Glutamin
Glu	Glutaminsäure
Gly	Glycin oder Glykokoll
GOD	Glucoseoxidase
His	Histidin
IEP	Isoelektrischer Punkt
Ileu	Isoleucin
IUB	International Union of Biochemistry
KAT	Katalase
Leu	Leucin
Lys	Lysin
Met	Methionin
MG	Molekulargewicht
NAD	(eig.: NAD^+) Nicotinamidadenindinucleotid
$NADH_2$	(eig.: $NADH + H^+$) reduziertes Nicotinamidadenindinucleotid
NADP	(eig.: $NADP^+$) Nicotinamidadenindinucleotidphosphat
NC	Nomenclature Commission
ONPG	o-Nitrophenyl-ß-D-Galactopyranosid
PAL	Pyridoxalphosphat

PEG	Polyethylenglycol
Phe	Phenylalanin
Pro	Prolin
Ser	Serin
Thr	Threonin
TPP	Thiaminpyrophosphat
Trp	Tryptophan
Tyr	Tyrosin
Val	Valin

Formelzeichen

Die nachstehend zu den Formelzeichen angegebenen Dimensionen sind
Beispiele. Je nach Zusammenhang sind oft andere Dimensionen zweck-
mäßig. Man wird z.B. eine Stoffmenge je nach spezieller Aufgaben-
stellung in g, kg, Mol, mMol, μMol o.ä. angeben.

A	(u/g)	Aktivität
$\bar{A}$	(g/l)	Produktkonzentration
A_o	(u/g)	Aktivität zum Zeitpunkt o
A_t	(u/g)	Aktivität zum Zeitpunkt t
CSB	(g/l)	chemischer Sauerstoffbedarf
D	(h^{-1})	spezifische Durchflußrate, Verdünnungsrate
D_e	(cm^2/s)	effektive Diffusionskonstante
e	(-)	Basis des natürlichen Logarithmus
E	(-)	Extinktion
ε	(cm^2/μMol)	Extinktionskoeffizient
E_a	(kJ/Mol)	Aktivierungsenergie
E_{ao}	(kJ/Mol)	Aktivierungsenergie ohne Biokatalysator
r	(-)	Wirkungsgrad, Effektivität
f	(1/h)	Fließrate
F	(cm^2)	Fläche
ΔG	(kJ/Mol)	freie Energie einer Reaktion
h	(m)	Höhe
k	(h^{-1})	Inaktivierungskoeffizient
K_m	(Mol/l)	Michaelis-Konstante
$K_{m,s}$	(Mol/l)	scheinbare Michaelis-Konstante
k_p	(Pa/m)	Druckaufbaukoeffizient
K_s	(Mol/l)	Monod-Konstante

Symbol	Unit	Description
μ	(m^2/s)	Viskosität
$\dot{P}$	(cm^3/s)	Permeabilitätsfaktor
ΔP	(Pa)	Druckdifferenz, Druckaufbau
P_V	$(g/l \cdot h)$	volumetrische Produktivität
φ	$(-)$	Thiele-Modul
r	(cm)	Diffusionsstrecke, Radius
R	$(J/Mol \cdot K)$	allgemeine Gaskonstante
S	$(mMol/cm^3)$	Substratkonzentration
ΔS	$(mMol/cm^3)$	Substratkonzentrationsdifferenz
S_{ex}	$(mMol/cm^3)$	Substratkonzentration außerhalb
S_{en}	$(mMol/cm^3)$	Substratkonzentration innen
Sh	$(-)$	Sherwood-Zahl
T	(K)	absolute Temperatur
t	(h)	Zeit
$t_{1/2}$	(h)	Halbwertszeit
t_m	(h)	mittlere Verweilzeit
U	(Mol)	Substratmenge, Stoffmenge, Stoffumsatzmenge
v	$(mMol/s)$	Reaktionsgeschwindigkeit, Umsatzrate
v_d	$(mMol/s)$	Diffusionsgeschwindigkeit
v_o	(m/s)	Oberflächengeschwindigkeit
V	(l)	Volumen
V_{max}	$(mMol/s)$	maximale Reaktionsgeschwindigkeit

Literatur

Die Literatur über immobilisierte Biokatalysatoren ist außerordentlich umfangreich. Nachfolgend werden neben den in den Tabellen
zitierten Literaturstellen einige zusammenfassende Bücher angegeben.
Darüberhinaus werden zu jedem Hauptkapitel einige neuere Original-
und Übersichtsarbeiten angegeben, die auch den Zugang zu weiterer
Literatur erschließen. Sämtliche Literatur ist mit vollem Titel
angegeben, weil dies dem Leser eher als die oft übliche Kurzzi-
tierung sagen wird, welche Arbeit für ihn interessant sein könnte.

Bücher

Buchholz K (Hrsg) (1979) Characterization of immobilized biocatalysts. Dechema
monographs, Bd **84.** Verlag Chemie, Weinheim, 394 S

Chibata I (Hrsg) (1978) Immobilized enzymes research and development. Wiley, New
York, 284 S

Chibata I, Wingard L B jr (Hrsg) (1983) Applied biochemistry and bioengineering,
Bd **4.** Immobilized microbial cells. Academic Press, New York, 355 S

Ghose T K, Fiechter A, Blakebrough N (Hrsg) (1978) Advances in biochemical engineering, Bd **10,** immobilized enzymes I. Springer, Berlin, 177 Seiten.

Ghose T K, Fiechter A, Blakebrough N (Hrsg) (1979) Advances in biochemical engineering, Bd **12,** immobilized enzymes II. Springer, Berlin, 253 Seiten.

Laskin A I (Hrsg) (1985) Applications of isolated enzymes and immobilized cells
to biotechnology. Adison-Wesley, Amsterdam, 300 S

List D, Knechtel W (1979) Immobilisierte Enzyme in der Lebensmitteltechnologie
und -analytik. Publikationsabt TU Berlin, 87 S

Mattiasson B (Hrsg) (1983) Immobilized cells and organelles, Bd **1.** CRC Press,
Boca Raton, 143 S

Mattiasson B (Hrsg) (1983) Immobilized cells and organelles, Bd **2.** CRC Press,
Boca Raton, 158 S

Mosbach K (Hrsg) (1976) Methods in enzymology, Bd **44,** immobilized enzymes. Academic Press, New York, 999 S

Wingard L B jr, Katchalski-Katzir E, Goldstein L (Hrsg) (1981) Applied biochemistry and bioengineering, Bd **3.** Analytical applications of immobilized enzymes
and cells. Academic Press, New York, 336 S

Woodward J (Hrsg) (1985) Immobilized cells and enzymes. A practical approach.
IRL-Press, Oxford, 192 S

Zitierte Literatur

Ahmed F, Dunlap R B (1984) Kinetic studies of sepharose- and CH-sepharose-immobilized dihydrofolate reductase. Biotechnol Bioeng 26: 1227-1232

Aizawa W, Wada M, Kato S, Suzuki S (1980) Immobilized mitochondrial electron transport particle for NADH determination. Biotechnol Bioeng 22: 1769-1783

Angelino S A G F, Müller F, Plas H C van der (1985) Purification and immobilization of rabbit liver aldehyde oxidase. Biotechnol Bioeng 27: 447-455

Bachmann S, Gebicka L, Gasyna Z (1981) Immobilization of glucose isomerase on radiation-modified gelatine gel. Starch/Stärke 33: 63-66

Banerjee M, Chakravarty A, Majumdar S K (1984) Characteristics of yeast ß-galactosidase immobilized on calcium alginate gels. Appl Microbiol Biotechnol 20: 271-274

Barbaric S, Kozulic B, Leustek I, Pavlovic B, Cesi V. Mildner P (1984) Cross-linking of glycoenzymes via their carbohydrate chains. In: 3rd Eur Congr Biotechnol, Bd 1. Verlag Chemie, Weinheim, S 307-312

Beddows C G, Guthrie J T, Abdel-Hay F I (1981) The use of graft copolymers as enzyme supports immobilization of proteins and enzymes on a hydrolyzed nylon-co-acrylnitrile system. Biotechnol Bioeng 23: 2885-2889

Beddows C G, Gil M H, Guthrie J T (1982) The immobilization of enzymes, bovine serum albumin, and phenylpropylamine to poly(acrylic acid)-polyethylene-based copolymers. Biotechnol Bioeng 24: 1371-1387

Bettmann H, Rehm H J (1984) Degradation of phenol by polymer entrapped micro-organisms. Appl Microbiol Biotechnol 20: 285-290

Bihari V, Goswami P P, Rizvi S H M, Kahn A W, Basu S K, Vora V C (1984) Studies on immobilized fungal spores of microbial transformation of steroids: 11a-hydroxylation of progesterone with immobilized spores of Aspergillus ochraceus G8 on polyacrylamide gel and other matrices. Biotechnol Bioeng 26: 1403-1408

Black G M, Webb C, Matthews T M, Atkinson B (1984) Practical reactor systems for yeast cell immobilization using biomass support particles. Biotechnol Bioeng 26: 134-141

Boudrant J, Ceheftel C (1975) Continuous hydrolysis of sucrose by invertase adsorbed in a tubular reactor. Biotechnol Bioeng 17: 827

Cabral J M S, Novais J M, Cardoso J P (1984) Coupling of glucoamylase on alkyl-amine derivative of titanium(IV) activated controlled pore glass with tannic acid. Biotechnol Bioeng 26: 386-388

Cannon J J, Chen L-F, Flickinger M C, Tsao G T (1984) The development of an immobilized lactate oxidase system for lactic acid analysis. Biotechnol Bioeng 26: 167-173

Cantarella M, Migliaresi C, Tafuri M G, Alfani F (1984) Immobilization of yeast cells in hydroxymethacrylate gels. Appl Microbiol Biotechnol 20: 233-237

Chipley J R (1974) Effects of 2,4-dinitrophenol and N,N'-dicyclohexylcarbodiimide on cell envelope-associated enzymes of Escherichia coli and Salmonella enteritidis. Microbios 10: 115-120

Clark D S, Bailey J E (1984) Deactivation kinetics of immobilized a-chymotrypsin subpopulations. Biotechnol Bioeng 26: 1090-1097

Cocquempot M F, Thomasset B, Barbotin J N, Gellf G, Thomas D (1981) Comparative stabilization of biological photosystems by several immobilization procedures. 2. Storage and functional stability of immobilized thylakoids. Eur J Appl Microbiol Biotechnol 11: 193-198

D'Angiuro L, Cremonesi P (1982) Immobilization of glucose oxidase on sepharose by uv-initiated graft copolymerization. Biotechnol Bioeng **24**: 207-216

Decleire M, Huyhn N van, Motte J C (1985) Hydrolysis of lactose solutions and wheys by whole cells of Kluyveromyces bulgaricus. Appl Microbiol Biotechnol **21**: 103-107

Deo Y M, Gaucher G M (1984) Semicontinuous and continuous production of penicillin-G by Penicillium chrysogenum cells immobilized in k-carrageenan beads. Biotechnol Bioeng **26**: 285-295

De Rosa M, Gambacorta A, Lama L, Nicolaus B (1981) Immobilization of thermophilic microbial cells in crude egg white. Biotechnol Lett **3**: 183-188

DiLuccio R C, Kirwan D J (1984) Effect of dissolved oxygen on nitrogen fixation by A. vinelandii. II. Ionically adsorbed cells. Biotechnol Bioeng **26**: 87-91

Döppner T, Hartmeier W (1984) Glucose oxidation by modified mould mycelium. Starch/Stärke **36**: 283-287

Ehrhardt H M, Rehm H J (1985) Phenol degradation by microorganisms adsorbed on activated carbon. Appl Microbiol Biotechnol **21**: 32-36

Eikmeier H, Rehm H J (1984) Production of citric acid with immobilized Aspergillus niger. Appl Microbiol Biotechnol **20**: 365-370

Förberg C, Häggström L (1984) Adsorbed cell systems controlled by the nutrient dosing technique. In: 3rd Eur Congr Biotechnol, Bd **2**. Verlag Chemie, Weinheim, S 115-120

Friend B A, Shaghani K M (1982) Characterization and evaluation of Aspergillus oryzae coupled to a regenerable support. Biotechnol Bioeng **24**: 329-345

Fukushima S, Yamade K (1982) Rapid continuous alcohol fermentation of carbohydrates in a novel immobilized bioreactor. In Dellweg H (Hrsg) 5. Symp Techn Mikrobiol. VLSF, Berlin, S 346-354

Gainer J L, Kirwan D J, Foster J A, Seylan E (1980) Use of adsorbed and covalently bound microbes in reactors. Biotechnol Bioeng Symp **10**: 35-42

Garde V L, Thomasset B, Tanaka A, Gellf G, Thomas D (1981) Comparative stabilization of biological photosystems by several immobilization systems. 1. ATP production by immobilized bacterial chromatophores. Eur J Appl Microbiol Biotechnol **11**: 133-138

Giard D J, Loeb D H, Thilly W G, Wang D I C, Levine D W (1979) Human interferon production with diploid fibroblast cells grown on microcarriers. Biotechnol Bioeng **21**: 433-442

Greenberg N A, Mahoney R A (1981) Immobilization of lactase (ß-galactosidase) for use in dairy processing: a review. Proc Biochem **16** (2): 2-8, 49

Hartmeier W (1977) Immobilisierte Enzyme für die Lebensmitteltechnologie. Gordian **77**: 202-210, 232-237

Hartmeier W, Tegge G (1979) Versuche zur Glucoseoxidation in Glucose-Fructose-Gemischen mittels fixierter Glucoseoxidase und Katalase. Starch/Stärke **31**: 348-353

Havewala N B, Weetall H H (1973) Foraminous containers in a stirrer shaft. US Pat no 3.767.535

Hofstee B H J (1973) Immobilization of enzymes through non-covalent binding to substituted agaroses. Biochem Biophys Res Commun **53**: 1137-1144

Ibrahim M, Hubert P, Dellacherie E, Magdalou J, Muller J, Siest G (1985) Covalent attachment of epoxide hydrolase to dextran. Enz Microbiol Technol **7**: 66-72

Jack T R, Zajic J E (1977) The enzymatic conversion of L-histidine to urocanic acid by whole cells of Micrococcus luteus immobilized on carbodiimide activated carbxymethylcellulose. Biotechnol Bioeng **19**: 631

Jirku V, Turkova J, Krumphanzl V (1980) Immobilization of yeast with retention of cell division and extracellular production of macromolecules. Biotechnol Lett **2**:

509-513.

Karube I, Aizawa K, Ikeda S, Suzuki S (1979) Carbon dioxide fixation by immobilized chloroplasts. Biotechnol Bioeng **21**: 253-260

Karube I, Kawarai M, Matsuoka H, Suzuki S (1985) Production of L-glutamate by immobilized protoplasts. Appl Microbiol Biotechnol **21**: 270-272

Kato T, Horikoshi K (1984) Immobilized cyclomaltodextrin glucanotransferase of an alkalophilic Bacillus sp no 38-2. Biotechnol Bioeng **26**: 595-598

Kaul R, D'Souza S F, Nadkarni G B (1984) Hydrolysis of milk lactose by immobilized ß-galactosidase-hen egg white powder. Biotechnol Bioeng **26**: 901-904

Khan S S, Siddiqi A M (1985) Studies on chemically aggregated pepsin using glutaraldehyde. Biotechnol Bioeng **27**: 415-419

Kobayashi T, Ohmiya K, Shimizu S (1975) Immobilization of ß-galactosidase by polyacrylamid gel. In: Weetall H H, Suzuki H (Hrsg) Immobilized enzyme technology; Plenum, New York, S 169-197

Koga J, Yamaguchi K, Gondo S (1984) Immobilization of alkaline phosphatase on activated alumina particles. Biotechnol Bioeng **26**: 100-103

Krakowiak W, Jach M, Korona J, Sugier H (1984) Immobilization of glucoamylase on activated aluminiumoxide. Starch/Stärke **36**: 396-398

Kühn W, Kirstein D, Mohr P (1980) Darstellung und Eigenschaften trägerfixierter Glukoseoxydase. Acta Biol Med Germ **39**: 1121-1128

Madry N, Zocher R, Grodzki K, Kleinkauf H (1984) Selective synthesis of depsipeptides by the immobilized multienzyme enniatin synthetase. Appl Microbiol Biotechnol **20**: 83-86

Marek M, Valentova O, Kas J (1984) Invertase immobilization via its carbohydrate moiety. Biotechnol Bioeng **26**: 1223-1226

Mazumder T K, Sonomoto K, Tanaka A, Fukui S (1985) Sequential conversion of cortexolone to prednisolone by immobilized mycelia of Curvularia lunata and immobilized cells of Arthrobacter simplex. Appl Microbiol Biotechnol **21**:154-161

Messing R A, Oppermann R A (1979) Pore dimensions for accumulating biomass. I. Microbes that reproduce by fission or budding. Biotechnol Bioeng **21**: 49-58

Mitz M A (1956) New insoluble active derivative of an enzyme as a model for study of cellular metabolism. Science **123**: 1076-1077

Miyama H, Kobayashi T, Nosaka Y (1984) Immobilization of enzyme on nylon containing pendant quaternized amine groups. Biotechnol Bioeng **26**: 1390-1392

Miyawaki O, Wingard jr L B (1984) Electrochemical and enzymatic activity of flavin dinucleotide and glucose oxidase immobilized by adsorption on carbon. Biotechnol Bioeng **26**: 1364-1371

Monsan P, Combes D (1984) Application of immobilized invertase to continuous hydrolysis of concentrated sucrose solutions. Biotechnol Bioeng **26**: 347-351

Monsan P, Combes D, Alemzadeh I (1984) Invertase covalent grafting onto corn stover. Biotechnol Bioeng **26**: 658-664

Mori T, Sato T, Tosa T, Chibata I (1972) Studies on immobilized enzymes. X. Preparation and properties of aminoacylase entrapped into acrylamide gel-lattice. Enzymologia **43**: 213-226

Nakajima H, Sonomoto K, Usui N, Sato F, Yamada Y, Tanaka A, Fukui S (1985) Entrapment of Lavendula vera and production of pigments by entrapped cells. J Biotechnol **2**: 107-117

Navarro J M, Durand G (1977) Modification of yeast metabolism by immobilization onto porous glass. Eur J Appl Microbiol Biotechnol **4**: 243-254

Nelson J M, Griffin E G (1916) Adsorption of invertase. J Am Chem Soc **38**: 1109-1115

Ogino S (1970) Formation of fructose-rich polymer by water-insoluble dextransucrase and presence of a glycogen value-lowering factor. Agric Biol Chem **34**: 1268-1271

Qureshi N, Tamhane D V (1985) Production of mead by immobilized whole cells of Saccharomyces cerevisiae. Appl Microbiol Biotechnol **21**: 280-281

Raghunath K, Rao K P, Joseph U T (1984) Preparation and characterization of urease immobilized onto collagen-poly(glycidyl methacrylate) graft copolymer. Biotechnol Bioeng **26**: 104-109

Richter G, Heinecker H (1979) Conversion of glucose into gluconic acid by means of immobilized glucose oxidase. Starch/Stärke **31**: 418-422

Romanovskaya V A, Karpenko V I, Pantskhava E S, Greenberg T A, Malashenko Y R (1981) Catalytic properties of immobilized cells of methane-oxidizing and methanogenic bacteria. In: Moo-Young M (Hrsg) Advances in Biotechnology, Bd **3**. Pergamon, Toronto, S 367-372

Shimizu S, Morioka H, Tani Y, Ogata K (1975) Synthesis of coenzyme A by immobilized microbial cells. J Ferm Technol **53**:77-83

Suzuki H, Ozawa Y, Maeda H (1966) Studies on the water-insoluble enzyme. Hydrolysis of sucrose by insoluble yeast invertase. Agric Biol Chem **30**: 807-812

Talsky G, Gianitsopoulos G (1984) Intermolecular crosslinking of enzymes. In: 3rd Eur Congr Biotechnol,Bd 1. Verlag Chemie, Weinheim, S 299-305

Tanaka A, Yasuhara S, Gelff G, Osumi M, Fukui S (1978) Immobilization of yeast microbodies and the properties of immobilized microbody enzymes. Eur J Appl Microbiol Biotechnol **5**: 17-27

Tanaka A, Hagi N, Gellf G, Fukui S (1980) Immobilization of biocatalysts by prepolymer methods. Adenylate kinase activity of immobilized yeast mitochondria. Agric Biol Chem **44**: 2399-2405

Tosa T, Mori T, Fuse N, Chibata I (1967) Studies on continuous enzyme reactions. I. Screening of carriers for preparation of water-insoluble aminoacylase. Enzymologia **31**: 214-224

Tosa T, Mori T, Chibata I (1969) Studies on continuous enzyme reactions. IV. Enzymatic properties of the DEAE-Sephadex-aminoacylase complex. Agric Biol Chem **33**: 1053-1059

Tsuchida T, Yoda K (1981) Immobilization of D-glucose oxidase onto a hydrogen peroxide permselective membrane and application for an enzyme electrode. Enzyme Microb Technol **3**: 326-335

Umemura I, Takamatsu S, Sato T, Tosa T, Chibata I (1984) Improvement of production of L-aspartic acid using immobilized microbial cells. Appl Microbiol Biotechnol **20**: 291-295

Van Haecht J L, Bolipombo M, Rouxhet P G (1985) Immobilization of Saccaromyces cerevisiae by adhesion: treatment of the cells by Al ions. Biotechnol Bioeng **27**: 217-224

Vilanova E, Manjon A, Iborra J L (1984) Tyrosine hydroxylase activity of immobilized tyrosinase on Enzacryl-AA and CPC-AA supports: stabilization and properties. Biotechnol Bioeng **26**: 1306-1312

Vogel H J, Brodelius P (1984) An in vivo $_{31}$P NMR comparison of freely suspended and immobilized Catharanthus roseus plant cells. J Biotechnol **1**: 159-170

Weetall H H, Mason R D (1973) Studies on immobilized papain. Biotechnol Bioeng **15**: 455-466

Wiegel J, Dykstra M (1984) Clostridium thermocellum: adhesion and sporulation while adhered to cellulose and hemicellulose. Appl Microbiol Biotechnol **20**: 59-65

Workman W E, Day D F (1984) Enzymatic hydrolysis of inulin to fructose by glutaraldehyde fixed yeast cells. Biotechnol Bioeng **26**: 905-910

Weitere Literatur zu den Hauptkapiteln

Allgemeine Grundlagen

Barker S A (1980) Immobilized enzymes. In: Rose A H (Hrsg) Microbial enzymes and bioconversions. Academic Press, London, S 331-367

Dellweg H (1984) Industrielle Erzeugung von primären Fermentationsprodukten in der Bundesrepublik Deutschland und in der Europäischen Gemeinschaft. Forum Mikrobiol (Sonderh Biotechnol) **4**: 4-11

Godfrey T, Reichelt J (1983) Industrial enzymology: the applications of enzymes in industry. Macmillan, London, 600 S

Hepner L, Male C (1983) Industrial enzymes - present status and opportunities. In: Lafferty R M (Hrsg) Enzyme technology. Springer, Berlin, S 7-8

International Union of Biochemistry (Hrsg) (1984) Enzyme nomenclature. Academic Press, London, 646 S

Klibanov A M (1983) Immobilized enzymes and cells as practical biocatalysts. Science **219**: 722-727

Rose A H (1980) History and scientific basis of commercial exploitation of microbial enzymes of bioconversions. In: Rose A H (Hrsg) Microbial enzymes and bioconversions. Academic Press, London, S 1-47

World Health Organization (1984) Health impact of biotechnology. Swiss Biotech 2 (5): 7-32

Immobilisierungsmethoden

Hulst A C, Tramper J, Riet K van't, Westerbeek J M M (1985) A new technique for the production of immobilized biocatalysts in large qantities. Biotechnol Bioeng **27**: 870-876

Klein J, Wagner F (1983) Methods for the immobilization of microbial cells. In: Chibata I, Wingard L B (Hrsg) Applied biochemistry and bioengineering Bd 4, Academic Press, New York, S 11-51

Kumakura M, Kaetsu I, Nisizawa K (1984) Cellulase production from immobilized growing cell composites prepared by radiation polymerization. Biotechnol Bioeng **26**: 17-21

Marty J-L (1985) Application of response surface methodology to optimization of glutaraldehyde activation of a support for enzyme immobilization. Appl Microbiol Biotechnol **22**: 88-91

Mattiasson B (1982) Immobilization methods. In: Mattiasson B (Hrsg) Immobilized cells and organelles Bd 1. CRC Press, Boca Raton, S 3-25

Okita W B, Bonham D B, Gainer J L (1985) Covalent coupling of microorganisms to a cellulosic support. Biotechnol Bioeng **27**: 632-637

Papisov M I, Maksimenko A V, Torchilin V P (1985) Optimization of reaction conditions during enzyme immobilization on soluble carboxyl-containing carriers. Enzyme Microbial Technol **7**: 11-16

Rouxhet P G, Haecht J L van, Didelez J, Gerard P, Briquet M (1981) Immobilization of yeast cells by entrapment and adhesion using silicious materials. Enzyme Microbial Technol **3**: 49-54

Tanaka H, Kurosawa H, Kokufuta E, Veliky I A (1984) Preparation of immobilized glucoamylase using Ca-alginate gel coated with partially quaternized poly(ethyleneimine). Biotechnol Bioeng **26**: 1393-1394

Tsuge H, Okada T (1984) Immobilization of yeast pyridoxaminephosphate oxidase to halogenoacetyl polysaccharides. Biotechnol Bioeng **26**: 412-418

Vorlop K D, Klein J (1983) New developments in the field of cell immobilization - formation of biocatalysts by ionotropic gelation. In: Lafferty R M (Hrsg) Enzyme technology. Springer, Berlin, S 219-235

Wang H Y, Lee S S, Takach Y, Cawthon L (1982) Maximizing microbial cell loading in immobilized cell systems. Biotechnol Bioeng Symp **12**: 139-146

Wongkhalaung C, Kashiwagi Y, Magae Y, Ohta T, Sasaki T (1985) Cellulase immobilized on a soluble polymer. Appl Microbiol Biotechnol **21**: 37-41

Charakteristika immobilisierter Biokatalysatoren

Buchholz K (1982) Reaction engineering parameters of immobilized biocatalysts. In: Fiechter A (Hrsg) Advances in biochemical engineering Bd **24**. Springer, Berlin, S 39-71

Buchholz K (1983) Parameters involved in heterogeneous biocatalysis. In: Lafferty R M (Hrsg) Enzyme technology. Springer, Berlin, S 9-21

Dagys R J, Pauliukonis A B, Kazlauskas D A (1984) New method for the determination of kinetic constants for two-stage deactivation of biocatalysts. Biotechnol Bioeng **26**: 620-622

Juang H-D, Weng H-S (1984) Performance of biocatalysts with nonuniformly distributed immobilized enzymes. Biotechnol Bioeng **26**: 623-626

Konecny J (1983) Kinetics and thermodynamics of reactions catalyzed by penicillin acylase-type enzymes. In: Lafferty R M (Hrsg) Enzyme technology. Springer, Berlin, S 309-314

Lenders J-P, Crichton R R (1984) Thermal stabilization of amylolytic enzymes by covalent coupling to soluble polysaccharides. Biotechnol Bioeng **26**: 1343-1351

Radovich J M (1985) Mass transfer effects in fermentations using immobilized whole cells. Enzyme Mikrobial Technol **7**: 2-10

Tanaka H, Matsumura M, Veliky I A (1984) Diffusion characteristics of substrates in Ca-alginate gel beads. Biotechnol Bioeng **26**: 53-58

Reaktoren für immobilisierte Biokatalysatoren

Adler I, Fiechter A (1983) Charakterisierung von Bioreaktoren mit biologischen Testsystemen. Swiss Biotech **1**: 17-24

Ching C B, Ho Y Y (1984) Flow dynamics of immobilized enzyme reactors. Appl Microbiol Biotechnol **20**: 303-309

Chotani G K, Constantinides A (1984) Immobilized cell cross-flow reactor. Biotechnol Bioeng **26**: 217-220

Dale M C, Okos M R, Wankat P C (1985) An immobilized cell reactor with simultaneous separation. I. Experimental reactor performance. Biotechnol Bioeng **27**: 943-952

Flaschel E, Raetz E, Renken A (1983) Development of a tubular recycle membrane reactor for continuous operation with soluble enzymes. In: Lafferty R M (Hrsg) Enzyme technology. Springer, Berlin, S 285-295

Fukushima S, Yamade K (1982) Rapid continuous alcohol fermentation of carbohydrates in a novel immobilized bioreactor. In: Dellweg H (Hrsg) 5. Symp Techn Mikrobiol. Verlag VLSF, Berlin, S. 346-354

Goldstein L, Levy M (1983) Kinetics of multilayer immobilized enzyme-filter reactors: behavior of urease-filter reactors in different buffers. Biotechnol Bioeng 25: 1485-1499

Kloosterman J, Lilly M D (1985) An airlift loop reactor for the transformation of steroids by immobilized cells. Biotechnol Lett 7: 25-30

Park T H, Kim I H (1985) Hollow-fibre fermenter using ultrafiltration. Appl Microbiol Biotechnol 22: 190-194

Park Y, Davies M E, Wallis D A (1985) Analysis of a continuous aerobic fixed-film bioreactor. II. Dynamic behavior. Biotechnol Bioeng 26: 468-476

Patwardhan V S, Karanth N, G (1982) Film diffusional influences on the kinetic parameters in packed-bed immobilized enzyme reactors. Biotechnol Bioeng 26: 763-780

Shiotani T, Yamane T (1981) A horizontal packed-bed bioreactor to reduce CO_2 gas holdup in the continuous production of ethanol by immobilized yeast cells. Eur J Appl Microbiol Biotechnol 13: 96-101

Wandrey C (1984) Bioreaktoren für den Einsatz von Enzymen. Forum Mikrobiol (Sonderh Biotechnol) 7: 33-39

Yamane T, Shimizu S (1982) The minimum-sized ideal reactor for continuous alcohol fermentation using immobilized microorganisms. Biotechnol Bioeng 24: 2731-2737

Industrielle Anwendung

Boer R de, Romijn D J, Straatsma J (1982) Hydrolysed whey syrups made with immobilized ß-galactosidase in a fluidized-bed reactor. Neth Milk Dairy J 36: 317-331

Borglum G B, Marshall J J (1984) The potential of immobilized biocatalysts for production of industrial chemicals. Appl Biochem Biotechnol 9: 117-130

Cheetham P S J (1980) Developments in the immobilization of microbial cells and their application. In: Wiseman A (Hrsg) Topics in enzyme and fermentation biotechnology, Bd 4. Wiley, New York, S 189-238

Hartmeier W (1985) Anwendung immobilisierter Biokatalysatoren. Chem Ind 37: 321-323

Kennedy J F, Cabral J M S (1983) Immobilized living cells and their application. In: Chibata I, Wingard L B (Hrsg) Applied biochemistry and bioengineering, Bd 4. Academic Press, New York, S 189-280

Leuchtenberger W, Karrenbauer M, Plöcker U (1984) Herstellung von L-Aminosäuren und entsprechenden a-Hydroxysäuren in einem Enzym-Membran-Reaktor. Forum Mikrobiol (Sonderh Biotechnol) 7: 40-45

Linko P, Linko Y-Y (1983) Applications of immobilized microbial cells. In: Chibata I, Wingard L B (Hrsg) Applied biochemistry and bioengineering, Bd 4. Academic Press, New York, S 53-151

Luong J H T, Tseng M C (1984) Process and technoeconomics of ethanol production by immobilized cells. Appl Microbiol Biotechnol 19: 207-216

Nagashima M, Azuma M, Noguchi S, Inuzuka K, Samejima H (1984) Continuous ethanol fermentation using immobilized yeast cells. Biotechnol Bioeng 26: 992-997

Vandamme E J (1983) Immobilized enzyme and cell technology to produce peptide antibiotics. In: Lafferty R M (Hrsg) Enzyme technology. Springer, Berlin, S 237-270

Anwendung in der Analytik

Al-Hitt I K, Moody G J, Thomas J D R (1984) Glucose oxidase membrane systems based on poly(vinylchloride) matrices for glucose determination with an iodide ion-selective electrode. Analyst **109**: 1205-1208

Blum L J, Coulet P R, Gautheron D C (1985) Collagen strip with immobilized luciferase for ATP bioluminescent determination. Biotechnol Bioeng **27**: 232-237

Bowers L D and Carr P W (1980) Immobilized enzymes in analytical chemistry. In: Fiechter A (Hrsg) Advances in biochemical engineering, Bd **5**. Springer, Berlin, S 89-129

Clark M F, Adams A N (1977) Characteristics of the microplate method of enzyme-linked immunosorbent assay for the detection of plant viruses. J Gen Virol **34**: 475-483

Clarke D J, Blake-Coleman B C, Calder M R, Carr R J G, Moody S C (1984) Sensors for bioreactor monitoring and control - a perspective. J Biotechnol **1**: 135-158

Danielsson B (1983) Use of enzyme thermistor as a flow analyzer in biotechnology. In: Lafferty R M (Hrsg) Enzyme technology. Springer, Berlin, S 195-206

Guilbault G G (1981) Applications of enzyme electrodes in analysis. Ann New York Acad Sci **369**: 285-294

Janson J-C (1984) Large-scale affinity purification - state of art and future prospects. Trends Biotechnol **2**: 31-38

Karube I, Matsunaga T, Suzuki S, Asano T, Itoh S (1984) Immobilized antibody-based flow type enzyme immunosensor for determination of human serum albumin. J Biotechnol **1**: 279-286

Kingdon C F M (1985) Biosensor design: microbial loading capacity of acetylcellulose membranes. Appl Microbiol Biotechnol **21**: 176-179

Makovos E B, Liu C C (1985) Measurements of lactate concentration using lactate oxidase and an electrochemical oxygen sensor. Biotechnol Bioeng **27**: 167-170

Mattiasson B, Mandenius C F, Danielsson B, Harlander P (1983) Computer control of fermentations with biosensors. Ann New York Acad Sci **413**: 193-196

Pacakova V, Stulik K, Brabcova D (1984) Use of the Clark oxygen sensor with immobilized enzymes for determinations in flow systems. Anal Chim Acta **159**: 71-79

Renneberg R, Riedel K, Scheller F (1985) Microbial sensor for aspartame. Appl Microbiol Biotechnol **21**: 180-181

Schügerl K (1985) Sensor-Meßtechniken in der biotechnologischen Forschung und Industrie. Naturwissenschaften **72**: 400-407

Thompson R Q, Crough S R (1984) Stopped-flow kinetic determination of glucose and lactate with immobilized enzymes. Anal Chim Acta **159**: 337-342

Wieck H J, Heider G H, Yacynych A M (1984) Chemically modified reticulated vitreous carbon electrode with immobilized enzyme as a detector in flow-injection determination of glucose. Anal Chim Acta **158**: 137-141

Anwendung in der Medizin

Goosen M F A, O'Shea G M, Gharapetian H M, Chou S, Sun, A M (1985) Optimization of microencapsulation parameters: semipermeable microcapsules as a bioartificial pancreas. Biotechnol Bioeng **27**: 146-150

Jarvis A P, Grdina T A (1983) Production of biologicals from microencapsulated living cells. Biotechniques **1**: 22-27

Lamberti F V, Sefton M V (1983) Microencapsulation of erytrocytes in Eudragit-RL-coated calcium alginate. Biochim Biophys Acta 759: 81-91

Lim F (Hrsg) (1984) Biomedical applications of microencapsulation. CRC-Press, Boca Raton, 168 S

Sakai T, Katsuragi T, Tonomura K, Nishiyama T, Kawamura Y (1985) Implantable encapsulated cytosine deaminase having 5-fluorocytosine-deaminating activity. J Biotechnol 2: 13-21

Anwendung in der Grundlagenforschung

Bickerstaff G F (1984) Application of immobilized enzymes to fundamental studies on enzyme structure and function. In: Wiseman A (Hrsg) Topics in enzyme and fermentation biotechnology Bd 4. Wiley, New York, S 162-201

Brodelius P, Nilsson K (1983) Permeabilization of immobilized plant cells resulting in release of intracellularly stored products with preserved cell viability. Eur J Appl Microbiol Biotechnol 17: 275-280

Büchner K H, Zimmermann U (1982) Water relations of immobilized giant algal cells. Planta 154: 318-325

Clark D S, Bailey J E (1984) Characterization of heterogeneous immobilized enzyme subpopulations using EPR spectroscopy. Biotechnol Bioeng 26: 231-238

Lenders J-P, Germain P, Crichton R R (1985) Immobilization of a soluble chemically thermostabilized enzyme. Biotechnol Bioeng 27: 572-578

Mercer D G, O'Driscoll K F (1981) Kinetic modeling of a multiple immobilized enzyme system. II. Application of the model. Biotechnol Bioeng 23: 2465-2481

Walters S N, D'Silva A P, Fassel V A (1982) Immobilized enzyme system for the conversion of benz(a)pyrene to fluorescent metabolites. Anal Chem 54: 2571-2576

Spezielle Entwicklungen und Tendenzen

Brodelius P, Mosbach K (1982) Immobilized plant cells. In: Perlman D (Hrsg) Advances in applied microbiology Bd 28. Academic Press, New York, S 1-26

Hahn-Hägerdal B (1983) Co-immobilization involving cells, organelles, and enzymes. In: Mattiasson B (Hrsg) Immobilized cells and organelles Bd 2. CRC-Press, Boca Raton, S 79-94

Hartmeier W (1985) Immobilisierte Biokatalysatoren auf dem Weg zur zweiten Generation. Naturwissenschaften 72: 310-314

Ku K, Kuo M J, Delente J, Wilde B S, Feder J (1981) Development of a hollow-fibre system for large-scale culture of mammalian cells. Biotechnol Bioeng 23: 79-95

Lydersen B K, Pugh G G, Paris M S, Sharma B P, Noll L A (1985) Ceramic matrix for large scale animal cell culture. Bio/Technology 3: 63-67

Makryaleas K, Scheper T, Schügerl K, Kula M-R (1985) Enzymkatalysierte Darstellung von L-Aminosäure mit kontinuierlicher Coenzym-Regenerierung mittels Flüssig-membran-Emulsionen. Chem Ing Tech 57: 362-363

Mattiasson B (1983) Applications of aqueous two-phase systems in biotechnology. Trends Biotechnol 1: 16-20

Nilsson K, Mosbach K (1984) Peptide synthesis in aqueous-organic solvent mixtures with a-chymotrypsin immobilized to tresyl chloride-activated agarose. Biotechnol

Bioeng **26**: 1146-1154

Spier R E (1980) Recent developments in the large scale cultivation of animal cells in monolayers. In: Fiechter A (Hrsg) Advances in biochemical engineering Bd **14**. Springer, Berlin, S 119-162

Thomasset B, Barbotin J-N, Thomas D (1984) The effects of high concentrations of salts on photosynthetic electron transport of immobilized thylakoids: functional stability. Appl Microbiol Biotechnol **19**: 387-392

Tschopp A, Cogoli A, Lewis M L, Morrison D R (1984) Bioprocessing in space: human cells attach to beads in microgravity. J Biotechnol **1**: 287-293

Verlaan P, Hulst A C, Tramper J, van't Riet K, Luyben K C A M (1984) Immobilization of plant cells and some aspects of the application in an airlift loop reactor. In: 3rd Eur Congr Biotechnol, Bd **1**. Verlag Chemie, Weinheim, S 151-154

Sachverzeichnis

Abkürzungen **187f**
Absidia spec. 103
Abwasserbehandlung 18, **86ff**, 105f,
              138f
Acetylcellulose 40
Acrylat 32, 33, 136
Actinoplanes missouriensis 94
Adipinsäuredihydrazid 36
Acyltransferasen 9
Adsorption **23f**, 46f, **145f**, 108
Äpfelsäureherstellung **102**
Affinität 65, 107f
Affinitätschromatographie **107f**
Agar 37f, 40, 130, 133
Agarose 24, 30f, 40, 130
Airlift 79f
Aktives Zentrum **8**, 65
Aktivierung 3f, 52, 54f
Aktivierungsenergie 3f
- Definition 3f
- Ermittlung **54f**
Aktivkohle 23, 24, **145ff**, 147ff
Alanindehydrogenase 92f
Albumin 43, 47, 133, 160f
Aldehydoxidase 26
Alginat **37ff**, 130, 135f, **164ff**
Alkoholdehydrogenase 10, 11, 12
Aluminium, Aluminiumoxid   24
Amberlite 26, 32
Aminoacylase 21, 26, 40, **89ff**
Aminoamidase (s. Aminoacylase)
6-Aminopenicillansäure **97ff**
Aminosäuren 5, 18, 19, **89ff**
- Analytik 111
- mit Aminoacylase 18, **89ff**
- mit Membranreaktoren 18, 19, **91f**
- Sequenz **6f**
- Strukturformeln **6**
Aminosäuredehydrogenase 92
Aminosäureoxidase 111
Ampicillinacylase 97
Ampicillinherstellung **97**
α-Amylase 11, 12, 20, 104, 156
ß-Amylase 11, 12, 13
γ-Amylase (s. Glucoamylase)
Amyloglucosidase (s. Glucoamylase)
Analysenautomaten **109f**

Analytik **107ff**
Antigene 114ff
Antikörper 114ff
Anwendung immobil. Biokatalysatoren
- analytische **107ff**
- Grundlagenforschung **122ff**
- industrielle **85ff**
- klassische **86ff**
- Kriterien 85
- medizinische **117ff**
- technische **85ff**
Apoenzym 9, 49f, 51, 91
Argininsuccinatlyase 13
Arrhenius-Diagramm **53ff**
Asparaginase **117ff**, **179ff**
Asparaginsäure-Herstellung **99**
Aspartase **99**, 129
Aspergillus niger 103, 160
Aspergillus oryzae 91, 160, 161
Atombindung (s. kovalente Bindung)
Autoanalyzer (s. Analysenautomaten)
Azotobacter 26, 31

Bacillus coagulans 94
Bacillus subtilis 31
Bäckerei 21
Batch-Verfahren 75f
Bedeutung, wirtschaftliche **20ff**, 96,
              129, 146
Bindung **23ff**
- adsorptive **23f**, 46f, **145f**
- ionische 15, **25f**, **151ff**
- kovalente 15, **27f**, **156ff**
- Peptidbindung 5, 32, 36
Biogasgewinnung **105f**
Biokatalyse, Grundzüge **3f**
Biokatalysatoren 4
Biotin-CoA-Ligase 13
Bisdiazobenzidin 36
Brauerei 21
Brennerei 21, 156
Brevibacterium ammoniagenes 102
Bromcyanaktivierung **30f**, 50f, 156
Bruchfestigkeit **70f**

Carbodiimid 50f
Carboxychloridharze 32f
Carboxylase 9
Carrageenan 37f, 40, 99, 130, 133
Catharanthus roseus 130
Cellex 26
Cellulase 12
Cellulose als Träger 30f, 50
- Carboxymethyl-C. 31, 151ff
- Celluloseacetat 37, **39f**, 177
- DEAE-Cellulose 24, 26
Charakteristika **52ff**
- Aktivierungsenergie 3f, **54f**
- Denaturierung **123ff**
- Diffusionseinfluß 64f, **67ff**, 136
- Halbwertszeit **56f**, 96, 99, 100
- Inaktivierungsenergie **57f**
- Inaktivierungskoeffizient 56f, 60
- pH-Einfluß **61ff**
- physikalische C. **70ff**
- Regenerierung **123ff**
- Temperaturabhängigkeit **52ff**
- Temperaturoptimum 52, **59f**
- Stabilität **55ff**
- Substrateinfluß **64f**
Chlorella vulgaris 139
Chloridaktivierung **33**
Chloroplasten 133, 139
Cholesterinoxidase 111
Chromatophoren 133
Chymotrypsin 31, 36
Clostridien, adsorbiert 24
Clostridium butyricum 139
Co-crosslinking (s. Quervernetzung)
Co-Einhüllung **135f, 165ff**
Coenzyme 5, **9**, 16
- Bindung an Enzyme **49ff**
- Bindung an Träger **50**
- Molekülvergrößerung **51**, 91
- Regenerierung 19, **91f**
Coimmobilisierung **134ff**
- Enzym-Zell-Systeme **134ff**
- sonstige Systeme **138f**
Cofaktoren (s. Coenzyme)
Collagen 132
Crosslinking (s. Quervernetzung)
CSB-Wert 105f

Daucus carota 130
Decarboxylase
Definition
- Biokatalysatoren 3f
- immobilisierte Biokatalysatoren **14f**
Dehydrogenase 9

Denaturierung **123ff**
Dextran 30f, 51
Dextranase 12
Dextransucrase 12, 13, 26
Dextrinogenamylase (s. a-Amylase)
Dialdehydstärke **31**, 36
Diazotierung 29
Diffusion (s. Charakteristika)
Digitalis lanata 130
Druckaufbau 47, **71ff**

EC-Nummer **13f**
Edelstahl als Träger 24
Eigenschaften (s. Charakteristika)
Einhüllung **37ff,48, 164ff**
Einteilung
- Enzyme **10ff**
- immobil. Biokatalysatoren **14ff**
Einspinnen 37, **39f, 175ff**
Elektroden, biochemische **110f, 171ff**
ELISA 114f
Energie
- Aktivierungsenergie 3f, **54f**
- freie 3f
Enniatinsynthetase 24
Enterobakterien 29
Entwicklungen, spezielle **129ff**
Entwicklungsstufen
- der Immobilisierungstechnik 18f
Enzym
- Apoenzym 9, 49f, 51, 91
- Aufbau **5ff**
- Denaturierung **123ff**
- Einteilung **10ff**
- Funktion 3f
- Konformation 7f
- Nomenklatur **10ff**
- Proteinanteil 5f
- Regenerierung 125f
- -therapie **117ff**
- Untereinheiten **123f**
- wirtschaftl. Bedeutung **20ff**
Enzymthermistoren **112f**
Entwicklungsstufen **18**
Epichlorhydrin 30, 134
Epoxidhydrolase 31
Escherichia coli 98, 99, 111, 140
Essigfabrikation 18, **86f**, 139
Explantat 129

Faltblattstruktur 7
Fasern (s. Spinnen)
Fesselgärverfahren 18, **86f**, 139

203

Fettsäuresynthase 13
Fick'sches Gesetz **67**
Fließbett **79f**, 105f
Flüssigkeits-Trocknungsmethode **43**
Formelzeichen **188f**
Formiatdehydrogenase 13, 91f
Fruchtsaft 21
ß-Fructofuranosidase (s. Invertase)
Fructosehaltige Sirupe **94ff**
Füllkörperreaktor (s. Tropfkörper)
Fumarase 99, 102
Fumarsäure-Umsetzung 99, **102**
Fumaratreductase 13

Gärversuche **166ff**
α-Galactosidase **103**
ß-Galactosidase 12, 20, 33, 36, 53,
                 65, **100f**, **160ff**, 165f,
                 175ff
Gelatine 37, 43, 47, 65, 94, 130
Gentechnologie **140**
Glas als Träger 24, **28ff**
ß-Glucanase 20
Glucanotransferase 24
Glucoamylase 11, 12, 20, 24, 59f, 104,
              156ff
Glucoseisomerase 12, 13, 16, 20, 35,
                  94ff, 104, 134
Glucoseoxidase 12, 13, 20, 24, 26, 65,
                69, 111f, **171f**
Glucoseoxyhydrase (s. Glucoseoxidase)
Glucose-6-Phosphat-Isomerase 12
a-Glucosidase (s. Glucoamylase)
Glutamatdehydrogenase 13
Glutamatracemase 13
Glutardialdehyd 28, **34ff**, 38, 46f,
                 134, 136, 160
Glutathionsynthase 13
Glycogenase (s. α-Amylase, ß-Amylase)
Grenzdextrinase 12
Grenzschichtpolymerisation **42**
Grundlagenforschung **122ff**
Grundzüge der Biokatalyse **3f**

Halbwertszeit **56f**, 96, 99, 100
Harze
- mit Carboxylgruppen 32
- photovernetzte 40
- synthetische 24
Hefeinvertase (s. Invertase)
Hefezellen, immobil. 29, 33, 40, **164ff**
α-Helix 7
Heteropolare Bindung (s. ionische B.)

Hexamethylendiamin 42
Hexamethylendiisocyanat 35
HFCS **94ff**
Hollow-Fibre **45**, **82f**
Homöopolare Bindung (s. kovalente B.)
Hydrogenase 139
Hydrolase 11, 13
Hydroxyalcylmethacrylat 33
Hydroxyethylmethacrylat 40

Imidocarbonate 30
Immobilisierung
- Coenzym-I. **49ff**
- Gründe **17f**
- Geschichte **18f**
- Methoden **23ff**
Immunomethoden **114ff**
Inaktivierung 52, **55f**, 60, 125ff
- Inaktivierungsenergie **57f**
- Inaktivierungskoeffizient 56f, 60
Inulase (s. Inulinase)
Inulinase 12, 36
Invertase 5, 12, 19, 20, 23, 24, 26,
           29, 31, 33, 36, **145ff**
Ionische Bindung 15, **25f**, **151ff**
Ionotrope Gelbildung **37f**
Isomaltase (s. Grenzdextrinase)
Isomerasen 13
Isosirup (s. fructosehaltiger Sirup)
Isothiocyanat 29

Kälberlab 20
Kältegelierung **37f**
Käserei 21
Kalluskultur 129
Kammer-Membranreaktoren **81f**
Kappillar-Membranreaktoren **81f**
Katalase 4, 12, 20, 26, 111, 115, **118**,
          151ff, 171
Katalysator 3f
Keramikträger 65, 94
Kieselerde als Träger 29
Kinasen 9
Kinetik **64ff**
Klassifizierung **13f**
Kluyveromyces marxianus 160
Koazervierungsmethode 44
Konformation 24, 27, 65, 126f
Konidien, eingehüllt 40
Kontinuierliche Verfahren 75f
Kovalente Bindung 15, **27f**, **156ff**

Lab 20
ß-Lactamase 98, 111
Lactase (s. ß-Galactosidase)
Lactatdehydrogenase 14, 26, 92f
Lactatoxidase 31
Lactosehydrolyse in Milch **100f**
Lederindustrie 21
Levansucrase 12
Ligasen 13
Lineweaver-Burk-Diagramm **65f**
Lipase 12, 20
Liposomen **44f**, 51, 118f
Literatur **190ff**
Lithospermum erytrorhizon 130
Loop-Reaktoren (s. Reaktoren)
Lyasen 13
Lysincarboxylase 111
Lysin-tRNA-Ligase 13

Maleatisomerase 13
Marktdaten **20ff**, 146
Matrixeinhüllung 15, 48, **37ff**
Maßstabsvergrößerung 78
Medizin **117ff**
Melibiase (s. a-Galactosidase)
Membranabtrennung 15, **41ff**, 117, 136,
                    179ff
Membranreaktoren 15, **45**, **81f**, 102
Methacrylat 32, 33, 136
Methanbakterien 29
Methoden der Immobilisierung 15, **23ff**
- Adsorption **23f**
- Coenzym-Immobilisierung **49ff**
- Einspinnen 37, **39f**, **175ff**
- Ionische Bindung **25f**
- kombinierte Methoden **46ff**
- kovalente Bindung **27f**
- Liposomentechnik **44f**
- Matrixeinhüllung 15, **37ff**, 48,
                    164ff
- Membranabtrennung **41ff**, 117, 136,
                    179ff
- Mikroverkapselung 15, **41ff**, 119,
                    179ff
Michaeliskonstante **64ff**, 74, 136
Michaelis-Menten-Kinetik **64ff**
Micrococcus 31
Mikrobielles Lab 20
Mikrocarrier **131ff**
Mikrosomen 133
Mikroverkapselung 15, **41ff**, 119, **179ff**
- Flüssigkeits-Trocknungsmethode **43**
- Grenzschichtpolymerisation **42f**, **179ff**
- Koazervierungsmethode 44
- Liposomentechnik **44f**
- Phasentrennmethode 44
Mitochondrien 133
Molkerei 21
Monooxygenasen 9
Morinda citrifolia
Mortierella vinacea 103
Müllerei 21
Mutasen 9

Namensgebung (s. Nomenklatur)
Niere, künstliche **120f**
Nomenklatur **10ff**
Notatin (s. Glucoseoxidase)
Numerierung der Enzyme **13f**
Nylon 33, **42**, 127f, **179ff**

Octylamino-Sephadex 26
Octylamino-Sepharose 26
Organe, künstliche **120f**
Organellen, immobilisiert 37, **133f**, 139
Oxidasen 9
Oxidoreductasen 13
Oxirangruppen **32**, 156ff

Packbett 71f, **79f**, 98, 102
Pancreasprotease 20
Papain 6f, 13, 20, 29, 52
Pectatlyase 13
Pectin 38
Pectinase 12, 20
Pectinat 130
Pectindepolymerase (s. Pectinase)
Pectinesterase 12, 13
Pectinmethoxylase (s. Pectinesterase)
Petinmethylesterase (s. Pectinesterase)
Penicillinacylase 21, **97f**, 129
Penicillinamidase (s. Penicillinacylase)
Penicillinase 98, 111
Penicillin-Derivatisierung **97f**
Pepsin 20, 36
Peptidbindung 5, 32, 36
Permeabilisierung 130
Peroxidase 9, 111
Peroxisomen 133
Pflanzenzellen 40, **129f**
Phasentrennmethode 44
pH-Einfluß **61ff**
Phosphatase, adsorbiert 24
Phosphoglyceratmutase 13
Phosphohexoseisomerase
Pilz-κ-Amylase

Pilz-protease 20
Platinkatalysator 4
Plug Flow **79f**
Polyacrylamid 32, 37, **39f**, 65, 102,
                    133
Polyamid (s. Nylon)
Polyester 24
Polyethylen 33
Polyethylenglycol 51, 91
Polyethylenimin 51
Polygalacturonase (s. Pectinase)
Polykondensation 37ff
Polylysin 51, 132
Polymere als Träger
- natürliche **30f**
- synthetische **32f**
Polymerisation 37ff
Polymethacrylamid 37
Polystyrol 37
Polyurethan 37
Primärstruktur **6f**
Produktivität 17, 77, 91, 170
Propeller-Schlaufenreaktoren (s.
   Schlaufenreaktoren)
Propylagarose 24
Prosthetische Gruppe 9, 16
Proteasen 20, 122
Protoplasten, eingehüllt 40
Pseudomonas 24, 97
Pyruvatcarboxylase 13
Pyruvatdecarboxylase 13

Quartärstruktur **8**
Quervernetzung 15, **34ff**, 46f, 49f, 53,
                135, **160ff**

Raffinosehydrolyse **103**
Reaktoren **74ff**
- Airlift 79f
- Bettreaktoren 71, **79f**, 102, 105
- Fließbett **79f**, 105
- Hollow-Fibre **82f**, **45**
- Kammer-Membranreaktoren **81f**
- Kapillar-Membranreaktoren **81f**
- Loop-Reaktoren (s. Schlaufenr.)
- Membranreaktoren 45, **81f**, 91ff, 102
- Packbett 71f, **79f**, 98, 102
- Propeller-Schlaufenreaktoren 77f
- Röhren-Membranreaktoren **81f**
- Röhrenreaktoren **83f**
- Romboidreaktor **83f**
- Rührreaktoren **75f**, 98
- Schlaufenreaktoren **77f**
- Siebrührer-Reaktor **83f**
- Sonderformen **83f**
- Strahl-Schlaufenreaktoren 77f
- Umwurfreaktoren (s. Schlaufenr.)
- Wirbelschichtreaktoren **79f**
Regenerierung **123ff**
Renaturierung (s. Regenerierung)
Ribosylhomocysteinase 13
Rieselfilmreaktor (s. Tropfkörper)

Saccharase (s. Invertase)
Saccharogenamylase (s. ß-Amylase)
Saccharomyces cerevisiae 137, 103,
                          146, 164
Saccharomyces uvarum 103
Säugetierzellen **131f**
Scaling up 78
Sekundärstruktur **7**
Sephadex 26, 90
Sepharose 26, 30f, 50, 90
Schlaufenreaktoren **77f**
Sensoren (s. Elektroden)
Sherwood-Zahl 70
Siebrührer-Reaktor **83f**
Silochrome als Träger 29
Simulation **127f**
Spacer 27f, 49f, 63
Spinnapparatur **176**
Spinnen 37, **39f**, **175ff**
Stabilität **55f**
Stärke 30
Stärkeindustrie 21, 104
Streptomyces phaechromogenes 94
Streptomyces rubiginosus 94
Strukturstudien **122**
Substrateinfluß **64f**
Synthetasen 9

Tauchkörper 88
Temperaturabhängigkeit **52ff**
Temperaturoptimum 52, **59f**
Tendenzen **129ff**
Tertiärstruktur **7f**
Therapie mit Enzymen **117ff**
- extrakorporal **119ff**
- intrakorporal **117f**
Thermistoren **112f**
Thiele Modul **68f**
Thiligasen 9
Thiolmethyltransferase 13
Thylakoide 133
Tierische Zellen **131f**
Toluoldiisocyanat 35, 134

Träger
- anorganische **28ff**
- natürliche Polymere **30f**
- polyanionische 62f
- polykationische 62f
- synthetische Polymere **32f**
Transaldolase 13
Transaminasen 9
Transferasen 11, 13
Tributyrase (s. Lipase)
Trichosporon cutaneum 111
Triglyceridlipase (s. Lipase)
Triglycerinlipase (s. Lipase)
Trivialnamen **11f**
Tropfkörper 18, **86ff**, 105f, 138f
Trypsin 33, 126, 127f
Tyrosinase 33

Umwurfreaktor (s. Schlaufenreaktor)
Untereinheiten, Eigenschaften **123**
Ultrafiltration (s. Membranreaktoren)
Urease 33, 111, **120**

Van-der-Waals-Kräfte 23, 36
Verkapselung (s. Mikroverkapselung)
Vernetzung **34ff**, 46f, 49f, 135, **160ff**
Vesikel (s. Liposomen)
Vorpolymerisation **48**

Waschmittel 21
Wasserstoffbrückenbindung 36
Wasserstoffperoxid 3f
Wasserstoffproduktion **139**
Wirbelschicht **79f**
Wirkungsgrad 69f
Wirtschaftliche Bedeutung **20ff**, 96, 129, 146

Xyloseisomerase (s. Glucoseisomerase)

Zellorganellen 37, **133f**
Zentrum, aktives **8**
Zirkonerde 29
Zweiphasensysteme **140f**

MIX
Papier aus verantwortungsvollen Quellen
Paper from responsible sources
FSC® C105338

If you have any concerns about our products,
you can contact us on
ProductSafety@springernature.com

In case Publisher is established outside the EU,
the EU authorized representative is:
Springer Nature Customer Service Center GmbH
Europaplatz 3, 69115 Heidelberg, Germany

Printed by Libri Plureos GmbH
in Hamburg, Germany